国家科学技术学术著作出版基金资助出版

排序与调度丛书

半导体生产中的排序理论与算法

井彩霞 贾兆红 著

清华大学出版社
北京

内容简介

本书以半导体生产为背景，系统地阐述了重入排序、平行多功能机排序和并行分批排序的模型、理论和算法。全书共分为6章：第1章主要介绍半导体生产的相关背景和排序基本理论，为第2章的排序建模做铺垫；第2章详细阐述了重入排序、工件具有多重性的平行多功能机排序和并行分批排序的建模过程；第3章和第4章分别对重入排序和工件具有多重性的平行多功能机排序进行系统的介绍；由于并行分批排序的内容较多，所以分成两章，其中第5章介绍相同尺寸工件的并行分批排序情形，第6章介绍差异尺寸工件的并行分批排序情形。

本书主要面向排序与调度领域的研究者和从业人员，也可作为相关专业研究生和高年级本科生的教材和参考书。

图书在版编目(CIP)数据

半导体生产中的排序理论与算法/井彩霞，贾兆红著. —北京：清华大学出版社，2021.10
(2022.9重印)
(排序与调度丛书)
ISBN 978-7-302-59062-0

Ⅰ. ①半… Ⅱ. ①井… ②贾… Ⅲ. ①半导体器件—排序—算法 Ⅳ. ①TN303

中国版本图书馆CIP数据核字(2021)第176199号

责任编辑：佟丽霞　陈凯仁
封面设计：常雪影
责任校对：王淑云
责任印制：杨　艳

出版发行：清华大学出版社
网　址：http://www.tup.com.cn，http://www.wqbook.com
地　址：北京清华大学学研大厦A座　**邮　编**：100084
社 总 机：010-83470000　**邮　购**：010-62786544
投稿与读者服务：010-62776969，c-service@tup.tsinghua.edu.cn
质量反馈：010-62772015，zhiliang@tup.tsinghua.edu.cn
印 装 者：北京同文印刷有限责任公司
经　销：全国新华书店
开　本：170mm×240mm　**印　张**：15.25　**字　数**：283千字
版　次：2021年12月第1版　**印　次**：2022年9月第2次印刷
定　价：79.00元

产品编号：082403-01

《排序与调度丛书》编辑委员会

（2019 年 5 月）

丛书序言

我知道排序问题是从 20 世纪 50 年代出版的一本书名为 *Operations Research* 的书(可能是 1957 年出版)开始的。书中讲到了 Johnson 的同顺序两台机器的排序问题并给出了解法。Johnson 的这一结果给了我深刻的印象。第一,这个问题是从实际生活中来的。第二,这个问题有一定的难度,Johnson 给出了完整的解答。第三,这个问题显然包含着许多可能的推广,因此蕴含了广阔的前景。在 1960 年左右,我在《英国运筹学(季刊)》(当时这是一份带有科普性质的刊物)上看到一篇文章,内容谈到三台机器的排序问题,但只涉及四个工件如何排序。这篇文章虽然很简单,但从中我也受到一些启发。我写了一篇讲稿,在中国科学院数学研究所里做了一次通俗报告。之后我就到安徽参加"四清"工作。不意所里将这份报告打印出来并寄了几份给我。我寄了一份给华罗庚教授。他对这方面的研究给予出很大的支持。这是 20 世纪 60 年代前期的事,接下来便开始了"文化大革命",倏忽十年。20 世纪 70 年代初我从"五七"干校回京,发现国外学者在排序问题方面已做了不少工作,并曾在 1966 年开了一次国际排序问题会议,出版了一本论文集 *Theory of Scheduling*。我与韩继业教授做了一些工作,也算得上是排序问题在我国的一个开始。想不到在秦裕瑗、林诒勋、唐国春以及许多教授的努力下,随着国际的潮流,排序问题的理论和应用在我国得到了如此蓬勃的发展,真是可喜可贺!

众所周知,在计算机如此普及的今天,一门数学分支的发展必须与生产实际相结合,才称得上走上健康的道路。一种复杂的工具从设计到生产,一项巨大复杂的工程从开始施工到完工后的处理,无不牵扯到排序问题。因此,我认为排序理论的发展是没有止境的。我很少看小说,但近来我对一本名叫《约翰·克里斯托夫》的作品很感兴趣。这是罗曼·罗兰写的一本名著,实际上它是以贝多芬为背景的一本传记体小说。这里面提到贝多芬的祖父和父亲都是宫廷乐队指挥,当他的父亲发现他在音乐方面是个天才的时候,便想将他培养成一个优秀的钢琴师,让他到各处去表演,可以名利双收,所以强迫他勤学苦练。但贝多芬非常反感,他认为这样的作品显示不出人的气质。由于贝多芬的如此感受,他才能谱出如《英雄交响曲》《合唱交响曲》等深具人性的伟大诗篇(乐章)。

我想数学也是一样。只有在人类生产中体现它的威力的时候，才能显示出数学这门学科的光辉，也才能显示出我们作为一个数学家的骄傲。

任何一门学科，尤其是一门与生产实际有密切联系的学科，在其发展初期，那些引发它成长的问题必然是相互分离的，甚至是互不相干的。但只要它继续向前发展，一些问题便会综合趋于统一，处理问题的方法也会发展壮大、深入细致，所谓根深叶茂、蔚然成林。我们的这套丛书现在有数册正在撰写之中，主题纷呈，蔚为壮观。相信在不久以后会有不少新的著作出现，使我们的学科呈现一片欣欣向荣、繁花似锦的局面，则是鄙人所厚望于诸君者矣。

越民义

中国科学院数学与系统科学研究院

2019 年 4 月

前 言

半导体业包括半导体设计业、半导体制造业、半导体封装业和半导体测试业，其中半导体制造业是整个半导体业的基础。半导体生产线具有规模巨大、投资密集、制造过程和设备复杂、随机性大、多目标以及数据的获取和保存困难等特点，因而生产过程中的优化调度面临很多挑战。

本书以半导体生产为背景，着眼于生产过程中最典型的特征和瓶颈区，分别建立了重入排序模型、工件具有多重性的平行多功能机排序模型和并行分批排序模型。其中，“重入”是半导体生产线上最典型的特征；多功能机排序模型来源于瓶颈区——黄光区；并行分批排序模型源自扩散区和预烧区，这两个区因加工用时长而成为瓶颈。

本书的撰写思路为：首先从实际问题出发，抓住问题的主要特征，建立排序模型；然后在排序理论体系下，对问题进行分析和求解。问题的分析主要涉及优化机制和计算复杂性，求解方案主要涉及多项式时间最优算法、启发式算法和智能算法。

本书在内容的安排上，对每类排序模型，以问题为导向，按机器环境和目标函数进行分类介绍，对同一问题的已有研究成果按发表或出版时间的先后顺序进行梳理，同时对较重要或能够给读者以启发的研究成果进行详细阐述。另外，本书对所有涉及的成果均标明了出处，以备读者需要时查询。

全书共分为 6 章。第 1 章主要介绍半导体生产的相关背景和排序基本理论，为第 2 章的排序建模做铺垫；第 2 章详细阐述了重入排序、工件具有多重性的平行多功能机排序和并行分批排序的建模过程；第 3 章和第 4 章分别对重入排序和工件具有多重性的平行多功能机排序进行系统的介绍；由于并行分批排序的内容较多，所以分成两章，其中第 5 章介绍相同尺寸工件的并行分批排序情形，第 6 章介绍差异尺寸工件的并行分批排序情形。

本书是《排序与调度丛书》系列中的一本，主要面向排序与调度领域的研究者和从业人员，也可作为相关专业研究生和高年级本科生的教材和参考书。

本书前 5 章由井彩霞编写，第 6 章和智能算法部分由贾兆红编写，全书由井彩霞统稿。书中参考了大量的中外文文献，均已在参考文献中列出，在此对相关作者表示衷心的感谢，如有不妥之处，敬请指正。

这里要由衷地感谢上海第二工业大学的唐国春教授，即《排序与调度丛书》的主编。唐老师做了大量的工作促使包括本书在内的一系列丛书的出版。在本书的撰写过程中，唐老师给予了很多帮助和宝贵建议。感谢曾经对本书提出有益意见的学者和专家们，包括上海理工大学的钱省三教授、曲阜师范大学的张玉忠教授、清华大学的王凌教授、大连海事大学的白丹宇教授和合肥工业大学的李凯教授等。感谢重庆师范大学的张新功教授和东华大学的张洁教授对本书的审阅工作。同时感谢在本书的出版过程中给予帮助的中国科学院的韩继业研究员、华中科技大学的沈吟东教授。

限于我们的能力和水平，书中难免有谬误遗漏之处，敬请读者指正，以便将来作进一步的修改和补充。

作　者

2021 年 6 月

目 录

第1章 绪　　论

1.1 半导体生产的背景

1.1.1 半导体、集成电路和晶圆

对“半导体”和“集成电路”，相信很多人都有印象，从20世纪80年代的收音机到今天的电视、计算机等各种各样的电子产品，都离不开半导体和集成电路；而对“晶圆”，可能很多非半导体行业内的人都不知道是什么。其实半导体、集成电路和晶圆有着非常密切的联系，但又存在区别。

半导体是指常温下导电性能介于导体和绝缘体之间的材料。但有时也把由半导体材料制成的各种电子器件和产品，如各类半导体晶体管或半导体集成电路简称为半导体。常见的半导体材料有硅、锗、砷化镓等，而在各种半导体材料中，硅是在商业应用上最具有影响力的一种，相对应的用硅材料做成的半导体器件也是最具影响力的器件。

将电路组件集中制作在一块半导体晶片上，形成一个完整的逻辑电路，以达成控制、计算或记忆等功能，就是集成电路(integrated circuit，IC)，也称芯片(钱省三等，2008)。半导体集成电路最主要的原料是硅。

晶圆是指硅半导体集成电路制作时所用的硅晶片，由于其形状为圆形，故称为晶圆。晶圆的原始材料是硅，硅在自然界中以硅酸盐或二氧化硅的形式广泛存在于岩石、砂砾中；自然界中的硅经过提炼及提纯、单晶硅生长以及成型等步骤可制成晶圆；而晶圆经过加工制作、测试、切割、封装以及后期测试合格后就得到具有特定电性功能的集成电路产品，也称微电路、微芯片或半导体芯片。

如此说来，集成电路的前身是晶圆，晶圆的前身是半导体材料硅。一般来说，半导体的概念范围更广一些，不仅指半导体材料、半导体制成的器件和产品，与集成电路的设计、生产、封装和测试相关的整个行业也称为半导体行业，而且一般从事晶圆加工的工厂也俗称为半导体厂。和已有的许多文献一样，本书一般在描述中对三者的概念不做严格区分，如半导体生产即为对晶圆的加工和制造，半导体测试即为对集成电路的测试。

1.1.2　集成电路的由来

1942年，世界上第一台电子计算机在美国宾夕法尼亚大学诞生，是人类计算科学史上的一个里程碑，然而我们却不得不称之为一个庞然大物，因为其占地150m^2、重达30t，里面的电路使用了17 468只电子管、7200只电阻、10 000只电容、50万条线，并且耗电功率达150kW。于是聪明的人类就有了将其缩小的各种想法。其中，到现在已经实现的设想是英国雷达研究所的科学家达默(G. Dummer)在1952年的一次会议上提出的：可以把电子线路中的分立元器件，集中制作在一块半导体晶片上，一小块晶片就是一个完整的电路，这样不仅可以大大缩小电子线路的体积，还能大幅提高可靠性。达默的这种想法后来成为可能还要归功于晶体管的发明。1947年，贝尔实验室的科学家肖克利(W. Shockley)、巴丁(J. Bardeen)和布拉顿(W. Brattain)共同发明了晶体管，用来代替电子管。

1958年9月，德州仪器公司的工程师基尔比(J. Kilby)注意到大多数的分离式元件，如电容、电阻、二极管，都可由半导体材料制成，因此可以将这些分离的元件做在同一块半导体基片上，然后再连接起来组成一个电路。基于这种思想，基尔比制造了世界上第一个集成电路。可以说，集成电路所承载的不仅仅是各种元件和电路组件，还有无数科学研究工作者的努力和智慧！

集成电路发展到今天，已经被大量应用于各种各样的电子设备，如计算机、手机、照相机、电子琴、玩具、遥控器等。我们已无法想象没有集成电路的世界。

1.1.3　我国半导体行业发展现状

在我国，半导体业是当代高新技术产业群的核心和国民经济的支柱产业之一，它的发展不仅对各相关产业具有强劲的辐射和带动作用，更对人们的工作和生活产生着举足轻重的影响。

2014年6月，国务院印发的《国家集成电路产业发展推进纲要》指出，集成电路产业是信息技术产业的核心，是支撑经济社会发展和保障国家安全的战略性、基础性和先导性产业；到2020年，集成电路产业与国际先进水平的差距逐步缩小，全行业销售收入年均增速超过20%，企业可持续发展能力大幅增强；到2030年，集成电路产业链主要环节将达到国际先进水平，一批企业进入国际第一梯队，实现跨越发展。同年10月14日，工信部办公厅发出消息，宣布国家集成电路产业投资基金已经于9月24日正式设立，并将重点投资集成电路制造业，兼顾集成电路设计和封装测试等产业。国家政策的支持和投资基金的设立助推了半导体行业在我国得以快速发展。

根据中国半导体行业协会统计，2015年，我国集成电路产业销售额达到3610亿元，同比增长19.7%；2016年，销售额达到4335.5亿元，同比增长20.1%；2017年，销售额达到5411.3亿元，同比增长24.8%，其中制造业销售额为1448.1亿元，同比增长28.5%；2018年，销售额达到6532亿元，同比增长20.7%，其中制造业销售额为1818.2亿元，同比增长25.6%；2019年，销售额达到7562.3亿元，同比增长15.8%，其中制造业销售额为2149.1亿元，同比增长18.2%；2020年，销售额达到8848亿元，同比增长17%，其中制造业销售额为2560.1亿元，同比增长19.1%。引用中国半导体行业协会常务副理事长卢山的话："中国半导体产业正在蓬勃兴起，中国已经成为全球'三个最'，第一个是最大的市场，第二个是增长最快的区域，第三个是整个半导体、集成电路产业最活跃的热点在中国层出不穷。"

半导体业主要由四个部分组成：半导体设计业、半导体制造业、半导体封装业和半导体测试业，其中半导体制造业是整个半导体业的核心和基础。我国是国际半导体制造业投资密集的地区之一。2017—2020年间投产的半导体晶圆厂有26座位于中国，占全球新增数的42%。

Leachman等(Leachman，1994；Leachman et al.，1996)曾经对全球半导体的生产状况进行调研，结果发现尽管各厂商大多采用相同或相似的生产设备和相同的加工工艺，但它们的生产性能却有很大的不同，其中信息系统和生产过程的优化调度作为关键性因素对半导体的生产起到非常重要的作用。20多年后的今天，这个结论依然适用。也就是说，半导体生产线的优化调度是提高半导体生产性能的关键，并与半导体制造企业的效益息息相关。然而由于半导体生产精密性高、设备昂贵、制程复杂，其生产优化调度也面临很大的挑战。

1.1.4　半导体生产优化调度所面临的问题

一方面，半导体的加工和制造对精密性有很高的要求，因此大多数设备都极其昂贵，一台设备动辄几千万美元，而一条生产线由数百台设备构成，再加上高标准的无尘洁净工作室的巨大造价，其投资密集程度可想而知；而另一方面，半导体产品也不断更新换代，市场竞争异常激烈，所以每个半导体制造企业都需要充分利用产能从而在较短的产品生命周期内获得更高的利润。不仅如此，半导体的生产系统也异常复杂，这些都导致了优化调度的复杂性，具体表现在如下几个方面(吴启迪等，2006；闫博，2007)：

(1) 制造过程复杂

半导体的生产工艺和过程相当复杂：一方面，同时在生产线上流动的产品种类多达几十种，而且每种产品都具有较多的工序，往往包括上百个操作；另一方面，半导体是层次化的结构，每一层都是以近乎相同的方式生产，只是加入的材料不同或精度有所变化，因此可以使用同种类型的设备进行加工，但与此同时，鉴于设备昂贵，不可能大量购买，所以同一个半导体的许多工序要在同一台设备上加工，这样不但不同种类的半导体要竞争同一设备，而且相同种类不同批次的产品为完成不同的加工阶段也要竞争使用相同的设备；另外，还存在产品重加工现象，进一步增加了产品流动的复杂性。

(2) 设备复杂

半导体生产系统中设备的特性与功能各不相同：有些设备具有显著的时序调整时间；有些具有批处理功能；有些设备需要极高的精度，在加工过程中要不断的维护和校对，而且还可能发生不确定性故障。在国内的许多半导体厂里，还存在着规格和标准不同的新旧设备共用的现象，所有这些都增加了调度的复杂性。

(3) 随机性大、多目标

在半导体生产过程中，存在着大量不确定因素，主要来自设备的故障和维修。此外，订单变动、新产品试制、临时工艺更改、产品混合比率变化、测试工件和返工等都是半导体生产线的不确定因素。

半导体生产系统的性能指标有产品成品率、产量、生产周期、交付期、在制品水平、设备利用率、等待时间和拖延时间等。半导体的优化调度是一个典型的多目标优化问题。

(4) 数据的获取和保存困难

正是由于半导体的制程复杂、加工设备复杂，而且存在大量的不确定因素，又加之生产规模巨大，使得数据的获取和保存不仅费时，还是一项困难的工作。为了适应市场需求而不断出现的新产品使得信息的保存变得更加复杂。此外，产品封装形式的多样性及协调生产的可能性，使得当产品从前道工序流向后道工序时，数据的获取与保存进一步复杂化(王中杰，2002)。

1.2 排序论简介

排序论源于制造业，后来被广泛地应用于管理科学、计算机科学和工程技术等众多领域。排序理论的研究始于20世纪50年代初期。由于研究排序问题的方法涉及组合最优化的各个分支，如整数规划、动态规划、匹配理论、最大流理论和计算复杂性理论等，所以自排序论创立以来，得到了运筹学、信息管理和计算机科学等学科领域的普遍重视。其丰硕的研究成果使排序论成为国际上发展最迅速、研究最活跃、前景最诱人的学科领域之一。

1.2.1 排序论的定义

排序论又名时间表理论，是运筹学的一个分支——组合优化的一个重要组成部分。在排序论中，通常用工件和机器来描述模型或问题：工件是被加工的对象，是要完成的任务；机器是提供加工的对象，是完成任务所需要的资源。排序就是在一定的约束条件下对工件和机器按时间进行分配和安排次序，使某一个或某一些目标达到最优。排序的英文用词是 scheduling，在自动化学科中又称为调度，然而，用“排序”或“调度”来作为 scheduling 的中文译名都只是描述 scheduling 的一个侧面。Scheduling 既有“分配”(allocation)的作用，即把工件分配给机器以便进行加工；又有“排序”(sequencing)的功能，包括工件的次序和机器的次序这两类次序的安排；还有“调度”的效果，指把机器和工件按时间进行调度(唐国春等，2003)。排序论的工作既不同于传统的数学研究，即证明某一命题的是或非，也不同于去解决某一实际课题，而是从众多的实际问题中提炼出来某些带有普遍性的问题，然后对问题进行分析，研究它的可解性以及提出相关的算法。

1.2.2 排序问题的描述

排序问题通常可以描述为 n 个工件要在 m 台机器上进行加工。分别记 $J=\{J_1,J_2,\cdots,J_n\}$为工件集合，$M=\{M_1,M_2,\cdots,M_m\}$为机器集合，其中 J_j 表示第 j 个工件，M_i 表示第 i 台机器。

排序问题的特点主要由机器的环境、工件的特征以及优化的目标这三部分描述组成。机器环境分类如图 1-1 所示。其中，在通用平行机环境下，工件只需在其中一台机器上就可完成加工；而在专用串联机环境下，工件在每台机器上都要进行加工。同型机是指所有机器都具有相同的加工速度；同类机具有不同的加工速度但此速度不依赖于工件；非同类机则对不同的工件具有不同的加工速度。在流水作业环境下，每一个工件以特定的、相同的机器次序在这些机器上进行加工；在自由作业环境下，每一个工件依次在机器上加工的次序并不指定，可以任意；而在异序作业环境下，每一个工件以各自特定的机器次序进行加工。无论是通用平行机还是专用串联机，在机器个数为 1 的特殊情况下，都称为排序问题中最简单的一类——单台机排序。

工件的特征主要包括加工时间、就绪时间、有没有先后约束和交付期以及是否允许中断加工等。加工时间是指工件 J_j 在机器 M_i 上加工所需的时间，可以用 p_{ij} 来表示。如对同型机有 $p_{ij}=p_j(i=1,2,\cdots,m)$。就绪时间是指工件 J_j 可以开始加工的时间，可以用 r_j 来表示。如果所有的工件都同时就绪，

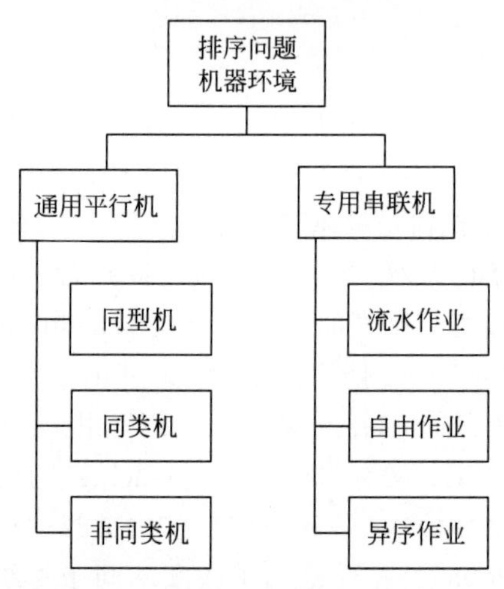

图 1-1　排序问题机器环境分类

可以认为 $r_j=0(j=1,2,\cdots,n)$。如果要求工件 J_j 完工后才能开始加工工件 J_k，则称在这两个工件间存在先后约束，并用 $J_j \rightarrow J_k$ 来表示。先后约束是一种偏序关系。如果工件之间不存在先后关系，就称为独立的工件。如果存在交付期，则工件 J_j 的所有工序的加工应该在其交付期 d_j 前完成。工件在加工过程中，如果可以暂时中断并稍后在原来机器或在其他机器上继续加工，则称这种性质为中断加工。

在明确机器环境和工件特征的情况下，任意一种加工方式都可计算输出如下指标值：

① 完工时间 C_j，它是工件 J_j 最后一道工序加工的实际结束时刻；

② 最大完工时间 $C_{\max}=\max\{C_j \mid 1\leqslant j\leqslant n\}$，又称为加工时间全长或时间表长度；

③ 总完工时间 $\sum C_j$；

④ 延迟 $L_j=C_j-d_j$；

⑤ 延误 $T_j=\max\{L_j,0\}$。

优化的目标可以基于上述指标，如极小化最大完工时间或极小化总完工时间。

1.2.3　排序问题的表示

对于排序问题，目前国际上使用的是 Graham 等(1979)提出的三参数 $\alpha|\beta|\gamma$ 表示法，其中各参数的表示方法及释义如表 1-1～表 1-3 所示。

表 1-1 机器环境表示方法及释义

	$\alpha=\alpha_1\alpha_2$	
	$\alpha_1 \in \{*, P, Q, R, F, J, O, \cdots\}$	$\alpha_2 \in \{*, 1, 2, 3, \cdots\}$
释义	$*$：缺省； P：同型机； Q：同类机； R：非同类机； F：流水作业； J：异序作业； O：自由作业	$*$：缺省； 1：一台机器； 2：两台机器； 3：三台机器

注：当只有一台机器时，α_1 缺省；当 α_2 缺省时，表示机器数任意。

表 1-2 工件特点表示方法及释义

	$\beta \subset \{*, r, B, \text{prec}, p_j=1, \cdots\}$
释义	$*$：缺省； r_j：工件具有不同的就绪时间，如果 β 域中不出现 r_j，则说明 $r_j=0, j=1,2,\cdots,n$； B：工件可以成批加工，即机器每次可以同时加工两个以上的工件，如果 β 域中不出现 B，则默认每台机器每次只能加工一个工件； prec，chains，tree：表示工件间存在先后约束关系，分别表示一般先后约束，平行链约束和树型约束，如果 β 域中不出现这些项，则表示工件间是相互独立的； perm：permutation 的缩写，这个约束只可以出现在流水作业环境中，表示所有工件在每一台机器上加工的次序都是相同的； pmtn：preemption 的缩写，表示工件在加工过程中可以中断，并稍后在原来机器或其他机器上继续加工，如果 β 域中不出现 pmtn，则默认工件的加工不可中断； $p_j=1$：表示所有工件的加工时间相同，均为 1

注：β 域可以为缺省状态，表示工件没有任何特点；在不矛盾的情况下，也可出现不止一个工件特点。

表 1-3 优化目标表示方法及释义

	$\gamma \subset \left\{C_{\max}, \sum C_j, \sum w_j C_j, L_{\max}, \cdots\right\}$
释义	$C_{\max}$：极小化最大完工时间； $\sum C_j$：极小化总完工时间； $\sum w_j C_j$：极小化加权总完工时间； $L_{\max}$：极小化最大延迟； $T_{\max}$：极小化最大延误； $\sum U_j$：极小化误工工件数

注：当 γ 域出现多个目标函数时，表示问题是多目标优化问题。

例如：符号 $F2|\text{chains}|C_{\max}$ 所描述的是一个两台机器流水作业排序问题，工件之间具有平行链约束，目标函数为极小化最大完工时间。

1.2.4 算法和复杂性

算法就是计算方法的简称，它要求使用一组定义明确的规则在有限的步骤内求解某一问题。在计算机上，算法就是运用计算机解题的步骤或过程。在这个过程中，无论是形成解题思路还是编写程序，都是在实施某种算法。前者是推理实现的算法，后者是操作实现的算法(马良等，2008)。

对算法的分析，最基本的是对算法的复杂性进行分析，包括时间复杂性和空间复杂性。时间复杂性是指计算所需的步骤数或指令条数；空间复杂性是指计算所需的存储单元数量。在实际应用中，我们更多的是关注算法的时间复杂性。

算法的时间复杂性可以用变量 n 的一个函数来表示，n 表示问题实例的规模，也就是该实例所需要输入数据的总量。一般在排序问题中，n 表示所要加工的总工件数。算法的时间度量记为：$T(n)=O(f(n))$，表示随着问题规模 n 的增大，算法执行时间的增长率和 $f(n)$ 的增长率相同，称为算法的时间复杂性。由于同一算法求解同一问题的不同实例所需要的时间一般不相同，算法在一个问题各种可能的实例中运算最慢的一种情况称为最“坏”情况或最“差”情况。一个算法在最“坏”情况下的时间复杂性称为该算法的最“坏”时间复杂性。一般情况下，时间复杂性都是指最“坏”情况下的时间复杂性。

由于算法的时间复杂性考虑的只是对于问题规模 n 的增长率，所以在难以精确计算基本操作次数的情况下，只需求出它关于 n 的增长率或阶即可。随着问题规模的增大，不同的 $f(n)$ 会对 $T(n)$ 产生截然不同的效果。表 1-4 给出了不同时间复杂度的算法在运算速度为 10^6 次/秒的计算机上求解不同规模问题所需时间的对比(马良等，2008)。

表 1-4 不同时间复杂度算法求解不同规模问题所需时间的对比

n	$f(n)$								
	$\log n$	n	$n\log n$	n^2	n^3	n^5	2^n	3^n	$n!$
10	3.3μs	10μs	33μs	100μs	1ms	0.1s	1ms	59ms	3.6s
40	5.3μs	40μs	213μs	1600μs	64ms	1.7min	12.7d	3.855×10^5a	10^5a
60	5.9μs	60μs	354μs	3600μs	216ms	1.3min	3.66×10^4a	1.3×10^{15}a	10^{68}a

一般情况下，当算法的时间复杂性 $T(n)$ 被输入规模 n 的多项式界定时，该算法为多项式时间算法，如 $T(n)$ 为 n 的对数函数或线性函数的算法，这样的算

法是可接受的，也是实际有效的，因此又称为“有效算法”或“好”的算法；反之，则称不是多项式时间的算法为指数算法，如 $T(n)$ 为 n 的指数函数或阶乘函数的算法，这样的算法在 n 取值较大的情况下，所需的计算时间令人无法接受，如表1-4中所示，因此又称为“坏”的算法。

1.2.5 最优化问题的复杂性分类

一个最优化问题有三种提法：最优化形式、计值形式和判定形式。当讨论最优化问题的难易程度时，一般按其判定形式的复杂性对问题进行分类。一个最优化问题的判定形式可以描述为：给定任意一个最优化问题

$$\min_{x \in X} f(x),$$

求是否存在可行解 x_0，使得 $f(x_0) \leqslant L$，其中 X 是可行解集；L 为整数。

我们把所有可用多项式时间算法解决的判定问题类称为确定性算法多项式时间可解(polynomial，P)类，P类是相对容易的判定问题类，它们有有效算法。例如，最大匹配问题和最小支撑树问题都是P类问题。还有一个重要的判定问题类是非确定性算法多项式时间可解(non-deterministic polynomial，NP)类，这类问题比较丰富。对于一个NP问题，我们不要求它的每个实例都能用某个算法在多项式时间内得到解答，我们只要求：如果 x 是问题的答案为“是”的实例，则存在对于 x 的一个简短(其长度以 x 的长度的多项式为界)证明，使得能在多项式时间内检验这个证明的真实性(Papadimitriou et al.，1988)。容易证明，P⊆NP。

若 A_1 和 A_2 都是判定问题，则称 A_1 在多项式时间内归约为 A_2，当且仅当 A_1 有个多项式时间的算法 α_1，并且 α_1 是多次地以单位费用把 A_2 的(假想)算法 α_2 用作子程序的算法，则把 α_1 称为 A_1 到 A_2 的多项式时间归约(Papadimitriou et al.，1988)。

如果所有其他的NP问题都能在多项式时间归约到 A，则称判定问题 $A \in$ NP是NP-完备(NP-complete)的。NP-完备问题是NP类中“最难的”问题，一般认为它不存在多项式时间算法。如整数线性规划问题和团问题都是NP-完备的(Papadimitriou et al.，1988)。当证明了所有其他的NP问题都可以多项式时间归约到 A，而没有验证 $A \in$ NP时，则称 A 是NP-难(NP-hard)的。有的文献中，NP-完备和NP-难的概念混用，未做严格区分。

如果想更深入地了解最优化问题计算时间复杂性的分析，可参见经典书籍(Papadimitriou et al.，1988；Bernhard et al.，2012)。

1.2.6 排序问题的求解

对排序问题的求解主要有两个方向：一是对P类问题，即可解问题，寻找

多项式时间算法(又称为有效算法)来得到问题的最优解,或者对 NP-难问题在特殊情况下(如工件加工允许中断,工件的加工时间都是单位长度,工件之间有某种约束等)寻找有效算法,也就是研究 NP-难问题的可解情况;二是设计性能优良的近似算法和启发式算法。

对于使目标函数 f 为最小的优化问题,记 I 是这个优化问题的一个实例,Q 是所有实例的全体;并记 $f(I)$是实例 I 的最优目标函数值(即最优值),$f_{\mathrm{H}}(I)$是利用多项式时间算法 H 得到的目标函数值。如果存在一个实数 $r(r\geqslant 1)$,使得对任何 $I\in Q$,有

$$f_{\mathrm{H}}(I)\leqslant rf(I),$$

则称 r 是算法 H 的一个上界。当 r 是有限数时,称多项式时间算法 H 为近似算法;当不能确定 r 是否有限,或能确定 r 为无穷大时,则称多项式时间算法 H 为启发式算法。用近似算法和启发式算法得到的解分别被称为近似解和启发式解。使上式成立的最小正数 r 被称为算法的最坏情况性能比或紧界。

对于使目标函数 f 为最大的优化问题,同样可以定义算法的下界 r 满足 $0<r\leqslant 1$,对任何 $I\in Q$,有

$$f_{\mathrm{H}}(I)\geqslant rf(I),$$

而最坏情况性能比或紧界是使上式成立的最大正数 r。

对近似算法,本书涉及较少,故这里不做过多介绍,有兴趣的读者可参见书籍(Bernhard et al.,2012)。启发式算法分为一般启发式算法和智能算法。一般启发式算法通常针对目标问题的具体特征进行量身设计,因此一般可以获得相对较好的性能,但是一旦目标问题发生改变,如某个条件或参数等,即使是很小的改变也可能会导致一般启发式算法失效。智能算法通常模拟自然过程来解决最优化问题,如遗传算法(genetic algorithm,GA)(Holland,1992)、禁忌搜索(tabu search,TS)算法(Glover,1989)、模拟退火(simulated annealing,SA)算法(Metropolis et al.,1953)、粒子群优化(partical swarm optimization,PSO)算法(Kennedy et al., 1995)和蚁群优化(ant colony optimization, ACO)算法(Colorni et al.,1991)等。每一种智能算法都有自己特有的程式寻找最优解或近似最优解,即使针对不同的问题,基本框架也是相同的。为了便于后面对具体算法的描述和理解,这里给出几种典型智能算法的基本框架和步骤。

1. 遗传算法

遗传算法是模拟达尔文生物进化论的自然选择和遗传学机理的生物进化过程的计算模型,是一种通过模拟自然进化过程搜索最优解的方法。

遗传算法从代表问题多个潜在解的一个种群(population)开始搜索,种群

由经过基因(gene)编码的一定数目的个体(individual)组成,每个个体是染色体(chromosome)所带特征的实体。染色体,即多个基因的集合,是遗传物质的主要载体,其内部表现(即基因型)是某种基因组合,它决定了个体的形状或外部表现,如黑头发的特征是由染色体中控制这一特征的某种基因组合决定的。因此,在一开始需要实现从表现型到基因型的映射即编码工作。由于仿照基因编码的工作很复杂,因此实际应用中往往采用简化的方法,如二进制编码。

初代种群产生之后,按照适者生存和优胜劣汰的原理,逐代(generation)演化产生越来越好的近似解。在每一代,根据问题域中个体的适应度(fitness)大小选择(selection)个体,并借助自然遗传学的遗传算子(genetic operators)进行组合交叉(crossover)和变异(mutation),产生代表新的解集的种群。这个过程会产生较前代更加适应于环境的后一代种群。最后一代种群中的最优个体经过解码(decoding),可以作为问题的近似最优解。

一般遗传算法的流程图如图1-2所示。

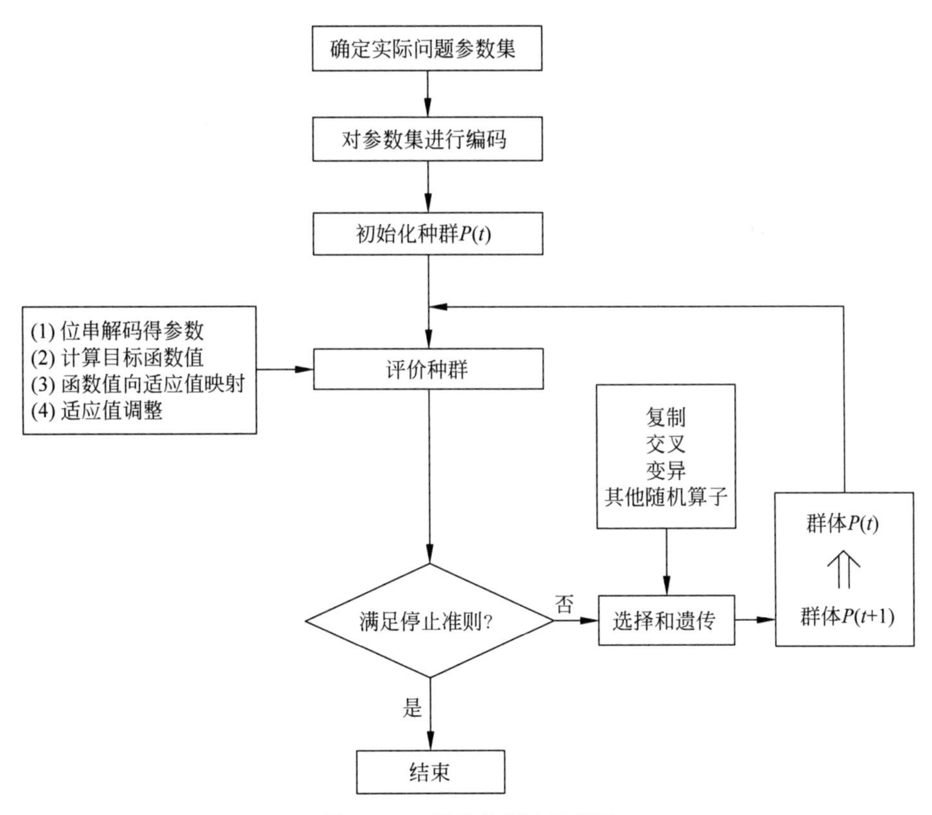

图1-2 一般遗传算法流程图

2. 禁忌搜索算法

Glover(1989)提出的禁忌搜索算法是一种具有记忆功能的全局优化算法，也是一种随机搜索算法。它从一个初始可行解出发，选择一系列特定的搜索方向(移动)作为试探，从中选择可以让特定的目标值变化最多的移动。为了避免陷入局部最优解，禁忌搜索中采用了一种灵活的“记忆”技术，对已经进行的优化过程进行记录和选择，指导下一步的搜索方向，这就是禁忌表(tabu)的建立。算法通过设置禁忌表，避免算法陷入局部最优，同时通过引入灵活的存储结构和相应的禁忌准则来避免迂回搜索，并通过藐视准则(aspiration criterion)来赦免一些被禁忌的优良状态，从而确保多样化的有效探索以最终实现全局优化。这里的藐视准则，又称特赦准则，通常有如下几种：

(1) 基于评价的准则，即若出现一个解的目标值优于已经找到的任何一个最佳候选解，则可特赦；

(2) 基于最小错误的准则，即若所有对象都被禁忌，则特赦一个评价最优的解；

(3) 基于影响力的准则，即可以特赦一个对目标值影响大的对象。

由于禁忌搜索算法具有灵活的记忆功能和藐视准则，且在搜索过程中可以接受劣解，因此具有较强的“爬山”能力，较易跳出局部最优，从而增强获得更好的全局最优解的能力，但它对初始解有较强的依赖性，搜索过程是串行的，并非并行搜索。

禁忌搜索算法一般步骤如下。

算法 1.1 禁忌搜索算法

步骤 1 开始阶段。生成初始解，将禁忌表设为空表。

步骤 2 如果达到停止条件(如最大迭代次数)，则输出结果并结束；否则转步骤 3。

步骤 3 通过邻域移动获得邻域解，从中选出候选解，判断候选解是否满足藐视准则。如果存在满足藐视准则的候选解，则用该候选解替换最早进入禁忌表的解，更新最优解，更新禁忌表，转步骤 2；否则从候选解集中选择未被禁忌(不是禁忌表中的一个对象)的最好解作为当前解，更新禁忌表，转步骤 2。

3. 模拟退火算法

模拟退火算法来源于固体退火原理，是一种基于概率的算法。将固体升温至足够高，然后再让其徐徐冷却。升温时，固体内部粒子随温度升高变得无序，内能增大；而徐徐冷却时，粒子渐趋有序，在每个温度都达到平衡态，最后在常温时达到基态，内能减为最小。

模拟退火算法是基于Monte Carlo迭代求解的一种随机寻优算法，其出发点来源于物理中固体物质的退火过程与组合优化问题间的相似性。模拟退火算法从某一初始温度开始，随着温度参数的不断下降，结合概率突跳特性在解空间中随机寻找目标函数的全局最优解。模拟退火算法具有较好的全局寻优特性和通用性，但其只能求得单一解。

假定输入极小化目标问题的评价函数为 f，模拟退火算法的一般流程描述如下。

算法1.2　模拟退火算法

步骤1　初始化：初温 T，降温系数 a，初始状态 X，以及每个 T 值的迭代次数 L。

步骤2　对 $k=1,2,\cdots,L$ 执行以下操作：

(1) 利用某种优化算法产生新解 X'；

(2) 计算增量 $\Delta f=f(X')-f(X)$，其中 $f(\cdot)$ 为评价函数；

(3) 若 $\Delta f<0$，则接受 X'，即令 $X=X'$；否则，以概率 $P_T=\exp(-\Delta f/T)$ 接受 X'。

步骤3　检查算法当前获得解是否满足终止条件，如果满足，则输出当前解作为问题的近似最优解 X^*，并结束算法；否则转步骤4继续迭代。

步骤4　更新温度 T，即 $T=aT$，转步骤2。

4. 粒子群优化算法

粒子群优化算法是受鸟群群体行为启发、模拟鸟群觅食过程的一种基于群体智能理论的优化算法。自然界中的鸟群群体行为有大雁飞行自动排成人字形、鸽子在飞行中几乎同时转弯和蝙蝠在洞穴中快速飞行却互不相碰等。鸟群的这种复杂的群体行为很难仅仅用存在领导者的观点来解释。若假设每只鸟在飞行中都遵守一定的行为准则，则当它们一起飞行交互时，就会表现出上述的智能行为。

在粒子群优化算法的模型中，每只人工鸟被称为一个粒子，每个粒子可感知周围一定范围内其他粒子的飞行信息，此信息作为粒子决策机构的输入，结合其当前自身的飞行状态(空间位置、飞行方向矢量、飞行速度)，做出下一步的飞行决策。

粒子群优化算法与人工生命，特别是进化算法有着极为特殊的联系，都遵循自然界的进化原则，但比进化算法又更多地保留了基于种群的全局搜索策略。粒子群优化算法采用简单的速度-位移模型，避免了复杂的遗传操作，同时它特有的记忆功能使其可以动态地跟踪当前的搜索状态并调整搜索策略,且不需要借助问题的特征信息,具有较强的全局搜索能力和鲁棒性。因此,粒子群优化算法是一种更高效的并行搜索算法,非常适用于求解复杂环境下的优化问题。

在求解优化问题时,粒子群优化算法首先初始化一组随机解,然后通过迭代搜寻最优解。在粒子群优化算法中,每个优化问题的解被看作是搜索空间的一个粒子,每个粒子都有自己的位置和速度,且都对应着问题的一个适应度值,粒子的速度决定其飞行的方向和距离。粒子通过记忆、追随群体中的最优粒子,在解空间中不断搜索。信息共享有利于群体在演化中获得优势,群体则通过个体间的合作与竞争来完成在解空间的搜索。

设种群的规模即粒子数为 s,每个粒子的维度为 n,则粒子 $i(i=1,2,\cdots,s)$ 的特征可通过以下三点进行描述:

当前位置:$\boldsymbol{X}_i=(x_{i1},x_{i2},\cdots,x_{in})^{\mathrm{T}}$;

当前速度:$\boldsymbol{V}_i=(v_{i1},v_{i2},\cdots,v_{in})^{\mathrm{T}}$;

历史最好位置:$\boldsymbol{Y}_i=(y_{i1},y_{i2},\cdots,y_{in})^{\mathrm{T}}$。

粒子 $i(i=1,2,\cdots,s)$ 的历史最好位置是指该粒子迄今为止搜索到的最好位置,通常是产生最大适应度值所在的位置。对于一个极小化问题,适应度值最大值的位置是指得到最小的适应度函数值的位置。用 f 表示需要极小化的目标函数,则在第 t 代,个体最优位置的更新公式可以表示为

$$\boldsymbol{Y}_i(t+1)=\begin{cases}\boldsymbol{Y}_i(t), & f(\boldsymbol{X}_i(t+1))\geqslant f(\boldsymbol{Y}_i(t)),\\ \boldsymbol{X}_i(t+1), & f(\boldsymbol{X}_i(t+1))<f(\boldsymbol{Y}_i(t))。\end{cases} \tag{1-1}$$

令 $\hat{\boldsymbol{Y}}(t)\in\{\boldsymbol{Y}_1(t),\boldsymbol{Y}_2(t),\cdots,\boldsymbol{Y}_s(t)\}$ 满足

$$f(\hat{\boldsymbol{Y}}(t))=\min\{f(\boldsymbol{Y}_1(t)),f(\boldsymbol{Y}_2(t)),\cdots,f(\boldsymbol{Y}_s(t))\}, \tag{1-2}$$

则 $\hat{\boldsymbol{Y}}(t)$ 为当前种群中所有粒子的最优位置。

粒子 $i(i=1,2,\cdots,s)$ 第 $j(j=1,2,\cdots,n)$ 维的速度更新公式为

$$v_{ij}(t+1)=v_{ij}(t)+c_1r_{1j}[y_{ij}(t)-x_{ij}(t)]+c_2r_{2j}[\hat{y}_j(t)-x_{ij}(t)]。 \tag{1-3}$$

其中,c_1 和 c_2 是正常数,且 $0<c_1,c_2<2$,称为加速因子,用于影响粒子在一代中移动的最大步长值。可以看出,c_1 调整了粒子在自己历史最优方向上的步长,c_2 调整了粒子在全局最优方向上的最大步长。$r_{1j}\sim U(0,1)$ 和 $r_{2j}\sim U(0,1)$ 为两个独立的随机数,用来影响算法的随机特性。

利用新的速度向量,粒子 $i(i=1,2,\cdots,s)$ 的位置更新公式为

$$\boldsymbol{X}_i(t+1)=\boldsymbol{X}_i(t)+\boldsymbol{V}_i(t+1)。 \tag{1-4}$$

基于上述更新公式，粒子群优化算法的具体步骤如下。

算法1.3 粒子群优化算法

步骤1 初始化所有粒子的位置和速度，设定群体的最大迭代次数。

步骤2 计算每个粒子的适应度。

步骤3 对每个粒子，利用式(1-1)更新个体最优位置。

步骤4 对所有粒子，利用式(1-2)更新全局最优位置。

步骤5 更新所有粒子的速度和位置。如达到结束条件，则终止；否则转步骤2。

5. 蚁群优化算法

蚁群优化算法是一种用来寻找优化路径的概率型算法。该算法由Marco Dorigo于1992年在他的博士论文中提出，其灵感来源于蚁群在觅食过程中寻找最短路径的行为。蚁群优化算法具有分布计算、信息正反馈和启发式搜索的特征，本质上是进化算法中的一种启发式全局优化算法。

研究发现，蚂蚁在觅食的过程中，单个蚂蚁的行为比较简单，但是蚁群整体却可以体现一些智能的行为。例如蚁群可以在不同的环境下，找到到达食物源的最短路径。这是因为蚁群内的蚂蚁可以通过某种信息机制实现信息的传递。这种信息机制主要通过信息素的释放和感知来实现。蚂蚁通过感知信息素的存在及其强度来指导自己朝着信息素强度高的方向移动，同时也会释放信息素，因而信息素强度越高的路径，经过的蚂蚁就越多，在该路径上留下的信息素强度就越高，从而吸引更多的蚂蚁，形成一种正反馈。

基本蚁群优化算法主要通过解的构建和信息素的更新对上述蚁群觅食机制进行模拟。

(1) 解的构建

设蚁群的规模即人工蚂蚁数为s；信息素矩阵为$\boldsymbol{\Gamma}$；启发式信息为$\boldsymbol{X}$。

在第t代，某个蚂蚁$k(k=1,2,\cdots,s)$的解的构建需要用到信息素矩阵$\boldsymbol{\Gamma}$和启发式信息$\boldsymbol{X}$，记构建模式为$O_k(t)=U(\boldsymbol{\Gamma},\boldsymbol{X})$。这里，信息素矩阵$\boldsymbol{\Gamma}$用来记录搜索过程中蚂蚁的信息素值，是依赖于问题的关键参数，代表蚂蚁过去在构建解的过程中所获得的经验，对于解的质量起到关键作用。启发式信息$\boldsymbol{X}$代表的是与问题相关的先验信息或者运行时的信息，常常代表的是蚂蚁在构建解时进行选择的成本或是成本的估计值，也就是在构建过程中添加解的成分或新的连接到解中所需要的代价。启发式信息是蚂蚁在构建解的过程中相当重要的指导信息，因为它为利用问题已有的具体知识提供了可能性。只有通过深入分析问题的结构和特性，并依据其特性设计相应的启发式信息，才能在最大程度上发挥蚁群算法的优化能力。

（2）信息素的更新

信息素的更新需要用到当代最优解（记为 O^L）和全局最优解（记为 O^*）。当代最优解是指当前代蚁群中所有蚂蚁的最好解；全局最优解是指自迭代开始至当前代所有蚂蚁的最好解。信息素更新是为了使算法集中搜索空间中含有较高质量解的区域，包括信息素挥发和信息素释放两个过程。信息素挥发可以避免信息素的无限积累，还可使算法“忘记”之前选择的较差路径；信息素释放量的多少通常与蚂蚁所构建的路径好坏相关，这样可以增加蚂蚁间信息素的差异性，从而避免早熟现象。

不同蚁群算法的信息素更新策略不同，如蚂蚁系统（ant system，AS）是对所有蚂蚁构建的路径进行信息素的蒸发和释放；最大最小蚂蚁系统（max-min ant system，MMAS）（Stützle et al.，2000）则只对至今最优蚂蚁或当代最优蚂蚁进行信息素更新。

记当代最优解对信息素的更新模式为$\boldsymbol{\Gamma}=g(\boldsymbol{\Gamma},O^L)$，全局最优解对信息素的更新模式为$\boldsymbol{\Gamma}=h(\boldsymbol{\Gamma},O^*)$，则基本蚁群优化算法的一般框架可描述如下。这里以极小化组合优化问题的目标函数 $f(\cdot)$为例。

算法 1.4 蚁群优化算法

步骤 1 初始化信息素矩阵$\boldsymbol{\Gamma}$，$f(O^*)\leftarrow+\infty$，$t\leftarrow1$，及其他相关参数。设定群体的最大迭代次数。

步骤 2 首先初始化 $f(O^L)\leftarrow+\infty$，然后对 $k=1,2,\cdots,s$，构建蚂蚁 k 的解为 $O_k(t)=U(\boldsymbol{\Gamma},\boldsymbol{X})$（这里也可以对 $O_k(t)$进行邻域搜索，尝试找到更好的解），如果 $f(O_k(t))<f(O^L)$，则 $O^L\leftarrow O_k(t)$，并更新信息素$\boldsymbol{\Gamma}=g(\boldsymbol{\Gamma},O^L)$。

步骤 3 如果 $f(O^L)<f(O^*)$，则 $O^*\leftarrow O^L$，并更新信息素$\boldsymbol{\Gamma}=h(\boldsymbol{\Gamma},O^*)$。如达到结束条件，则终止；否则 $t\leftarrow t+1$，转步骤 2。

蚁群算法的并行性和正反馈特性，使算法具有很强的灵活性和鲁棒性。缺点是搜索时间长、容易出现停滞现象。

注意 为了表述的方便并参考一些文献中的做法，本书在后续内容中，如无特别说明，提到“启发式算法”则专指“一般启发式算法”，在该表述下，智能算法和启发式算法是并列的两类算法。

无论是近似算法、启发式算法或智能算法，都是求解排序问题的方法，是方法就有好坏和优劣之分。如何去衡量这些方法呢？一般对近似算法用得较多的是最坏情况的理论分析，找到最小的紧界；而对启发式算法和智能算法用得较多的是数值算例的计算，通过将启发式算法或智能算法得到的目标函数值与下界、其他算法得到的目标函数值或商业软件（如 CPLEX）算得的结果相比较，得出该启发式算法或智能算法的性能。当然，有时也可综合使用多种方法来分析和衡量算法的性能。

这里值得一提的是，上述衡量方法均需要用算法所得解的目标函数值与其他值比较大小，当算法所得解的目标函数值不适合比较大小时，如多目标问题的算法，这些衡量方法就失效了，需要用其他的评价指标来检验算法的性能。鉴于这些评价指标涉及很多概念，所以将在后面章节中碰到具体问题时再展开介绍。

1.3 小结

本章主要概述了半导体生产的背景和排序论。半导体生产背景主要包括相关术语、发展历程、行业现状和优化调度所面临的问题等。排序论的简介涉及排序论的定义、排序问题的描述和表示、算法和问题的复杂性以及排序问题的求解思路和工具等。

本章旨在使读者对半导体生产的大背景和排序论有一个初步的认识和了解，为第2章中的排序建模做铺垫。

第 2 章　半导体生产中的排序建模

2.1　引言

半导体生产系统是当今最为复杂的制造系统之一，加之生产规模巨大、设备昂贵、投资密集，因此至今无法应用全局优化的控制策略来决定半导体的最佳加工顺序。也正是因为如此，半导体生产线的优化调度问题引起了许多领域研究人员的关注。不同的研究人员使用的方法也不尽相同，其中有基于传统运筹学的方法（Hwang et al.，2003；Sawik，2005）、基于启发式规则的方法（Giffler et al.，1960；Sarin et al.，2011a）、基于计算智能的搜索方法（Lin D P et al.，2013；Xu J Y et al.，2014）以及基于离散事件系统仿真的方法（过纯中，2007；柏在兰，2014；李建斌，2016）等。每种方法都有一定的适用范围和优缺点。而无论使用哪种方法都需要首先对半导体生产线的机制、特点和规律进行挖掘和分析，然后给出相应的一系列对策，最后再以某种方式结合成生产控制策略。排序论能很好地胜任上述工作。排序论虽属运筹学范畴，但其兼顾理论分析和实际应用，因此深受科研人员和从业者的欢迎。

本书首先着眼于整个生产线，并抓住其重入的典型特征，建立重入排序模型；然后针对半导体生产调度中的瓶颈区分别建立工件具有多重性的平行多功能机排序模型和分批排序模型，如图 2-1 所示。其中，工件具有多重性的平行多

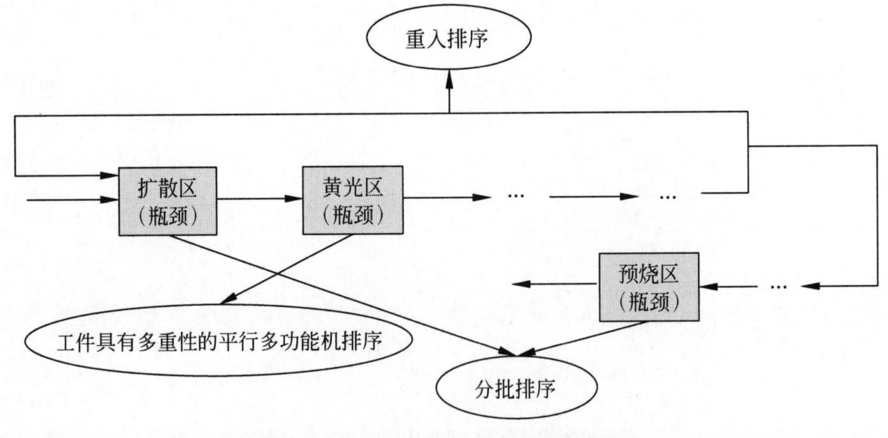

图 2-1　半导体生产中排序建模示意图

功能机排序来源于半导体生产流程中的黄光区；分批排序来源于半导体生产流程中的扩散区和成品检验的预烧区。

三类排序模型的建立涉及半导体生产线的整体和局部，并针对生产调度中的关键——瓶颈区，因而具有典型性。下面本书将分别对上述三类排序的建模过程进行阐述。对每类排序，首先简单介绍排序模型所对应的生产背景和机制，然后结合已有文献成果，建立相应的排序模型。

2.2　重入排序建模

2.2.1　生产背景

从原始的硅晶片到集成电路，半导体要经历一系列复杂的物理和化学工艺，加工步骤达三四百道，生产周期可长达两三个月。在半导体制造厂，生产车间通常按工艺分为四大区，分别为扩散区、黄光区、刻蚀区和真空区。在扩散区内，以加热氧化的方式在半导体晶圆表面形成二氧化硅层，再以化学气相沉积的方式在生成的二氧化硅上沉积氮化硅层。因整个过程在高温中进行，且机台大都为一根根的炉管，所以又称为高温区或炉管区。在黄光区内，利用照相显微缩小的技术，定义出晶圆当前层所需要的电路图。因为采用的感光剂易曝光，需要在黄色灯光照明区域内工作，所以称为黄光区。在刻蚀区内，根据黄光区定义的电路图，将线路以外未被光阻保护的氮化硅层刻除掉，并利用酸液来腐蚀，故而得名刻蚀区。真空区的设备多用来沉积或离子注入，该区设备在操作时，内部需要抽成真空，从而得名真空区，也称离子注入区。又因在该区内，晶圆会被覆盖上一层薄薄的膜，所以又称薄膜区(钱省三等，2008)。

半导体是层次化的结构，一般加工层数为 15～30 层，各层的加工工艺和步骤近乎相同，每一层都需要依次经历扩散区、黄光区、刻蚀区和真空区的加工，形成集成电路所需的晶体管和组件及部分字符线，并用金属导线加以连接。与之并存的另一种情况是半导体的生产设备极其昂贵，生产企业不可能大量购买，于是就产生了“重入”的生产方式，即半导体会返回已经加工过的区域进行其他层的加工。如此不仅可行，还可以提高设备的利用率。假设半导体层数为 L，半导体各层加工流程示意图如图 2-2 所示。这种半导体重复访问同一加工区的特性被称为“重入性”(re-entrance)，又称多重入性。

除了半导体生产线外，重入的特点在许多其他领域里也有所体现，如信号处理、印刷电路板(Wang M Y et al.，1997)、桥梁建造(Yang D L et al.，2008)以及钢管加工(张启忠，2009)等。

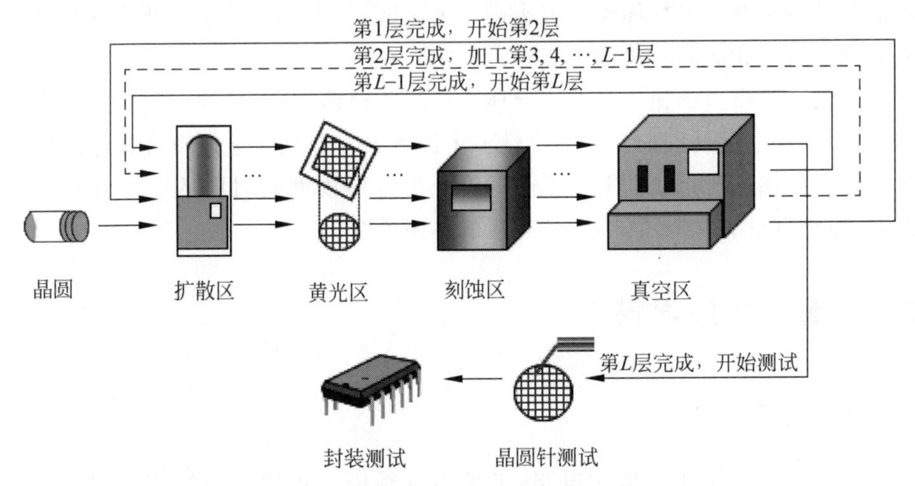

图 2-2 半导体各层加工流程示意图

2.2.2 排序建模

“重入”是半导体生产线最典型的特点，也正是由于这种重入的特性，半导体生产系统被称为是不同于传统的流水作业(flow shop)和异序作业(job shop)生产类型的“第三类生产方式”(Kumar，1993)，同时也是当今最为复杂的制造系统之一。这里将着眼于半导体生产线整个流程的优化调度，主要对其重入的特点进行挖掘和研究。

已有文献研究中，对重入加工方式的处理方法，主要分为两种：一种是定义新的作业方式，如 V 形作业方式(V-shop)和链重入作业方式(chain-reentrant shop)；另一种是将重入视为工件的一个特点，与传统的作业方式(如流水作业、异序作业等)相结合。

假设有 m 台机器，V 形作业是指工件的加工路线为 $M_1, M_2, \cdots, M_{m-1}, M_m, M_{m-1}, \cdots, M_2, M_1$，即工件依次在 m 台机器上进行加工，然后再按照从后向前的顺序依次在该 m 台机器上加工，酷似字母“V”的形状(Lev et al.，1984)；而在链重入作业中，工件按照路线($M_1, M_2, \cdots, M_m, M_1$)进行加工(Wang M Y et al.，1997)；通常定义重入流水作业中工件的加工路线为 $M_1, M_2, \cdots, M_m, M_1, M_2, \cdots, M_m, \cdots, M_1, M_2, \cdots, M_m$；在重入异序作业中，每个工件的重入路线可以不同。

结合已有重入排序问题的定义方式以及半导体生产的流程特点，我们将整个半导体生产线的调度问题定义为重入流水作业排序问题。即在流水作业的机器环境下，有 n 个工件，$J_1, J_2, \cdots, J_n$，每个工件都需要重入 L 次完成加工。

工件的这种重入特征与工件的平行链约束关系有很多相同之处，甚至在有些问题中是等价的，但却有着本质的区别。鉴于此，本章首先对平行链约束关系做简单介绍，以便更好地理解和分析工件的重入特征。

平行链约束是工件加工顺序先后约束关系的一种。工件加工具有先后约束是指事先对工件的部分加工次序加以限制，一般是出于实际生产中技术上的需求或是强加的政策。这种先后约束关系可分为两类：一类是在任一台机器上，只有工件 J_i 加工完成后，工件 J_j 才可以开始加工；另一类则是只有在工件 J_i 完成所有的工序加工后，工件 J_j 才可以开始加工，即 $C_i \leqslant S_j$，其中 C_i 为工件 J_i 的完工时间，S_j 为工件 J_j 的开始加工时间。如果工件 J_i 和 J_j 存在先后约束关系，工件 J_i 必须排在工件 J_j 前加工，可表示为 $J_i \rightarrow J_j$，称 J_i 为 J_j 的先行工件，J_j 为 J_i 的后继工件。也可以用有向无圈图(directed acyclic graph)来表示工件间的先后约束关系，结点代表工件，有向弧表示工件间的先后约束关系。如果在有向无圈图中，结点 J_i 和 J_j 之间存在有向弧指向 J_j，则称 J_i 为 J_j 的紧前工件，J_j 为 J_i 的紧后工件。显然紧前(紧后)工件一定是先行(后继)工件，反之则不一定。一般的先后约束关系在三参数表示法中用"prec"来表示。某些具有特殊结构的约束关系也会体现在三参数表示法中，如"intree""outtree"和"tree"分别表示先后约束关系为入树形状、出树形状和树形。平行链约束关系在三参数表示法中用"chains"来表示，是先后约束关系中最简单的一类。在该类约束中，每个工件最多有一个先行工件和一个后继工件，其有向图如图 2-3 所示。

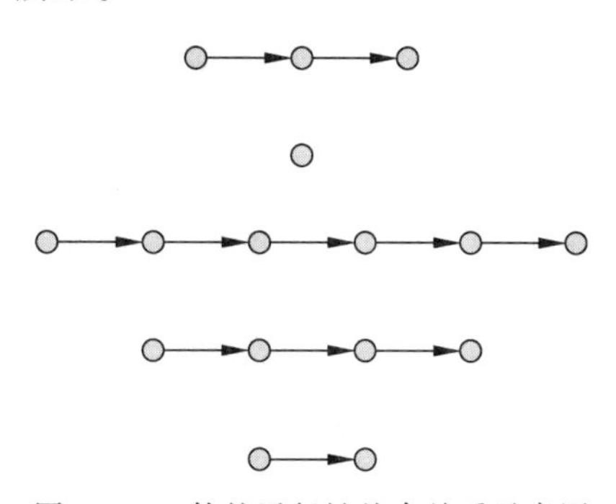

图 2-3 工件的平行链约束关系示意图

另外，在平行链约束中，约束形式还可分为可中断与不可中断两种。其中，不可中断是指每条链中的工件必须连续加工，直到此条链中所有的工件都加工完毕；可中断则是指在整条链的加工中可以插入链以外的工件，只要不打破链中工件的先后顺序即可。

在本章所考虑的重入流水作业排序问题中，若将工件的每次重入视为工件的一个工序的话，则每个工件有 L 道工序，各工序的加工有先后顺序 $J_{j1} \to J_{j2} \to \cdots \to J_{jL}(j=1,2,\cdots,n)$。用有向图表示 n 个工件所有工序即重入的先后顺序如图 2-4 所示。其中，$J_{jl}(j=1,2,\cdots,n;\ l=1,2,\cdots,L)$表示工件 J_j 的第 l 次重入。

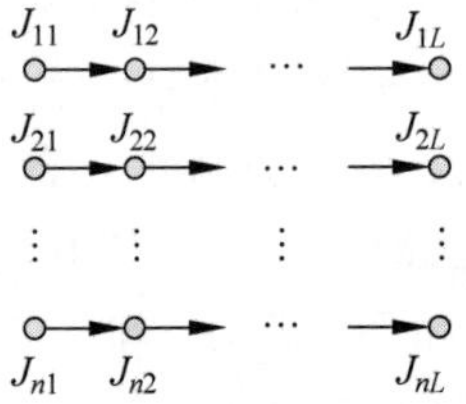

图 2-4 工件各次重入间的先后约束关系图

从图 2-4 中可以看出，工件重入之间的关系可以看作平行链约束关系的一种特殊情况：所有链长都相等且为 L；对任一有向弧的两端 J_{jl} 和 $J_{j,l+1}(j=1,2,\cdots,n;\ l=1,2,\cdots,L-1)$都有 $C_{jl} \leqslant S_{j,l+1}$，即只有在重入 J_{jl} 完成之后，重入 $J_{j,l+1}$ 才可以开始；约束形式为链可中断。但这里需要注意的是，图 2-4 中每条链代表一个工件，因此每个工件的完工时间是指其所在链中最后一次重入的完成时间，这与平行链约束中每条链都由独立的工件组成具有本质的区别，尤其是在计算诸如总完工时间之类的目标函数时。在三参数表示中，我们标记工件的这种重入特征为“re-L”。

2.3 工件具有多重性的平行多功能机排序建模

2.3.1 生产背景

黄光区是半导体生产的瓶颈区之一。在黄光区内，半导体要经历涂胶、光刻、显影、烘烤和冷却等一系列的工序，其中最主要的工序是光刻。光刻就是利用普通照相机成像的原理，将设计好的掩膜版(也称光罩)上的电路图形印在半导体晶圆上。具体的实现过程如下：首先将光阻(感光剂)均匀地涂在晶圆上，然后利用平行光将掩膜版上的图形投射在光阻上，因掩膜版上的图形由铬膜形成，在没有铬膜的区域，光线就会穿透玻璃到达晶圆的光阻上，形成曝光状态。曝光后，被光照到的光阻会产生化学变化，再经过显影过程，将不需要的光阻去除，就在晶圆上得到所需要的电路图。

光刻工序不仅在工艺上是集成电路制造的关键，在生产调度上也是半导体生产的一个瓶颈。光刻工艺是由光刻机来完成的。光刻机属于高精密仪器，非常昂贵，而且随着科学技术的进步也在不断演进中，所以同一半导体厂里共存着型号和规格不同的光刻机是很普遍的现象。由于技术和尺寸上的约束，每台光刻机都有一个可加工半导体种类的范围，且不同光刻机的加工范围之间可能有交集。从另外一个角度来看，就是对任意一个要进行光刻工序的半导体，它只能在某些特定的光刻机上进行加工。半导体和光刻机之间的对应关系如图 2-5 所示。在图 2-5 中，假设有 7 类半导体 $J_1, J_2, \cdots, J_7$ 和 5 台光刻机 $M_1, M_2, \cdots, M_5$，如果半导体和光刻机之间有有向箭头连接，则表示该类半导体可以在相应的光刻机上加工，否则这台光刻机不能加工该类半导体。

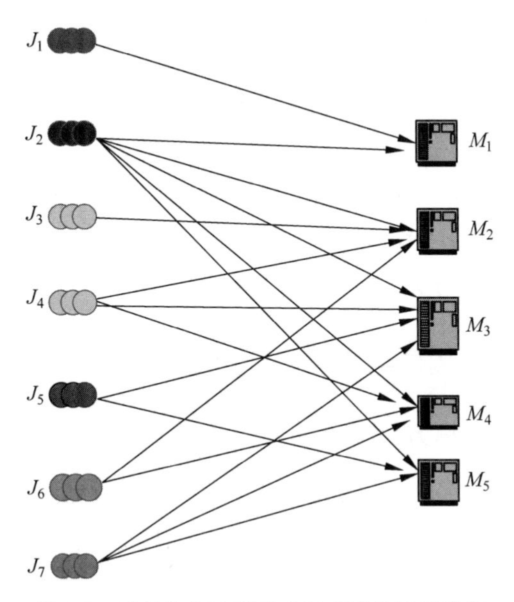

图 2-5　半导体与光刻机之间对应关系示意图

另外，当在同一光刻机上连续加工的两个半导体所需要的电路图不相同时，需要更换掩膜版，通常会花费一定的时间。如果将所有待加工的半导体分类，使得同一类的半导体对应相同的光刻机集合且所需的电路图也相同，那么在任一台光刻机上，同类的半导体可以连续加工，不同类的半导体连续加工时需要时间更换掩膜版。

除了半导体生产中的光刻工序外，螺丝生产中的冷镦工序也具有相似的加工特点。在螺丝厂的生产车间中，大批的线材通过冷镦机压模成型。每台冷镦机可以加工特定范围长度和直径的螺丝；当在其加工能力范围内连续加工不同标准尺寸的螺丝时，冷镦机需要更换模具，每次换模的时间为 4h 左右。另外，在生产制造外的其他领域也存在类似的问题，如将多项工作分配给多个雇员，每个雇员都有各自的技能范围即所能做的工作，那么工作和雇员之间也存在这种对应关系。

2.3.2　排序建模

针对半导体生产中黄光区内光刻机的加工机制，可以分别以工件的多重性和机器的多功能性为特点建立排序模型,即需要安装时间的工件具有高多重性(high multiplicity)的平行多功能机(parallel multi-purpose machine)排序模型。

工件的多重性是指工件被分为若干类,同一类中的工件具有相同的属性,可被认为是相同的或者是复制品。与传统的每个工件都有一个属性集合(如就绪时间、加工时间、交付期等)相比,工件的多重性使得在输入问题时,只需输入各类的工件数和每类中一个工件的属性集合就可以了。然而这种高效的输入方式压缩了问题的输入规模,会引起建立在输入规模基础上的问题复杂性以及算法时间复杂性的变化。例如,假设某排序问题在经典情况下有 n 个工件,所有工件属性值的最大输入规模为 L,则该问题的输入规模为 $O(nL)$;而在多重情况下,将这 n 个工件分为 r 个工件类,同一类中的工件相同,各个类的工件数分别为 $N_1,N_2,\cdots,N_r$,且 $\sum_{k=1}^{r} N_k=n$,所有工件属性值的最大输入规模依然为 L,这时问题的输入规模为 $O\left(\sum_{k=1}^{r}\log N_k+rL\right)=O(r\log n+rL)$。如此,针对经典问题的多项式时间算法对多重性问题来说却是指数时间的。这说明对工件具有多重性的排序问题,不能简单地把多重性理解为工件的一个特征。

另外,工件具有多重性和工件可拆分具有很多相似之处,但机制是各异的:对工件具有多重性的排序问题,目标函数涉及每个工件类中所有工件的完工时间,而且不同类的工件,一般加工时间不同,从而分开加工的最小单位也不同;而对工件可拆分的排序问题,目标函数涉及被拆分前的整个工件的完工时间,且工件的拆分可以是连续的。

平行多功能机排序的一般描述如下:有 n 个工件要在 m 台平行机 M_1,$M_2,\cdots,M_m$ 上加工,与经典平行机排序不同的是每个工件对应机器集合的一个子集 $\mu\subseteq\{M_1,M_2,\cdots,M_m\}$,其只能在这个子集中的机器上加工,称这个子集为该工件的加工集合(processing set)。各个工件的加工集合之间可以有交集。在三参数表示法中,通常用“MPM”表示平行多功能机的机器环境,如 P MPM $\|$ $C_{\max}$ 表示目标函数为极小化最大完工时间的同型多功能机排序问题。

在有些文献中,也称平行多功能机排序为“scheduling typed task systems”(Jaffe, 1980; Jansen, 1994)、“scheduling with processing set restrictions”(Epstein et al., 2011; Glass et al., 2006; Leung et al., 2016; Leung et al., 2017)、“scheduling with eligibility constraints/restrictions”(Lee et al., 2011a; Li C L, 2006; Edis et al., 2011; Wang S et al., 2015)或“semi-matchings for bipartite graphs”(Harvey et al., 2006)。

2.4　分批排序建模

2.4.1　生产背景

在半导体的加工和成品检验中，存在着批加工设备，如高温扩散炉和预烧炉。其中高温扩散炉（炉管）在扩散区内，主要负责氧化、扩散和淀积等工序；预烧炉作业的目的是通过长时间给集成电路加热来测试可靠性。批加工是指一台设备可同时加工多个工件，即批量加工。高温扩散炉和预烧炉除了批加工外，还有一个共同点就是用时都比较长。与其他工序的用时几分钟、最多 4h 相比，高温扩散炉一般需要 6～24h，预烧作业一般要 120h 左右。加工耗时长的特点，使其成为瓶颈机器。另外，批加工与非批加工方式的共存还会导致半导体生产线上加工流的不平稳。因此，对上述批加工设备进行优化调度具有重要意义。

在成品检验的预烧作业中，集成电路到达预烧区，被放到特制的板上，每个板可以装一定数量的集成电路。载有不同类型集成电路的板可以合成一批在一个炉中加工，每类集成电路预烧所需的时间是事先确定的，取决于集成电路的类型和客户的需求。因为一个集成电路可以在炉中停留比规定时间长而不能短的时间，所以一个批的处理时间是此批中所有集成电路的最长所需时间。并且，一旦批处理开始，就不能被打断，批中集成电路也不能再增加或减少，直到此批集成电路预烧结束。

高温扩散炉的工作方式和预烧炉类似，只不过一般情况下，同一批处理的半导体都是同类的，具有相同的加工时间。

除了半导体生产线外，批加工的特点还出现在冶金、电镀等生产过程。日常生活中所用的烤箱也是一种批加工设备，可以同时烘烤一批面包，或面包和蛋糕一起烤。

2.4.2　排序建模

在半导体生产的扩散区和成品检验的预烧作业中，可以以批加工为特点建立排序模型。广义地讲，具有批加工特点的排序称为分批排序（batch scheduling）。

对分批排序，国内外已有许多文献研究，所研究问题的种类也多种多样。分批排序按批加工的方式可以分为两大类：并行分批排序（parallel batch scheduling）和串行分批排序（serial batch scheduling）（Webster et al.，1995；张玉忠等,2008)。在并行分批排序中,同一批的工件同时加工,加工时间为批中所有工件的最大工时;在串行分批排序中,同一批的工件连续加工,加工时间为批中所有工件的工时之和。也有文献称这两种分批方式下的排序为平行分批排序和继列分批排序(李文华,2006a),或批处理机排序和成组分批排序(石永强,2005)等。对并行分批排序也有文献称之为同时加工排序或批加工机器排序(唐国春等,2003;井彩霞等,2009)等。

在早期的一些英文文献中,称分批排序为"scheduling with batching and lot-sizing"(Potts et al., 1992)、"batch scheduling"(Ghosh et al., 1997)、"scheduling on batch processing machine"(Ghazvini et al.,1998)或"scheduling on burn-in oven"(Sung C S et al.,2000)等,在名字上并没有对并行分批和串行分批做明显区分。然而近期的很多文章里,都用"parallel batch scheduling"(Li S G,2017a;Wang J Q et al.,2017)和"serial batch scheduling"(Qi X L et al.,2017;Pei J et al.,2015)对它们加以区别。随着理论的成熟,问题的分类更加细化,术语也越来越专业和科学化,这是科学研究发展的一个趋势。

考虑到所描述问题的机制和使用习惯,本书中采用术语"并行分批"和"串行分批",且鉴于半导体的生产背景,本书中只介绍并行分批排序。另外,如无特别说明,本书中所涉及的问题均为离线问题。

对并行分批排序,按照工件尺寸是否相同,又可分为相同尺寸工件的并行分批排序和差异尺寸工件的并行分批排序,这些内容将分别在第5章和第6章中展开介绍。

2.5 小结

本章着眼于半导体生产优化调度中的关键因素和环节建立排序模型:针对重入特点建立了重入排序模型;针对黄光区建立了工件具有多重性的平行多功能机排序模型;针对扩散区和成品检验中的预烧作业建立了并行分批排序模型。在建模过程中,首先对实际生产过程的机制进行分析,提炼出典型的特征,然后结合已有文献中的相关问题,建立与之契合的排序模型。

本章以半导体生产为背景,建立了三类排序模型,后面几章将会对这些排序模型进行展开介绍。

第3章 重入排序

3.1 引言

在第 2 章中，将半导体生产线中的重入特点建模为重入流水作业排序，并且在已有文献对具有重入特点的排序问题的研究中，绝大多数成果都集中在流水作业的机器环境下，并以极小化最大完工时间的目标函数为最多，因此本章重点介绍重入流水作业排序。然而，V 形作业、链重入作业以及其他机器环境下的重入排序机制与它有着密切的联系，而且有些成果还可以相互借鉴，同时也为了使读者对重入排序的认识更具系统性和全面性，本章对相关重入排序也会做简单介绍。

本章将以问题为导向，对重入排序进行分析和介绍。已有研究中重入排序问题的分类如图 3-1 所示。

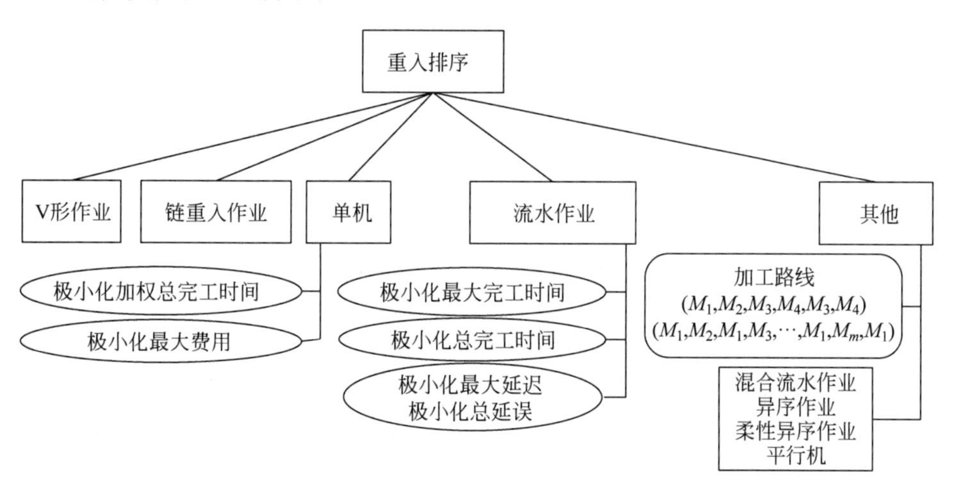

图 3-1　已有研究中重入排序问题分类示意图

3.2 V 形作业排序

在 V 形作业排序中，工件按 $M_1,M_2,\cdots,M_{m-1},M_m,M_{m-1},\cdots,M_2,M_1$ 的机器顺序进行加工。在三参数表示中，一般用符号“V”来表示，如目标函数为

最大完工时间的两台机器 V 形作业排序问题可表示为 $V2 \| C_{\max}$。Lev 等(1984)首次提出 V 形作业排序问题并进行了较为深入的研究：给出两个复杂性结果并针对一些可解的特殊情况给出有效算法。

定理 3.1 对确定的 $m \geqslant 2$ 及任意目标函数 δ，流水作业排序问题 $Fm \| \delta$ 可以多项式归约为 V 形作业排序问题 $Vm \| \delta$。

证明 假设有 n 个工件，在流水作业排序问题的实例中，各工件的加工时间为 $p_{ij}(j=1,2,\cdots,n;\ i=1,2,\cdots,m)$；在 V 形作业排序问题的实例中，各工件的加工时间分别为 $p_{ij}^1(i=1,2,\cdots,m;\ j=1,2,\cdots,n)$ 和 $p_{ij}^2(i=1,2,\cdots,m-1;\ j=1,2,\cdots,n)$。其中 p_{ij}^1 表示工件 J_j 在机器 M_i 上第 1 次加工所需要的时间；p_{ij}^2 表示工件 J_j 在机器 M_i 上第 2 次加工所需要的时间。如此，只需令

$$p_{ij}^1 = p_{ij}, \quad \forall j=1,2,\cdots,n;\ i=1,2,\cdots,m;$$

$$p_{ij}^2 = 0, \quad \forall j=1,2,\cdots,n;\ i=1,2,\cdots,m-1,$$

定理即可得证。

由定理 3.1 可知，相同条件下，流水作业排序问题是 V 形作业排序问题的一种特殊情况。从而可得，如果流水作业排序问题是 NP-难的，那么相应 V 形作业排序问题也是 NP-难的；如果流水作业排序问题是多项式时间可解的，则相应 V 形作业排序问题有可能是多项式时间可解的，也有可能是 NP-难的。如由排序问题 $F3 \| C_{\max}$、$F2 \| \sum C_j$ (Garey et al., 1976)和 $F2 \| L_{\max}$(Lenstra et al., 1977)是 NP-难的，可知 V 形作业排序问题 $V3 \| C_{\max}$、$V2 \| L_{\max}$ 和 $V2 \| \sum C_j$ 也是 NP-难的；排序问题 $F2 \| C_{\max}$ 是多项式时间可解的，V 形作业排序问题 $V2 \| C_{\max}$ 的复杂性不能直接推出，需要证明。Lev 等(1984)给出了 V 形作业排序问题 $V2 \| C_{\max}$ 的复杂性结果及证明。

定理 3.2 V 形作业排序问题 $V2 \| C_{\max}$ 是 NP-难的。

证明 通过将已知 NP-难的二划分问题多项式归约到 V 形作业排序问题 $V2 \| C_{\max}$，从而证明排序问题 $V2 \| C_{\max}$ 是 NP-难的。

二划分问题的实例：给定正整数 $a_1, a_2, \cdots, a_h$，问是否存在一个子集 $S \subset H=\{1,2,\cdots,h\}$ 使得 $\sum\limits_{i \in S} a_i = \sum\limits_{i \in H-S} a_i = \frac{A}{2}$？

假设有 n 个工件，构造 V 形作业排序问题 $V2 \| C_{\max}$ 的实例如下：

$$n = h+1;$$

$$p_{1j}^1 = 0, \quad p_{2j}^1 = a_j, \quad p_{1j}^2 = 0, \quad j=1,2,\cdots,h;$$

$$p_{1,h+1}^1 = p_{2,h+1}^1 = p_{1,h+1}^2 = \frac{A}{2};$$

如取阈值 $y=\frac{3A}{2}$,问是否存在可行排序使最大完工时间 $C_{\max}\leqslant y$。显然该构造是在多项式时间内完成的。下面证明二划分问题有解当且仅当排序问题有解。

当二划分问题的回答为“是”时,所构造的 V 形作业排序问题 $V2\|C_{\max}$ 的实例存在最大完工时间 $C_{\max}=y$ 的排序,如图 3-2 所示。否则,若对任意的 $S\subset H$, $\sum_{i\in S}a_i\neq\frac{A}{2}$, 则有 $C_{\max}>y$。定理得证。

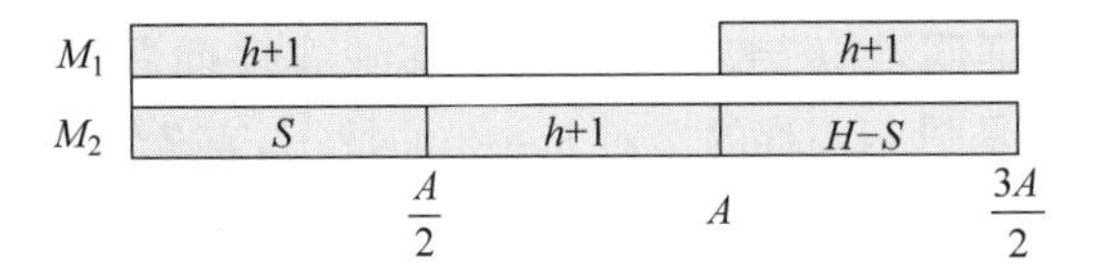

图 3-2 二划分问题回答为“是”的前提下,排序问题 $V2\|C_{\max}$ 实例的最优排序

鉴于 V 形作业排序问题 $V2\|C_{\max}$ 是 NP-难的,Lev et al.(1984)通过对工件的加工时间进行约束,得到了几种多项式时间可解的特殊情况。

为了便于表达,首先给出如下定义和标记:如果任一工件在机器 M_k 上的加工时间都大于或等于任一工件在机器 M_r 上的加工时间,即

$$\min_j(p_{kj}^1,p_{kj}^2)\geqslant\max_j(p_{rj}^1,p_{rj}^2),\quad 1\leqslant k\leqslant m-1;$$

$$\min_j p_{kj}^1\geqslant\max_j(p_{rj}^1,p_{rj}^2),\quad k=m,$$

则称机器 M_k 是占优于(dominate)机器 M_r 的,记为 $M_k\cdot>M_r$。称机器 M_k 是严格占优(strictly dominate)的,当且仅当对任意的 $1\leqslant r\leqslant m, r\neq k$,有 $M_k\cdot>M_r$。

基于上述定义和标记,V 形作业排序问题 $V2|M_2\cdot>M_1|C_{\max}$、$V2|M_2\cdot<M_1|C_{\max}$ 和 $V3|M_2\cdot>M_1,M_2\cdot>M_3|C_{\max}$ 都是多项式时间可解的。其中最后一个问题中 $M_2\cdot>M_1$ 和 $M_2\cdot>M_3$ 同时存在,表明机器 M_2 是严格优势的。此外,Lev 等(1984)还给出 V 形作业排序问题 $Vm\mid p_{ij}^1=1\mid(C_{\max},\sum C_j)$ 也是多项式时间可解的,这里 $(C_{\max},\sum C_j)$ 表示极小化最大完工时间和极小化总完工时间双目标函数。

3.3 链重入作业排序

在链重入作业排序中,工件按 $M_1,M_2,\cdots,M_{m-1},M_m,M_1$ 的机器顺序进行加工。Wang M Y 等(1997)称这里的机器 M_1 为主机器(primary machine),其余的为副机器(secondary machine)。虽然 Wang M Y 等(1997)将该加工路线定义为有别于流水作业的链重入作业方式,但其在三参数表示中,采用了流

水作业的符号，而将链重入归为了工件特征，如将目标函数为极小化最大完工时间的 m 台机器链重入作业排序问题表示为 $Fm \mid \text{chain-reentrant} \mid C_{\max}$。很显然，当 $m=2$ 时，链重入作业排序问题和 V 形作业排序问题是相同的，因而，链重入作业排序问题 $F2 \mid \text{chain-reentrant} \mid C_{\max}$ 是 NP-难的。Wang M Y 等(1997)还给出了当 $m \geqslant 3$ 时，链重入作业排序问题的复杂性结果及证明。

定理 3.3　当 $m \geqslant 3$ 时，链重入作业排序问题 $Fm \mid \text{chain-reentrant} \mid C_{\max}$ 是强 NP-难的。

证明　如果能证明当 $m=3$ 时，链重入作业排序问题是强 NP-难的，则当 $m>3$ 时，问题自然是强 NP-难的。对 $m=3$ 的情况，首先证明流水作业排序问题 $F3 \| C_{\max}$ 可以多项式归约为链重入作业排序问题 $F3 \mid \text{chain-reentrant} \mid C_{\max}$，再由 $F3 \| C_{\max}$ 是强 NP-难的(Garey et al.,1976)，得排序问题 $F3 \mid \text{chain-reentrant} \mid C_{\max}$ 是强 NP-难的。

假设有 n 个工件，在排序问题 $F3 \| C_{\max}$ 的实例中，各工件的加工时间为 $p_{ij}(j=1,2,\cdots,n;\ i=1,2,3)$；在排序问题 $F3 \mid \text{chain-reentrant} \mid C_{\max}$ 的实例中，各工件的加工时间分别为 $p_{ij}^{1}(i=1,2,3)$和 $p_{1j}^{2}(j=1,2,\cdots,n)$。其中 p_{ij}^{1} 表示工件 J_j 在机器 M_i 上第 1 次加工所需要的时间；p_{1j}^{2} 表示工件 J_j 在机器 M_1 上重入加工所需要的时间。令

$$p_{ij}^{1}=p_{ij},\quad \forall j=1,2,\cdots,n;\ i=1,2,3;$$
$$p_{1j}^{2}=0,\quad \forall j=1,2,\cdots,n,$$

则定理得证。

对链重入作业排序问题 $F2 \mid \text{chain-reentrant} \mid C_{\max}$，Wang M Y 等(1997)针对问题的机制，给出最优排序的一些优势性质(dominance property)，并据此给出了一个分支定界算法和一个最坏性能比为 3/2 的近似算法。Drobouchevitch 等(1999)后来又将该最坏性能比改进到 4/3。

Amrouche 等(2016a)研究了不允许等待情况下的链重入作业排序问题，即排序问题 $Fm \mid \text{chain-reentrant, nowait} \mid C_{\max}$。文献首先利用二划分法证明了该问题在三种特殊情况下，即排序问题 $F2 \mid \text{chain-reentrant, nowait}, p_{2j}^{1} \in \{0,A\}, p_{1j}^{2} \in \{0,A+1\} \mid C_{\max}$、排序问题 $F2 \mid \text{chain-reentrant, nowait}, p_{1j}^{1} \in \{0,A+1\}, p_{2j}^{1} \in \{0,A\} \mid C_{\max}$ 和排序问题 $F2 \mid \text{chain-reentrant, nowait}, p_{1j}^{1}=p_{1j}^{2} \in \{0,A\} \mid C_{\max}$ 都是 NP-难的，其中 A 为整数，进而证明了排序问题 $Fm \mid \text{chain-reentrant, nowait} \mid C_{\max}$ 是 NP-难的，并设计遗传算法对该问题进行求解。

Amrouche 等(2016b；2017)都对排序问题 $F2 \mid \text{chain-reentrant}, l_j \mid C_{\max}$ 进行了研究，这里 l_j 表示具有耽搁时间，具体指工件 J_j 在第一台机器上第 1 次

加工的完工时间和第 2 次加工的开始时间之间至少间隔 l_j。Amrouche 等(2016b)证明了排序问题 $F2|\text{chain-reentrant}, l_j = L|C_{\max}$ 是强 NP-难的，且即使在所有工件在第一台机器上的加工时间都相等，且都等于耽搁时间一半的特殊情况下也是强 NP-难的，并给出了一些可解情况。Amrouche 等(2017)证明了排序问题 $F2|\text{chain-reentrant}, l_j = p_{2j}^1|C_{\max}$ 是强 NP-难的，并给出一个多项式时间可解的情况，即排序问题 $F2|\text{chain-reentrant}, l_j = p_{2j}^1 = L, p_{1i}^1 + p_{1j}^2 > L|C_{\max}$；另外，Amrouche 等(2017)还为强 NP-难问题 $F2|\text{chain-reentrant}, l_j = L|C_{\max}$ 设计了一类启发式算法，并给出一个多项式时间可解的情况，即排序问题 $F2|\text{chain-reentrant}, p_{1j}^1 = a, p_{2i}^1 + p_{2j}^1 \leqslant 2a, p_{1j}^2 \leqslant a, l_j = ka|C_{\max}$。

3.4 重入单机排序

单机排序是最简单的，同时也是所有排序问题的基石(Baker，1974)。虽然在生产实践中，只有一台机器的情况很少见，尤其是在半导体生产中，但在排序问题的研究中，将问题简化，往往可以得到比较满意的结果，这些结果有助于充分理解复杂的系统。而且，若在生产线中存在瓶颈机器，可以根据约束理论，将生产调度的优化建模成为单台机器问题。

重入单机排序问题可描述为：有 n 个工件要在单台机器上进行加工。每个工件有 L 道工序，需要按照一定的次序在这台机器上完成。同一个工件的各道工序不必连续加工，只要能满足事先给定的先后顺序即可。记所有工件的集合为 $J = \{J_1, J_2, \cdots, J_n\}$，工件 $J_j (j = 1, 2, \cdots, n)$ 的第 l 道工序的加工时间为 $p_{jl} (l = 1, 2, \cdots, L)$。

当将“重入”视为工件特点与传统作业方式相结合时，在三参数表示法中用“re-L”来标记，其中“re”表示重入特性，“L”表示重入的层数(井彩霞，2008)。如 $1 | \text{re-}L | \sum C_j$ 表示目标函数为总完工时间的重入单机排序问题。

3.4.1 重入单机排序问题 $1 | \text{re-}L | \sum w_j C_j$

当目标函数为加权总完工时间时，重入单机排序问题 $1 | \text{re-}L | \sum w_j C_j$ 是多项式时间可解的，最优算法如下：

算法 3.1(Jing C X et al.，2008a) 首先将每个工件的所有工序按加工先后顺序排列得到 $\pi_j = \{J_{j1}, J_{j2}, \cdots, J_{jL}\} (j = 1, 2, \cdots, n)$；然后再将所有工件按 p_j / w_j 非降的加权最短加工时间优先规则(weighted shortest processing time,

WSPT)排列,这里 $p_j = p_{j1} + p_{j2} + \cdots + p_{jL}$,得到 $\pi = \{\pi_{[1]}, \pi_{[2]}, \cdots, \pi_{[n]}\}$,即为最优排序。其中“$[j]$”($j=1,2,\cdots,n$)表示按 WSPT 序排在第 j 个位置的工件的下标。

显然,该算法的时间复杂性是多项式的,而对于其最优性可根据平行链约束问题的一些结果直接推导出来。对平行链约束问题 $1 \mid \text{chains} \mid \sum w_j C_j$ 有如下结果。

定义 3.1(Pinedo,2002) 在排序问题 $1 \mid \text{chains} \mid \sum w_j C_j$ 中,对于链 $J_1 \to J_2 \to \cdots \to J_k$,如果 $r^* \in \{1,2,\cdots,k\}$ 满足

$$\sum_{j=1}^{r^*} w_j \Big/ \sum_{j=1}^{r^*} p_j = \max_{1 \leqslant r \leqslant k} \left(\sum_{j=1}^{r} w_j \Big/ \sum_{j=1}^{r} p_j \right), \tag{3-1}$$

其中 p_j 为工件 J_j 的加工时间,w_j 为工件 J_j 完工时间的权重,$j=1,2,\cdots,k$,则式(3-1)左端称为链 $J_1 \to J_2 \to \cdots \to J_k$ 的 ρ-因子,记为 $\rho(J_1, J_2, \cdots, J_k)$。工件 J_{r^*} 称为决定该 ρ-因子的关键工件。

引理 3.1(Pinedo,2002) 对于排序问题 $1 \mid \text{chains} \mid \sum w_j C_j$,如果工件 J_{r^*} 是决定 $\rho(J_1, J_2, \cdots, J_k)$ 的关键工件,则存在一个最优排序,连续不间断地依次加工工件 $J_1, J_2, \cdots, J_{r^*}$。

算法 3.2(Pinedo,2002) 排序问题 $1 \mid \text{chains} \mid \sum w_j C_j$ 的一个最优算法为:每当机器空闲的时候,在待加工的链中选择具有最大 ρ-因子的链,然后连续不间断地依次加工该链中的工件直到加工完决定 ρ-因子的关键工件为止。

由定义 3.1 和引理 3.1 我们可以得出以下定理 3.4:

定理 3.4(Jing C X et al.,2008a) 对排序问题 $1 \mid \text{re-}L \mid \sum w_j C_j$,存在一个最优排序,对每个工件的 L 道工序都连续不间断地依次加工。

证明 在排序问题 $1 \mid \text{re-}L \mid \sum w_j C_j$ 中,w_j 是赋予工件 J_j 完工时间 C_j 的权,也就是工序 J_{jL} 完工时间的权,如果我们设工序 J_{jl}($l=1,2,\cdots,L-1$),完工时间的权为一个任意小的正数 ε,显然不会影响问题的优化机制。如此,在工序链 $J_{j1} \to J_{j2} \to \cdots \to J_{jL}$ 中,$w_{j1} = w_{j2} = \cdots = w_{j,L-1} = \varepsilon$,$w_{jL} = w_j$,于是就有

$$\sum_{l=1}^{L} w_{jl} \Big/ \sum_{l=1}^{L} p_{jl} = \max_{1 \leqslant r \leqslant L} \left(\sum_{l=1}^{r} w_{jl} \Big/ \sum_{l=1}^{r} p_{jl} \right)。 \tag{3-2}$$

由定义 3.1 可知,式(3-2)左端是工序链 $J_{j1} \to J_{j2} \to \cdots \to J_{jL}$ 的 ρ-因子,工序 J_{jL} 是决定该 ρ-因子的关键工件。再由引理 3.1 可知,在排序问题 $1 \mid \text{re-}L \mid \sum w_j C_j$ 中,存在一个最优排序,连续不间断地依次加工工序 J_{j1},

$J_{j2},\cdots,J_{jL}(j=1,2,\cdots,n)$，定理3.4得证。

在重入排序问题$1\mid re\text{-}L\mid \sum w_jC_j$中，如果采用定理3.4证明中的方法，令$w_{j1}=w_{j2}=\cdots=w_{j,L-1}=\varepsilon$，则按$p_j/w_j$非降的次序即为按$\rho$-因子从大到小的顺序。由算法3.2可知，算法3.1是排序问题$1\mid re\text{-}L\mid \sum w_jC_j$的一个最优算法。

3.4.2 重入单机排序问题$1|re\text{-}L|h_{max}$

目标函数最大费用的表达式为

$$h_{max}=\max(h_1(C_1),h_2(C_2),\cdots,h_n(C_n))。$$

其中$h_j(C_j)(j=1,2,\cdots,n)$是关于C_j非减的费用函数。用三参数法表示该重入排序问题为$1|re\text{-}L|h_{max}$。当目标函数为最大费用时，重入单机排序问题也是多项式时间可解的，其最优算法可由平行链约束问题的最优算法推导出来。

算法3.3(Lawler，1973) 对排序问题$1|chains|h_{max}$，存在一个最优的向后动态规划算法，依次从后向前确定最优序中各位置上的工件，其具体步骤如下：

步骤1 设J为已经排好序的工件集合，J^c为待排序的工件集合，其子集J'表示在先后约束关系下，可以直接排在J前面的所有工件的集合。初始化$J=\varnothing$，$J^c=\{J_1,J_2,\cdots,J_n\}$，$J'$为$J^c$中所有没有后继工件的工件集合。

步骤2 计算并比较得j^*满足

$$h_{j^*}\Big(\sum_{k:J_k\in J^c}p_k\Big)=\min_{j:J_j\in J'}h_j\Big(\sum_{k:J_k\in J^c}p_k\Big), \tag{3-3}$$

将J_{j^*}从J^c中移到J中，更新J'。

步骤3 如果$J^c=\varnothing$，终止；否则，转步骤2。

算法3.3的计算时间复杂性为$O(n^2)$。而算法3.3对排序问题$1|prec|h_{max}$也是最优的。

对排序问题$1|re\text{-}L|h_{max}$，可以用与定理3.4证明中类似的方法进行处理。令$h_{jL}(C_{jL})=h_j(C_j)$，$h_{jl}(C_{jl})=\varepsilon(j=1,2,\cdots,n;\ l=1,2,\cdots,L-1)$，这里$\varepsilon$仍然为一个任意小的正数，所以原问题的优化机制不会受到影响。由算法3.2，假设第一步确定排在最后的工序为J_{j^*L}，则由$h_{j^*,L-1}=\varepsilon$可知，紧邻J_{j^*L}排在之前的工序为$J_{j^*,L-1}$，同理，依次应为$J_{j^*,L-2},J_{j^*,L-3},\cdots,J_{j^*1}$。如此，在最优排序中，每个工件的所有工序都是连续加工的，我们只需确定n个工件的先后顺序即可，如算法3.4所示。

算法 3.4(Jing C X et al.,2008a)

步骤 1 初始化 $J=\varnothing, J^c=\{J_1,J_2,\cdots,J_n\}$,这里 J 和 J^c 表示的意义与算法 3.3 中所定义的相同。

步骤 2 计算并比较得 j^* 满足

$$h_{j^*}\Big(\sum_{k:J_k\in J^c}\sum_{l=1}^{L}p_{kl}\Big)=\min_{j:J_j\in J^c}h_j\Big(\sum_{k:J_k\in J^c}\sum_{l=1}^{L}p_{kl}\Big),\tag{3-4}$$

将 J_{j^*} 从 J^c 中移到 J 中。

步骤 3 如果 $J^c=\varnothing$,终止,按照工件进入集合 J 中的先后顺序从后向前排,即得所有工件的一个最优排序,且每个工件的加工是指连续不间断地加工该工件的 L 道工序;否则,转步骤 2。

显然,算法 3.4 的计算时间复杂性也为 $O(n^2)$。

这里要说明的是,在算法 3.1 和算法 3.4 中,同一个工件的不同层都是连续加工的,这是由单台机器环境的特殊性造成的,在其他机器环境下不尽如此。

3.5 重入流水作业排序

本章将整个半导体生产线的调度问题定义为重入流水作业排序问题,其实,在当前已有的文献中,重入排序问题的绝大多数成果都集中在流水作业的机器环境下,并以极小化最大完工时间的目标函数为最多。

重入流水作业排序问题可描述为:有 n 个工件要在 m 台机器 $M_1,M_2,\cdots,M_m$ 上进行加工,路线为 $M_1,M_2,\cdots,M_m,M_1,M_2,\cdots,M_m,\cdots,M_1,M_2,\cdots,M_m$,即工件依次在 m 台机器上加工完成后,还要按照原来的顺序在这 m 台机器上重入多次。设工件需要重入的次数为 L。记所有工件的集合为 $J=\{J_1,J_2,\cdots,J_n\}$,所有机器的集合为 $M=\{M_1,M_2,\cdots,M_m\}$,工件 J_j 第 l 次重入时在机器 M_i 上的加工时间为 $p_{ijl}(i=1,2,\cdots,m;\ j=1,2,\cdots,n;\ l=1,2,\cdots,L)$。

另外,假设所有工件都可以在 0 时刻开始加工;每台机器每次只能加工一个工件,同一个工件的不同工序不能同时加工;不允许中断,也就是说,每道工序一旦开始加工,就必须要加工完,中间不可以打断;不考虑机器故障情况;工件在任一台机器上的加工都不需要安装时间或者安装时间已经包括在加工时间里面了。

如无特别说明,本章所讨论的排序模型在求解过程中只考虑同顺序排序(permutation)。对一般的流水作业排序问题,同顺序排序要求工件在所有机器上的加工次序都相同,也就是说,在同顺序排序下,只需确定所有工件先后顺序的一个排列,然后在每台机器上,都按照这个排列的先后顺序进行加工;而对于重入流水作业排序问题,同顺序排序是指工件的重入在所有机器上的加工次序都相同。举个例子：有三个工件要在五台流水作业机器上进行加工,每个工件需要重入两次。记 J_{jl} 为工件 J_j 的第 l 次重入,$j=1,2,3$；$l=1,2$,则在同顺序排序中,如果确定工件各重入加工顺序的一个排列为 J_{11},J_{21},J_{12},J_{31},J_{32},J_{22},则在五台机器的任一台机器上,都按照这个排列的顺序进行加工。显然,只考虑同顺序排序大大缩小了最优排序的搜索范围。虽然在重入流水作业排序问题中,同顺序排序不一定是优势排序,但同顺序排序不仅可以简化问题的求解,而且在实际应用中,更容易执行和管理,况且鉴于物料管理系统技术上的约束,很多情况下非同顺序排序是不可行的(Choi S W et al.,2007)。因而,同顺序排序是首选。

3.5.1　极小化最大完工时间的重入流水作业排序

极小化最大完工时间可以增加产能或减少在制品库存(Pan et al.,2003)。更重要的是,它可以提高设备利用率,这对设备昂贵的半导体生产线来说,是非常必要的。用三参数法表示极小化最大完工时间的重入流水作业排序问题为 $Fm|\text{re-}L|C_{\max}$。

1. 复杂性

考虑排序问题 $F2|\text{re-}L|C_{\max}$ 的一种特殊情况：每个工件重入的次数$L=2$,且第 2 次重入时在第二台机器上的加工时间为 0,则工件的加工路线变成(M_1,M_2,M_1),这时问题等价于两台机器情况下的 V 形作业排序问题,该问题已经被证明了是 NP-难的(Lev et al.,1984),因此排序问题 $F2|\text{re-}L|C_{\max}$ 也是 NP-难的,不可能在多项式时间内找到最优解。进一步可得,当 $m\geqslant 2$ 时,重入流水作业排序问题 $Fm|\text{re-}L|C_{\max}$ 是 NP-难的。

2. 问题分析及多项式时间可解的情况

Jing C X 等(2008b)通过分析重入流水作业排序问题 $F2|\text{re-}L|C_{\max}$ 与其他相关模型之间的关系,得出两台机器下重入流水作业排序问题的几个多项式时间可解的情况。相关问题主要涉及工件具有一般先后约束关系的流水作业排序问题 $F2|\text{prec}|C_{\max}$ 和具有先后约束和耽搁的单台机器排序问题 $1|\text{prec}(l_{ij})|C_{\max}$。

由排序问题 $F2|\text{re-}L|C_{\max}$ 是排序问题 $F2|\text{chains}|C_{\max}$ 的一种特殊情况,而排序问题 $F2|\text{chains}|C_{\max}$ 又是排序问题 $F2|\text{prec}|C_{\max}$ 的一种特殊情况,从而可得排序问题 $F2|\text{re-}L|C_{\max}$ 是排序问题 $F2|\text{prec}|C_{\max}$ 的一种特殊情况；

在一定条件下，排序问题 $F2|prec|C_{max}$ 等价于排序问题 $1|prec(l_{ij})|C_{max}$。对排序问题 $1|prec(l_{ij})|C_{max}$ 的描述如下：

在单台机器上要加工 n 个工件，工件间的先后约束关系可以用一个有向无圈图 $G=(V,E)$ 来表示，其中结点集 V 对应工件集合，弧集 E 对应先后约束关系。此图为一个权图，结点被赋予权 p_i，$i\in V$，弧被赋予权 l_{ij}，其中 p_i 为工件加工时间，l_{ij} 为耽搁的时间长度。对任意两个工件 $i,j\in V$，如果 $(i,j)\in E$，则只有加工完工件 i 后，再过 l_{ij} 个时间单位才能开始加工工件 j，即 $C_i+l_{ij}\leqslant S_j$，其中 C_i 为工件 i 的完工时间，S_j 为工件 j 的开始加工时间。假设加工时间和耽搁时间都是非负的整数，目标函数为极小化最大完工时间。

Brucker 等(1999)指出排序问题 $Fm|prec,p_j=1|C_{max}$ 和具有相应先后约束关系的排序问题 $1|prec(l=m-1),p_j=1|C_{max}$ 是等价的。两者能够等价的根本原因在于单机排序问题中每个工件的耽搁时间和流水作业排序问题中工件在 $M_2,M_3,\cdots,M_m$ 上的加工时间在机制上无差异。基于此，可以得到两个问题在更宽泛条件下的等价关系，具体如下。

定理 3.5 对排序问题 $1|prec(l_{ij})|C_{max}$，如果对 $l_{ij}>0$，有 $l_{ij}=l_i$，且 $\forall k\neq i$，有 $p_k\geqslant l_i(i,j=1,2,\cdots,n)$，则问题等价于带有相应先后约束关系的两台机器流水作业排序问题 $F2|prec|C_{max}$，其中，工件在第一台机器上的加工时间 $p_{j1}=p_j(j=1,2,\cdots,n)$，在第二台机器上的加工时间

$$p_{j2}=\begin{cases}l_j, & l_j>0,\\ 0, & \text{其他。}\end{cases}$$

证明 在某种意义上，排序问题 $1|prec(l_{ij})|C_{max}$ 中的耽搁时间和排序问题 $F2|prec|C_{max}$ 中工件在第二台机器上的加工时间的唯一区别就在于多于一个工件的耽搁时间可以同时进行，但加工时间不可以，因为在第二台机器上每次只能加工一个工件。然而条件“$\forall k\neq i$，有 $p_k\geqslant l_i$”避免了工件间耽搁时间的重叠或冲突，并且条件“对 $l_{ij}>0$，有 $l_{ij}=l_i$”保证了每个工件在第二台机器上加工时间的唯一性。再结合两个问题的特点即得等价性。

建立排序问题 $F2|prec|C_{max}$ 和排序问题 $1|prec(l_{ij})|C_{max}$ 之间关系的主要目的是为了借鉴排序问题 $1|prec(l_{ij})|C_{max}$ 的研究成果。Finta 等(1996)证明了排序问题 $1|prec(l_{ij}),p_j=1|C_{max}$ 是 NP-难的，同时指出耽搁时间为单位长度、工件加工时间为任意自然数的排序问题 $1|prec(l_{ij}=1),p_j\in\mathbb{N}_+|C_{max}$ 是多项式时间可解的，并给出一个计算时间复杂性为 $O(n^2)$ 的最优算法——LOS(lexicographic order schedule)算法。此算法最早是由 Coffman 等(1972)提出用来解决带有先后约束和单位加工时间的两台同型机排序问题的。

在介绍LOS算法过程之前，先给出正整数递减序列的全序。对正整数递减序列 $N=(n_1,n_2,\cdots,n_t)$ 和 $N'=(n'_1,n'_2,\cdots,n'_{t'})$（这里有可能 $t=0$），如果下面任一个条件满足，我们就说 $N<N'$。

(1) 对某个 $i\geqslant 1$，有 $n_i<n'_i$，且对所有的 $1\leqslant j\leqslant i-1$，有 $n_j=n'_j$；

(2) $t<t'$ 且 $n_j=n'_j$，$1\leqslant j\leqslant t$。

LOS算法的基本思想就是按照一定的规则给先后约束关系图中的每个工件 $J_j(j=1,2,\cdots,n)$ 赋予一个整数标记 $\alpha(J_j)$，然后再把工件按 $\alpha(J_j)$ 从大到小的顺序排序，即得最优排序。定义 $S(J_j)$ 表示工件 J_j 所有后继工件的集合，$N(J_j)$ 表示 $S(J_j)$ 中所有元素整数标记的一个递减序列。算法的具体步骤如下。

算法 3.5 LOS算法

步骤1 任选一个工件 J_m 满足 $S(J_m)=\varnothing$，并令 $\alpha(J_m)=1$。

步骤2 假设对某个 $k\leqslant n$，整数 $1,2,\cdots,k-1$ 都已经赋给了工件，记当前所有后继工件都已经被标记了的工件集合为 H，则在 H 中至少存在一个工件 J_j^* 满足：对任意的 $J_j\in H$，有 $N(J_j^*)\leqslant N(J_j)$。令 $\alpha(J_j^*)=k$。

步骤3 重复执行步骤2，直到所有的工件都被标记。把工件按整数标记从大到小的顺序排序，即得最优加工顺序。

结合定理3.5和Finta等(1996)研究的结果，可得如下的定理。

定理 3.6 对排序问题 $F2|\text{prec}|C_{\max}$，如果满足：

(1) 所有工件在第一台机器上的加工时间 $p_{j1}\in\mathbb{N}_+$，$j=1,2,\cdots,n$；

(2) 至少有一个后继工件的工件在第二台机器上的加工时间 $p_{j2}=1$；

(3) 对没有后继工件的工件有 $p_{j2}=0$，

则利用LOS算法，可以在多项式时间内找到最优排序。

证明 对满足条件(1)，(2)和(3)的排序问题 $F2|\text{prec}|C_{\max}$，构造一个与之等价的具有先后约束和耽搁的单台机器排序问题：令 $p_j=p_{j1}$；$l_{ij}=p_{i2}$；$j=1,2,\cdots,n$；$i=1,2,\cdots,n$；记描述排序问题 $F2|\text{prec}|C_{\max}$ 中工件间先后约束关系的有向无圈图为 G_1，然后分别给 G_1 的结点赋予权 p_j，弧赋予权 l_{ij}，并记赋权后的有向无圈图为 G_2。由定理3.5可知，上述构造的对应于 G_2 的具有先后约束和耽搁的单台机器排序问题等价于对应于 G_1 的原流水作业排序问题。

构造的单台机器排序问题可表示为 $1|\text{prec}(l_{ij}=1),p_j\in\mathbb{N}_+|C_{\max}$，由Finta等(1996)研究的结果可知LOS算法是该问题的一个多项式时间的最优算法，从而满足定理3.6中条件(1)，(2)和(3)的排序问题 $F2|\text{prec}|C_{\max}$，也可以利用LOS算法在多项式时间内找到最优排序。定理得证。

再鉴于排序问题 $F2|\text{re-}L|C_{\max}$ 和排序问题 $F2|\text{prec}|C_{\max}$ 之间的关系，可得出如下推论。

推论 3.1 对重入的两台机器流水作业排序问题 $F2|\text{re-}L|C_{\max}$，如果 $p_{1jl}\in\mathbb{N}_+(j=1,2,\cdots,n;\ l=1,2,\cdots,L)$；$p_{2jl}=1,p_{2jL}=0(j=1,2,\cdots,n;\ l=1,2,\cdots,L-1)$，则利用 LOS 算法，可以在多项式时间内找到最优排序。

从算法 3.5 的过程，可以看到，由 LOS 算法产生的列表排序只依赖于工件间的先后约束关系，工件的加工时间没有起到任何作用。这给了我们一个启示，即当工件的加工时间可以不用考虑的时候，排序问题就大大简化了。鉴于此，可以给出如下的更一般的结果。

定理 3.7 对重入的两台机器流水作业排序问题 $F2|\text{re-}L|C_{\max}$，如果 $\forall\, l,m(l,m\in\{1,2,\cdots,L\})$ 和 $k\neq i(k,i\in\{1,2,\cdots,n\})$，有 $p_{1kl}\geqslant p_{2im}$，则存在 n 个工件的一个最优次序 S，在 S 中，排在最后一个位置的工件 J_h 满足 $p_{2hL}=\min\limits_{1\leqslant j\leqslant n}p_{2jL}$，其他位置的工件可以任意安排。按照 S 中的次序排列所有第 l 次重入的工序 $J_{jl}(j=1,2,\cdots,n)$，得 $S_l(l=1,2,\cdots,L)$，然后按 $\{S_1,S_2,\cdots,S_L\}$ 的次序加工，即为最优排序。此时极小的最大完工时间为

$$C_{\max}^{*}=\sum_{\substack{1\leqslant j\leqslant n\\1\leqslant l\leqslant L}}p_{1jl}+p_{2hL}。$$

证明 由条件 $\forall\, l,m(l,m\in\{1,2,\cdots,L\})$ 和 $k\neq i(k,i\in\{1,2,\cdots,n\})$，有 $p_{1kl}\geqslant p_{2im}$，可知，在整个加工过程中，第一台机器没有空闲时间，直到最后一个工件的最后一次重入在第二台机器上加工的时候，然而这时的空闲是不可避免的，所以我们把满足 $p_{2hL}=\min\limits_{1\leqslant j\leqslant n}p_{2jL}$ 的工件 J_h 放在最后一个位置，从而得到极小的最大完工时间。定理得证。

这里要注意的是，在定理 3.7 的假设下，只要满足以下条件，所有工件重入工序的任意一个排序都是最优的：

(1) 满足 $p_{2hL}=\min\limits_{1\leqslant j\leqslant n}p_{2jL}$ 的重入工序 J_{hL} 放在最后加工；

(2) 满足工件各重入间的先后约束关系。

定理 3.8 对重入的两台机器流水作业排序问题 $F2|\text{re-}L|C_{\max}$，如果 $\forall\, l,m(l,m\in\{1,2,\cdots,L\})$ 和 $k\neq i(k,i\in\{1,2,\cdots,n\})$，有 $p_{1kl}\leqslant p_{2im}$，则存在 n 个工件的一个最优次序 S'，在 S' 中，排在第一个位置的工件 J_h 满足 $p_{1h1}=\min\limits_{1\leqslant j\leqslant n}p_{1j1}$，其他位置的工件可以任意安排。按照 S' 中的次序排列所有第 l 次重入的工序 $J_{jl}(j=1,2,\cdots,n)$ 得 $S'_l(l=1,2,\cdots,L)$，然后按 $\{S'_1,S'_2,\cdots,S'_L\}$ 的次序加工，即为最优排序。此时极小的最大完工时间为

$$C_{\max}^{*}=\sum_{\substack{1\leqslant j\leqslant n\\1\leqslant l\leqslant L}}p_{2jl}+p_{1h1}。$$

证明 与定理 3.7 的证明类似。

同样地,在定理3.8的假设下,也可以得出更一般的所有重入工序的最优排序。

3. NP-难问题的求解及算法

针对问题NP-难的情况,求解方法有很多。Lin D P等(2011)对所有重入排序问题的求解方法进行了综述,内容涉及1994—2009年发表的61篇文献。该综述将重入排序问题的求解方法分为三大类,分别为数学方法、启发式算法和智能算法。其中数学方法包括均值分析、Petri网、分支定界算法和整数规划方法;启发式算法包括派工原则、构造式启发式算法和改进式启发式算法;智能算法包括遗传算法、禁忌搜索算法、模拟退火算法和随机扩散搜索方法。各种方法的从属结构关系如图3-3所示。

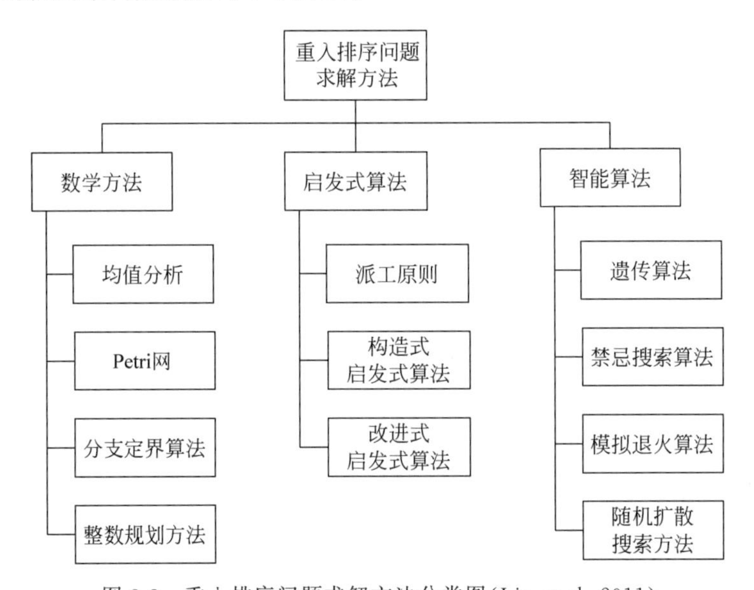

图3-3　重入排序问题求解方法分类图(Lin et al.,2011)

以上各方法基本涵盖了到目前为止已有文献中所用的方法,而对于极小化最大完工时间的重入流水作业排序问题,已有文献中涉及较多的分别是分支定界算法、构造式启发式算法、改进式启发式算法、遗传算法、禁忌搜索算法和模拟退火算法等。其中构造式启发式算法是指每次考虑增加一个工件到当前已经排好的部分序中,直至形成所有工件的完整序。按构造模式可分为两类,分别为在位置确定的情况下选择工件模式和在工件确定的情况下选择位置模式,下面将分别进行介绍。

(1) 在位置确定的情况下选择工件模式

在该模式下,待排序的位置是确定的,即当前部分序的最后,但具体是哪个工件排在该位置需要从剩余的工件中选择，选择的原则为产生最小下界(lower bound-based)或造成最小机器空闲(idle time-based)等。具体可描述为：假设在构造过程的某次迭代中，当前已经排好的部分序为σ，剩余所有工序的集合为U，当前可排在紧接σ后面位置的工序集合为A，显然$A \subseteq U$，是当前可选工序的范围。对A中的每一个工序k，按照某种方法评价其优先权，然后将具有最高优先权的工序排在部分序σ后，更新σ、U和A，进入下一次迭代，直至集合U为空。

以两台机器重入流水作业排序问题$F2|\text{re-}L|C_{\max}$为例，位置确定的情况下选择工件模式如图3-4所示。在图3-4中，有4个工件，每个工件重入4次，这里只考虑同顺序排序，故只需排好4个工件的16个工序的顺序即可。当前$\sigma=\{J_{21},J_{11},J_{31},J_{22},J_{32}\}$，$U=\{J_{12},J_{13},J_{14},J_{23},J_{24},J_{33},J_{34},J_{41},J_{42},J_{43},J_{44}\}$，$A=\{J_{12},J_{23},J_{33},J_{41}\}$。可以看到，在图3-4中的情形下，$A \subset U$。如果剩余工序间无先后约束关系，则$A=U$。

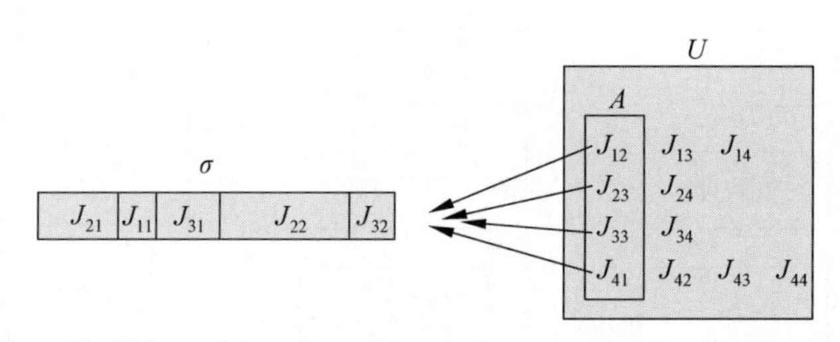

图3-4　构造式启发式算法在位置确定的情况下选择工件模式示意图

(2) 在工件确定的情况下选择位置模式

在该模式下，待排序的工件是确定的，但该工件具体排在部分序中的哪个位置需要选择，选择的原则一般为产生部分序最小目标函数值或造成最小机器空闲等。具体可描述为：假设在构造过程的某次迭代中，当前已经排好的部分序为σ，剩余所有工序的集合为U，按既定顺序当前待排序的工序为k，对σ中工序k可插入的所有位置，按照某种方法评价其优先权，然后将工序k插入具有最高优先权的位置，更新σ和U，进入下一次迭代，直至集合U为空。

同样以两台机器重入流水作业排序问题$F2|\text{re-}L|C_{\max}$为例，工件确定的情况下选择位置模式如图3-5所示。在图3-5中，有4个工件，每个工件重入4次，这里只考虑同顺序排序，故只需排好4个工件的16个工序的顺序即可。当前$\sigma=\{J_{21},J_{11},J_{31},J_{22},J_{32}\}$，$U=\{J_{12},J_{13},J_{14},J_{23},J_{24},J_{33},J_{34},J_{41},J_{42},J_{43},J_{44}\}$，待排序的工序为$J_{12}$，其在部分序$\sigma$中可插入的位置有4个，如箭头所指。

改进式启发式算法是指首先建立一个完整的种子序，即初始排序，然后通

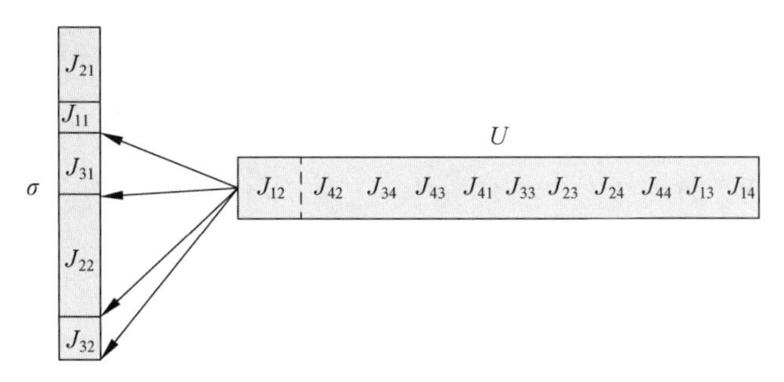

图 3-5　构造式启发式算法在工件确定的情况下选择位置模式示意图

过对种子序进行不断调整和改进，最终得到一个比较满意的序，这里种子序可以随机产生或由其他算法生成。

另外，鉴于问题是 NP-难的，无法在多项式时间内找到最优解，所以很多文献在检验所设计算法的性能时，会借助问题目标值的下界、已有算法或者商业软件，如 LINGO 和 CPLEX。其中 LINGO 是 linear interactive and general optimizer（线性交互式和通用优化求解器）的缩写，可用于求解非线性规划，也可用于一些线性和非线性方程组的求解；CPLEX 是 IBM ILOG CPLEX Optimization Studio 的简称，是由 IBM 公司开发的一个优化引擎，该优化引擎可求解线性规划、二次规划、带约束的二次规划、二阶锥规划，以及相应的混合整数规划问题。

下面我们将针对具体问题进行阐述。

1）重入流水作业排序问题 $Fm|\text{re-}L|C_{\max}$（同顺序排序）

对重入流水作业排序问题 $Fm|\text{re-}L|C_{\max}$，Pan J C H 等（2003）首先建立了 3 个混合二元整数规划模型，然后将求解相应非重入问题的 5 个启发式算法进行扩展，得到了 6 个启发式算法，最后分别对 3 个模型的规模和 6 个启发式算法的性能进行了对比。Chen J S（2006）设计了一个分支定界算法，并将该算法与 Pan J C H 等（2003）所建立的第 2 个整数规划模型进行对比，其中整数规划模型的结果由 LINGO/PC 7.0 计算得出，结果表明分支定界算法在平均 CPU 时间上占据优势。

Choi S W 等（2008）分别设计了几个构造式启发式算法、邻域搜索算法和模拟退火算法。其中构造式启发式算法中有的基于下界、有的基于空闲时间、有的是改进的 NEH（Nawaz-Enscore-Ham）算法。下面将给出上述算法的具体步骤。

Choi S W 等（2008）通过松弛剩余所有工序集合 U 中工序的先后约束关系，得到下界

$$B_1(\sigma k)=\max_{1\leqslant i\leqslant m}\Big[C_i(\sigma k)+\max\Big\{\sum_{jl:J_{jl}\in U-\{k\}}p_{ijl}+\min_{jl:J_{jl}\in U-\{k\}}\Big(\sum_{v>i}p_{vjl}\Big),$$
$$\max_{jl:J_{jl}\in U-\{k\}}\Big(\sum_{v\geqslant i}p_{vjl}\Big)\Big\}\Big],\tag{3-5}$$

其中 $B_1(\sigma k)$表示将工序 k 安排在紧接部分序 σ 后的位置而产生的整个序的下界；$C_i(\sigma k)$表示部分序 σk 在第 i 台机器上的完工时间；p_{ijl} 为工序 J_{jl} 在第 i 台机器上的加工时间；p_{vjl} 为工序 J_{jl} 在第 v 台机器上的加工时间。利用该下界计算方式，Choi S W 等(2008)给出了如下的 LBB 算法(lower bound-based algorithm)。

算法 3.6 LBB 算法

步骤 1 初始化 $\sigma=\varnothing$，$C_i(\sigma)=0(i=1,2,\cdots,m)$，$U$ 为所有工序的集合，A 为所有第一次重入的工序集合。

步骤 2 如果 $U=\varnothing$，终止；否则对每个工序 $k\in A$，计算下界 $B_1(\sigma k)$。

步骤 3 选择当前集合 A 中产生最小下界的工序，并记为 k^*。

步骤 4 令 $\sigma\leftarrow\sigma k^*$，并分别从 U 和 A 中除去工序 k^*。同时，如果存在的话，在集合 A 中加入 k^* 的紧后工序。更新

$$C_1(\sigma)\leftarrow\max\{C_1(\sigma),C_{mp}(k^*)\}+p_{ik^*},$$
$$C_i(\sigma)\leftarrow\max\{C_i(\sigma),C_{i-1}(\sigma)\}+p_{ik^*},\quad i=2,\cdots,m,$$

转步骤 2。这里 $C_{mp}(k^*)$表示工序 k^* 的紧前工序在第 m 台机器上的完工时间；p_{ik^*} 表示工序 k^* 在第 i 台机器上的加工时间。

LBB 算法在最差情况下的计算时间复杂性为 $O(n^2L^2m)$。显然，LBB 算法是构造式的启发式算法，且构造模式为在位置确定的情况下选择工件，备选工件优先权的高低评价基于下界。当备选工件优先权的高低评价基于空闲时间时，就得到 ITB 算法(idle time-based algorithm)。在 ITB 算法中，A 中工序 k 优先权的大小取决于将 k 安排在紧接部分序 σ 后的位置而产生的总空闲时间，产生最小总空闲时间的工序具有最高的优先权。具体步骤如下。

算法 3.7 ITB 算法

步骤 1 初始化 $\sigma=\varnothing$，$C_i(\sigma)=0(i=1,2,\cdots,m)$，令 U 为所有工序的集合，A 为所有第一次重入的工序集合。

步骤 2 如果 $U=\varnothing$，终止；否则对每个工序 $k\in A$，计算总空闲时间

$$I(\sigma k)=\sum_{i=1}^{m}[C_i(\sigma k)-\{C_i(\sigma)+p_{ik}\}],\tag{3-6}$$

其中 $I(\sigma k)$表示将工序 k 安排在紧接部分序 σ 后的位置而产生的所有机器上的空闲时间之和；$C_i(\sigma k)$表示部分序 σk 在第 i 台机器上的完工时间；p_{ik} 为工序

k 在第 i 台机器上的加工时间。

步骤3 选择当前集合 A 中产生最小总空闲时间的工序，记为 k^*。

步骤4 令 $\sigma \leftarrow \sigma k^*$，并分别从 U 和 A 中除去工序 k^*。同时，如果存在的话，在集合 A 中加入 k^* 的紧后工序。更新

$$C_1(\sigma) \leftarrow \max\{C_1(\sigma), C_{mp}(k^*)\} + p_{ik^*},$$

$$C_i(\sigma) \leftarrow \max\{C_i(\sigma), C_{i-1}(\sigma)\} + p_{ik^*}, \quad i=2,\cdots,m,$$

转步骤2。这里 $C_{mp}(k^*)$ 表示工序 k^* 的紧前工序在第 m 台机器上的完工时间。

ITB算法在最差情况下的计算时间复杂性为 $O(n^2L^2m)$。

NEH算法是Nawaz等(1983)提出的求解 m 台机器流水作业同顺序排序问题的一种启发式算法。其本质上是一种构造式的启发式算法，且构造模式为工件确定的情况下选择位置。在NEH算法中，首先将所有工件按照在所有机器上加工时间和非增的顺序排序，然后按照该顺序每次增加一个工件到排好的部分序中，并根据某个评价指标，在部分序中选择最好的位置插入，更新部分序后，再考虑下一个工件的插入，直至形成所有工件的完整序。

Choi S W等(2008)在NEH算法的基础上，考虑重入排序下工序间的先后约束关系，就得到扩展的NEH算法。Choi S W等(2008)给出了两种不同的选择工件插入位置的评价指标，分别为工件插入后所产生的部分序的最大完工时间和工件插入后所产生的部分序合并剩余工序所构成的整个序的最大完工时间。下面给出第二个评价指标下算法的具体步骤，第一个评价指标下的算法步骤类同。

算法3.8 MN(modified NEH)算法

步骤1 随机或由其他算法生成所有工序的种子序 S^0，并初始化 $\sigma=\varnothing$。

步骤2 如果 $S^0=\varnothing$，终止；否则对当前种子序 S^0 中的第一个工序 k，计算其在部分序 σ 中所有可能插入位置的指标值，即完整序 $S=\{\sigma(k), S^0-\{k\}\}$ 的最大完工时间。其中 $\sigma(k)$ 表示将工序 k 插入到 σ 中的该位置后产生的部分序，$S^0-\{k\}$ 表示当前 S^0 中除工序 k 以外的其余工序的序。

步骤3 选择指标值最小的位置将工序 k 插入到部分序 σ 中，更新 σ，并将工序 k 从种子序 S^0 中删除。转步骤2。

另外，Choi S W等(2008)还进一步对MN算法进行了扩展，即在MN算法的执行过程中加入改进环节。每当MN算法构建完一个完整的序 S 后，按各工序在 S 中的顺序，从后向前，依次计算当前工序在整个序中所有可能插入位置的指标值，即插入后所产生序的最大完工时间。如果插入后能改进序 S 的最大完工时间，则插入该位置，并更新序 S，然后以当前序 S 为种子序，执行MN算法；如果任意位置都不能改进序 S 的最大完工时间，则算法终止。上述改进环

节其实采取的是一种改进式启发式算法的模式。

Choi S W 等(2008)提出邻域搜索算法的基本思想就是首先将初始排序等分为若干段,这里等分是指各段中的工序数相同,然后利用枚举法对每段中的工序进行最优排序,最后再将各段组合起来形成一个完整的序。在 Choi S W 等(2008)的研究中,初始排序由前面给出的构造式启发式算法得到,设定每段的工序数为 5。

Choi S W 等(2008)将模拟退火算法主要用于启发式算法性能的评估。在计算实验中,Choi S W 等(2008)将不同的算法进行组合形成若干混合算法,并对包括混合算法在内的所有算法性能进行了比较和分析。结果表明,综合解的质量和算法运行时间,加入了改进环节的 MN 算法性能最好,将其与其他算法进行组合,又衍生出了 10 个性能良好的混合算法。

Chen J S 等(2008a)提出混合禁忌搜索方法,即当禁忌搜索陷入局部最优的时候,结合相关的启发式算法或派工原则挖掘新的解空间,以获得更好的解,具体步骤如下。

算法 3.9 混合禁忌搜索算法

步骤 1 生成初始解。利用 NEH 启发式算法找到一个初始解 x。

步骤 2 定义禁忌表。将禁忌表的长度设置为 7,禁忌表的元素记录在移动(move)中两个工件交换的次数,采用先进先出规则,当禁忌列表排满时,用新的移动替换禁忌列表中最早进入的移动。

步骤 3 初始化当前最优解的搜索次数 $C \leftarrow 0$,然后进行如下迭代步骤,直至达到终止条件:

(1) 交换 x 中工件顺序生成邻域集 $\{S_1, S_2, \cdots, S_k\}$。

(2) 从 $\{S_1, S_2, \cdots, S_k\}$ 中选择目标值最好的非禁忌解 x',令 $x \leftarrow x'$。

(3) 如果 x 优于当前最优解,则更新当前最优解,并令 $C \leftarrow 0$,进入下一次迭代;否则令 $C \leftarrow C+1$。

(4) 如果 $C >$ 阈值,则调用 NEH 启发式算法来更新 x,并令 $C \leftarrow 0$,进入下一次迭代;否则直接进入下一次迭代。

Chen J S 等(2008a)通过计算实验验证了禁忌搜索算法和启发式算法结合的有效性。

Chen J S 等(2009)提出混合遗传算法,具体步骤如下。

算法 3.10 混合遗传算法

步骤 1 输入机器和工件数据。

步骤 2 参数设置。其中包括种群规模、最大迭代次数、交叉概率、变异概率,以及其他遗传算子的概率等。

步骤 3　基于工件进行编码。

步骤 4　随机产生初始种群。

步骤 5　进行两点交叉操作。随机选择两点，将一个父代中两点的序列复制给子代，其余工件子序列则按照这些工件在另一个父代中的顺序进行填充，如图 3-6 所示。

步骤 6　进行转移变换操作。在父代个体中随机选择一个位置，将该位置上的工件移至另一随机选择的位置上，如图 3-7 所示。

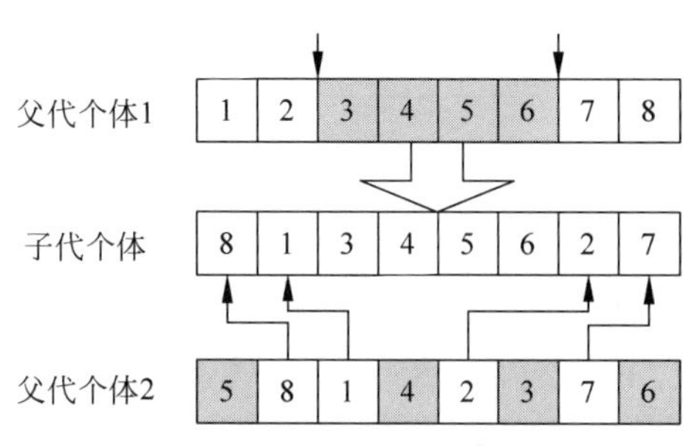

图 3-6　两点交叉操作示意图

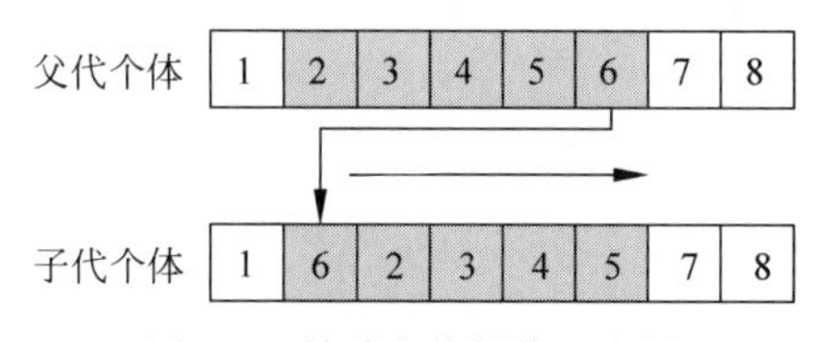

图 3-7　转移变换操作示意图

步骤 7　进行混合遗传操作。对随机切割的子串，进行如下操作：

(1) 计算每个工件在所有机器上的加工时间总和，并按照该加工时间总和非增的顺序对所有工件进行排序。

(2) 对由排在最前面的两个工件构成的部分序，以极小化最大完工时间为准则进行排序。

(3) 对 $i=3$ 到 r，其中 r 为切割子串中的工件数，分别计算将第 i 个工件插入到可能的 i 个位置上所产生的部分序的最大完工时间，并选择产生最小最大完工时间的位置插入。然后，将新的序列放回到染色体从而得到新染色体。具体步骤如图 3-8 所示。

步骤 8　计算染色体的适应度值

$$F_i=(V_{\max}-V_i)^{\alpha},$$

其中，$V_{\max}$ 为当前种群所有个体中的最大完工时间，V_i 为当前个体的最大完工时间，$\alpha=1.005$。

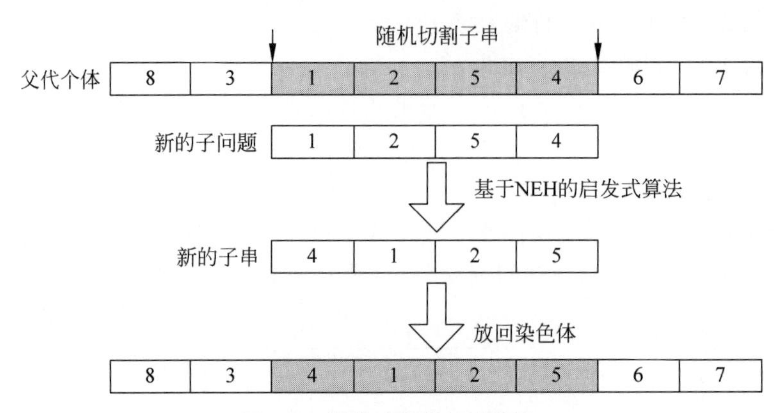

图 3-8 混合遗传算子示意图

步骤 9 如果达到最大迭代次数,则输出当前最好的解,并结束。

步骤 10 选择下一代个体。通过以下轮盘赌的方式选择下一代个体,直到选择的个体数达到种群规模:

(1) 计算每个染色体的总适应度值。

(2) 计算每个染色体的选择概率,即用个体的适应度值除以群体中所有个体的适应度值之和。

(3) 计算每个染色体的累积概率。

(4) 随机生成概率 P,其中 $P\sim[0,$总累积概率$]$,如果 $P(n)\leqslant P\leqslant P(n+1)$,则选择第 $n+1$ 个染色体为下一代个体,其中 $P(n)$ 是第 n 个染色体的累积概率。

步骤 11 转步骤 5。

Chen J S 等(2009)通过计算实验指出,相比于 Pan J C H 等(2003)研究的综合性能最好的两个启发式算法以及单纯的遗传算法,混合遗传算法具有更好的性能。

Li Z C 等(2013)提出混合的基于种群的增量学习算法,该算法采用基于工件插入的变异操作进行全局搜索,并利用考虑首移动的工件交换邻域搜索策略提高算法的局部探索能力。计算实验表明,混合的基于种群的增量学习算法在性能上优于 Chen J S 等(2009)研究的混合遗传算法。

Xu J Y 等(2014)提出文化基因算法,该算法在本质上是一种将基于种群的全局搜索和基于个体的局部搜索相结合的智能算法,具体步骤如下。

算法 3.11 文化基因算法

步骤 1 采用 NEH 启发式算法和随机产生序列的方法生成含有 $n(X)$个解的初始种群 X。

步骤 2 当终止条件不满足时,执行以下步骤:

(1) 调用种群更新策略 PUS 更新种群。

(2) 调用动态局部搜索 DLS 和随机局部搜索 SLS 改进当前种群 X 中最好的 10 个解。

(3) 更新当前最好解。

(4) 通过随机插入移动,去除 X 中的重复解,这里"随机插入移动"是指随机选择一个工件,将其从当前位置移出,插入到另一个位置。

(5) 计算当前种群的多样性指标

$$\mathrm{Div}=(1/n)\times\left(\sum_{i=1}^{n(X)-1}\sum_{j=i+1}^{n(X)} d(\pi_i,\pi_j)\right)\Big/\left[n(X)\times(n(X)-1)/2\right], \quad (3\text{-}7)$$

其中 $d(\pi_i,\pi_j)$ 表示解 π_i 和解 π_j 之间的距离。如果该指标值低于阈值 T,则对种群中除了最好的 10 个解之外的所有解都执行随机插入移动,以改进种群的多样性。

步骤 3 输出算法目前为止找到的最好解。

文化基因算法中,种群更新策略 PUS、动态局部搜索 DLS 和随机局部搜索 SLS 的具体操作如下。

算法 3.12 种群更新策略 PUS

步骤 1 在当前种群 X 中随机选择两个个体,对其执行交叉算子生成后代个体,然后对后代个体执行变异操作产生新个体,将该新个体存入 X'。重复以上操作,直至 X' 中有 $n(X)$ 个个体。

步骤 2 将 $X\cup X'$ 中的个体按目标函数值(最大完工时间)的大小进行升序排序,并将最好的 $0.8\times n(X)$ 个个体存入下一代种群 X_{new},同时将这些个体从 $X\cup X'$ 中删除。

步骤 3 对 $i=1$ 到 $0.2\times n(X)$,执行以下步骤:

(1) 对 $X\cup X'$ 中剩余的每个解 π,计算其与 X_{new} 的距离 $D(\pi,X_{\text{new}})$。

(2) 从 $X\cup X'$ 中选择 $f(\pi)/D(\pi,X_{\text{new}})$ 值最小的解 π_k,其中 $f(\pi_k)$ 表示解 π_k 的目标函数值,即最大完工时间。

(3) 将解 π_k 从 $X\cup X'$ 中移除并存入 X_{new}。

步骤 4 检查种群 X_{new} 中是否存在目标函数值相等的两个个体,如果存在,则对其中一个个体执行随机插入移动。

算法 3.13 动态局部搜索 DLS

步骤 1 对于给定的一个解 $\pi_0=(\pi(1),\pi(2),\cdots,\pi(n))$,令 $\pi_b\leftarrow\pi_0$,$k_{\max}\leftarrow 10$。

步骤 2 对 $i=1$ 到 $k_{\max}$,执行如下步骤:

(1) 从 π_b 中随机选择一个位置 r,然后从 r 开始删除连续 d 个工件。如果 $n-r+1\geqslant d$,则删除连续的 d 个工件 $\pi(r),\pi(r+1),\cdots,\pi(r+d-1)$;否则删除工件 $\pi(r),\pi(r+1),\cdots,\pi(n)$ 和 $\pi(1),\pi(2),\cdots,\pi(d-(n-r+1))$。为了表述的方便,这里将被删除的工件记为 $\pi(r_1),\pi(r_2),\cdots,\pi(r_d)$,剩下的部分序记为 π'。

(2) 依次将删除的工件 $\pi(r_1),\pi(r_2),\cdots,\pi(r_d)$ 插入到 π' 中构建一个新的完整的解,其中工件 $\pi(r_j)(j=1,2,\cdots,d)$ 的插入位置为使 π' 的目标值增加最小的位置。

(3) 如果 π' 的目标值小于 π_b 的目标值,则令 $\pi_b\leftarrow\pi'$。

算法 3.14 随机局部搜索 SLS

步骤 1 对于给定的一个解 $\pi_0=(\pi(1),\pi(2),\cdots,\pi(n))$,令 $\pi_b\leftarrow\pi_0$,$k_{\max}\leftarrow 10$,并设置邻域跨度 $d_{\max}$。

步骤 2 对 $i=1$ 到 $k_{\max}$,执行如下步骤:

(1) 从 π_b 中随机选择一个位置 r,然后删除该位置上的工件 $\pi(r)$。

(2) 将删除的工件 $\pi(r)$ 插入到区间 $[\max\{r-d_{\max},1\},\max\{r+d_{\max},n\}]$ 中随机选择的一个位置上,从而得到一个新解 π'。

(3) 如果 π' 的目标值小于 π_b 的目标值,则令 $\pi_b\leftarrow\pi'$。

Xu J Y 等(2014)将文化基因算法与 CPLEX 求解器及 Pan J C H 等(2003)提出的两个启发式算法进行了性能对比实验,结果表明:CPLEX 可求解中等规模的问题实例;文化基因算法在解的质量和计算时间上均优于 CPLEX 软件;与 Pan J C H 等(2003)提出的两个启发式算法相比,文化基因算法可以获得更好的解,但需要更长的计算时间。

另外,Lin D P 等(2013)根据应用背景考虑了具有资源约束的问题,给出多级遗传算法,并通过计算实验表明,该算法性能优于模拟退火算法。

2) 重入流水作业排序问题 $Fm\mid\text{re-}L\mid C_{\max}$(非同顺序排序)

还有一些文献研究重入流水作业排序问题 $Fm\mid\text{re-}L\mid C_{\max}$ 非同顺序排序的情况。Pan J C H 等(2004)对非同顺序排序问题提出了基于整数规划技术的优化模型,分别设计了基于主动排序(active schedule)和不允许耽搁排序(non-delay schedule)的启发式算法,并研究了一系列针对重入特征的优势规则,然后将不同的规则与两个启发式算法相结合,最后通过仿真实验选出性能最好的组合。Chen J S 等(2007)提出混合禁忌搜索方法,并通过计算实验表明该算法性能优于纯禁忌搜索方法和 Pan J C H 等(2004)中最佳组合下的启发式算法。Chen J S 等(2008b)提出混合遗传算法,也得出类似的结论,即相比于纯遗传算法和 Pan J C H 等(2004)提出的启发式算法,混合遗传算法更有效。

3) 重入流水作业排序问题 $F2|\text{re-}L|C_{max}$

在科学研究中,遇到复杂的问题,通常会考虑人为限定或松弛一些条件,一方面使问题得到简化,另一方面更能凸显问题的某些特点和本质。对极小化最大完工时间的重入流水作业排序问题的研究也是如此,有些文献限定问题的机器台数为 2,即两台机器重入流水作业排序问题 $F2|\text{re-}L|C_{max}$。

对两台机器重入流水作业排序问题 $F2|\text{re-}L|C_{max}$,有 3 篇文献考虑了工件只重入两次(包括第一次流水作业加工)的特殊情况,即工件的加工路线为 (M_1,M_2,M_1,M_2)(Choi S W et al.,2007; Yang D L et al.,1997; Yang D L et al.,2008)。

Choi S W 等(2007)对该问题给出 6 个优势的性质、2 个下界以及 4 个启发式算法,并基于此构造了一个分支定界算法。其中的 4 个启发式算法分别为 MJ 算法(modified Johnson's algorithm)、MP 算法(modified palmer's algorithm)、MN(modified NEH)算法和贪婪局部搜索算法,具体如下。

算法 3.15 MJ 算法

步骤 1 松弛工序间的先后约束关系,将 n 个工件的 $2n$ 个工序 $J_{11},J_{12},J_{21},J_{22},\cdots,J_{n1},J_{n2}$ 按 Johnson 算法规则进行排序,得到初始排序。

步骤 2 对当前排序中的任一个工件 J_j,如果工序 J_{j1} 排在工序 J_{j2} 的后面,则分别计算将工序 J_{j1} 移动到紧挨工序 J_{j2} 前的位置和将工序 J_{j2} 移动到紧挨工序 J_{j1} 后的位置所形成新排序的目标函数值,并选择新排序目标函数值较小的移动方式,更新原排序。

步骤 3 如果当前排序中的所有工序都满足加工先后约束关系,则输出当前排序;否则转步骤 2。

在介绍 MP 算法之前,首先介绍一下斜度指标(slope index)的概念,斜度指标是由 Palmer(1965)提出的用于求解 m 台机器流水作业同顺序排序问题的排序指标,工件 $J_j(j=1,2,\cdots,n)$ 斜度指标的计算公式为 $s_j=\sum_{i=1}^{m}(2i-m-1)p_{ij}$,其中 m 为机器数,p_{ij} 为工件 J_j 在机器 M_i 上的加工时间。其基本思想是按机器的顺序,加工时间趋于增加的工件被赋予较大的优先权数。MP 算法就是对 Palmer(1965)提出的启发式算法进行改进的结果。

算法 3.16 MP 算法

步骤 1 松弛工序间的先后约束关系,将 n 个工件的 $2n$ 个工序 $J_{11},J_{12},J_{21},J_{22},\cdots,J_{n1},J_{n2}$ 按斜度指标 s_j 非增的顺序进行排序,得到初始排序。这里 $m=2,j=1,2,\cdots,2n$。

步骤 2 对当前排序中的任一个工件 J_j，如果工序 J_{j1} 排在工序 J_{j2} 的后面，则分别计算将工序 J_{j1} 移动到紧挨工序 J_{j2} 前的位置和将工序 J_{j2} 移动到紧挨工序 J_{j1} 后的位置所形成新排序的目标函数值，并选择新排序目标函数值较小的移动方式，更新原排序。

步骤 3 如果当前排序中的所有工序都满足加工先后约束关系，则输出当前排序；否则转步骤 2。

MJ 算法和 MP 算法本质上都属于改进式启发式算法，只不过在这两个算法中，“改进”是把排序由不可行改进为可行。

在 Choi S W 等(2007)提出的 MN 算法中，选择工件插入位置的评价指标为工件插入后所产生的部分序的最大完工时间。

Choi S W 等(2007)提出的贪婪局部搜索算法本质上也是一个改进式启发式算法，改进的方式为交换两个工序的位置，即在某次迭代中考虑当前排序中某个可以交换位置的工序对，如果交换位置可以改进整个序的最大完工时间，则交换两个工序的位置，更新序后进入下一次迭代；否则考虑其余可以交换的工序对。如果当前迭代中所有可以交换的工序对交换后都不能改进整个序的最大完工时间，则算法终止。这里“可以交换位置”是指两个工序交换位置不会违背工序间的先后约束关系。

Choi S W 等(2007)的计算实验表明，MN 算法和贪婪局部搜索算法比 MJ 算法和 MP 算法具有更好的性能，且由于贪婪局部搜索算法是以 MN 算法所获得的序为初始排序进行改进的，因而更胜其一筹。另外，分支定界算法的求解规模可达 200 个工件。

Yang D L 等(1997)根据应用背景考虑了非同顺序排序下工件分组、且不同组的工件连续加工时需要安装时间的加工特点，给出一个启发式算法，并指出当只有一组工件时，可以在多项式时间内找到最优排序。她在 2008 年发表的一篇论文(Yang D L et al.,2008)中研究了与文献(Yang D L et al.,1997)中相同的问题，证明该问题在一般情况下是 NP-难的，给出了几个关于优化机制的理论结果，其中包括同顺序排序是优势排序的结论，结合这些理论结果和文献(Yang D L et al.,1997)中的启发式算法，最后设计了一个分支定界算法。

Jing C X 等(2008c)研究了两台机器重入流水作业排序问题 $F2|\text{re-}L|C_{\max}$ 的一般情况，即工件的加工路线为$(M_1,M_2,M_1,M_2,\cdots,M_1,M_2)$，并设计了三个启发式算法，分别为 MLBB 算法(modified lower bound-based algorithm)、WITB 算法(weighted idle time-based algorithm)和 EJ 算法(extended Johnson's algorithm)。其中，MLBB 算法和 WITB 算法是对 Choi S W 等(2008)提出的 LBB 算法和 ITB 算法的改进，EJ 算法是 Johnson 算法的一个

扩展。

MLBB算法和WITB算法同属于位置确定的情况下选择工件模式的构造式启发式算法，只是在MLBB算法中，待排序工件优先权的高低评价基于下界；而在WITB算法中，待排序工件优先权的高低评价基于空闲时间。

当优先权的高低评价基于下界时，A 中工序 k 优先权的大小取决于将 k 安排在紧接部分序 σ 后的位置而产生的整个序的下界，产生最小下界的工序具有最高的优先权。

对于下界的计算，在Choi S W等(2008)提出的针对 m 台机器的LBB算法中，首先松弛 U 中工序的先后约束关系，然后通过罗列剩余工序在各台机器上的加工时间来获得下界；在Jing C X等(2008c)提出的针对两台机器的MLBB算法中，同样是首先松弛 U 中工序的先后约束关系，但在下界的计算中引入了Johnson算法，从而获得了更紧的下界(Choi S W et al.,2007)。具体的计算公式为

$$B_2(\sigma k)=\max\left\{C_1(\sigma k)+C_{\max}^J(U-\{k\}),\quad C_2(\sigma k)+\sum_{jl:J_{jl}\in U-\{k\}}p_{2jl}\right\}。\tag{3-8}$$

其中 $B_2(\sigma k)$ 表示将工序 k 安排在紧接部分序 σ 后的位置而产生的整个序的下界；$C_{\max}^J(U-\{k\})$ 表示利用Johnson算法对 $U-\{k\}$ 中的工序进行排序所产生的最大完工时间；$C_1(\sigma k)$ 和 $C_2(\sigma k)$ 分别表示部分序 σk 在第一台机器和第二台机器上的完工时间；p_{2jl} 为工序 J_{jl} 在第二台机器上的加工时间。MLBB算法的具体步骤如下。

算法3.17 MLBB算法

步骤1 初始化 $\sigma=\varnothing$，$C_1(\sigma)=C_2(\sigma)=0$，$U$ 为所有工序的集合，A 为所有第一次重入的工序集合。

步骤2 如果 $U=\varnothing$，终止；否则对每个工序 $k\in A$，计算下界 $B_2(\sigma k)$。

步骤3 选择当前集合 A 中产生最小下界的工序，并记为 k^*。

步骤4 令 $\sigma\leftarrow\sigma k^*$，并分别从 U 和 A 中除去工序 k^*。同时，如果存在的话，在集合 A 中加入 k^* 的紧后工序。更新

$$C_1(\sigma)\leftarrow\max\{C_1(\sigma),C_{2p}(k^*)\}+p_{1k^*},$$

$$C_2(\sigma)\leftarrow\max\{C_1(\sigma),C_2(\sigma)\}+p_{2k^*},$$

转步骤2。这里 $C_{2p}(k^*)$ 表示工序 k^* 的紧前工序在第二台机器上的完工时间；p_{1k^*} 和 p_{2k^*} 分别表示工序 k^* 在第一台机器和第二台机器上的加工时间。

MLBB算法在最差情况下的计算时间复杂性为 $O(n^3L^2\log(nL))$。

在Choi S W等(2008)提出的针对 m 台机器的ITB算法中，总空闲时间即

为选择工序 k 所导致的所有机器上空闲时间之和。在 Jing C X 等(2008c)提出的针对两台机器的 WITB 算法中,基于 ITB 算法,并借鉴 Pinedo(2002)提出的用来解决流水线中循环调度问题的 WPF(Weighted Profile Fitting)算法的思想,引入了空闲时间的权重。

空闲时间权重的引入主要出于以下考虑:在流水作业中,各个机器的工作负荷可能是不均衡的,通常称负荷最重的机器为瓶颈机器;相对于非瓶颈机器上的空闲时间,瓶颈机器上的空闲时间对系统目标函数值的影响更大;因此对不同机器造成的空闲时间应区别对待。

在 Jing C X 等(2008c)提出的 WITB 算法中,赋予每台机器上的空闲时间一个权重,权重系数的大小正比于该台机器的拥塞程度,拥塞程度越高,权重系数越大。具体每台机器的拥塞程度是通过所有工序在该台机器上的总加工时间来反映的。分别记两台机器上空闲时间的权重系数为 w_1 和 w_2,WITB 算法的具体步骤如下。

算法 3.18 WITB 算法

步骤 1 初始化 $\sigma=\varnothing, C_1(\sigma)=C_2(\sigma)=0$,分别计算第一台机器和第二台机器上空闲时间的权重系数为

$$w_1=\max\left\{\sum_{j=1}^{n}\sum_{l=1}^{L}p_{1jl}\bigg/\sum_{j=1}^{n}\sum_{l=1}^{L}p_{2jl},1\right\},\tag{3-9}$$

$$w_2=\max\left\{\sum_{j=1}^{n}\sum_{l=1}^{L}p_{2jl}\bigg/\sum_{j=1}^{n}\sum_{l=1}^{L}p_{1jl},1\right\},\tag{3-10}$$

令 U 为所有工序的集合,A 为所有第一次重入的工序集合。

步骤 2 如果 $U=\varnothing$,终止;否则对每个工序 $k\in A$,计算加权总空闲时间

$$I(\sigma k)=w_1(C_1(\sigma k)-C_1(\sigma)-p_{1k})+w_2(C_2(\sigma k)-C_2(\sigma)-p_{2k}),\tag{3-11}$$

其中 p_{1k} 和 p_{2k} 分别表示工序 k 在第一台机器和第二台机器上的加工时间。

步骤 3 选择当前集合 A 中产生最小加权总空闲时间的工序,记为 k^*。

步骤 4 令 $\sigma\leftarrow\sigma k^*$,并分别从 U 和 A 中除去工序 k^*。同时,如果存在的话,在集合 A 中加入 k^* 的紧后工序。更新

$$C_1(\sigma)\leftarrow\max\{C_1(\sigma),C_{2p}(k^*)\}+p_{1k^*},$$

$$C_2(\sigma)\leftarrow\max\{C_1(\sigma),C_2(\sigma)\}+p_{2k^*},$$

转步骤 2。这里 $C_{2p}(k^*)$ 表示工序 k^* 的紧前工序在第二台机器上的完工时间。

WITB 算法在最差情况下的计算时间复杂性为 $O(n^2L)$。显然,该 WITB

算法也可用在多台机器($m>2$)下的重入流水作业排序问题上。

Johnson 算法是解决排序问题 $F2 \| C_{\max}$ 的一个经典的多项式时间最优算法。虽然更大、更复杂的流水作业排序问题已经被证明是 NP-难的,但是在解决这些问题的许多启发式算法中,Johnson 算法规则都参与其中,并发挥着重要的作用。有些 EJ 算法就是通过多次调用 Johnson 算法而得到所有工序的排序(Jing C X et al.,2008c)。

算法 3.19 EJ 算法

步骤 1 对第 l 次重入的所有工序 $J_{1l}, J_{2l}, \cdots, J_{nl}$,用 Johnson 算法进行排序得 $S_l (l=1,2,\cdots,L)$。

步骤 2 令 $S=(S_1, S_2, \cdots, S_L)$为所有工序的排序。

EJ 算法的计算时间复杂性为 $O(nL\log n)$。

为了检验所设计启发式算法的性能,Jing C X 等(2008c)对不同参数取值组合下随机生成的排序问题进行了计算实验,其中参数包括总工件数、重入次数以及瓶颈机器情况等;除了文中给出的三个启发式算法,Choi S W 等(2008)提出的 LBB 算法和 ITB 算法也参与了计算实验。具体的实验过程和数据结果见附录 2 中的计算实验 1。

计算实验结果表明:MLBB 算法总体上优于 LBB 算法,WITB 算法优于 ITB 算法,这说明 MLBB 算法和 WITB 算法中的改进措施是有效的。另外,在无瓶颈机器和第二台机器为瓶颈机器的情况下,WITB 算法和 ITB 算法在总体上优于其他的启发式算法,EJ 算法在工件重入次数少($L=2$)的情况下优于其他算法;在第一台机器为瓶颈机器的情况下,EJ 算法明显优于其他的启发式算法,其次是 LBB 算法和 MLBB 算法,ITB 算法和 WITB 算法相对而言更差,这说明启发式算法的性能明显受到瓶颈机器因素的影响。最后,Jing C X 等(2008c)建议在实际应用中考虑各个机器工作负荷的分配情况,并结合算法时间复杂性指出 EJ 算法和 WITB 算法为综合性能相对比较高的两个算法。

3.5.2 极小化总完工时间的重入流水作业排序

极小化总完工时间可以缩短工件的生产周期、减少在制品库存,并有利于资源的统一利用(French,1982; Rajendran,1994),还可以大大降低调度的成本,因此是实际生产活动中的一个重要指标。对生产周期长,流程复杂的半导体生产线来说,极小化总完工时间极具必要性。用三参数法表示极小化总完工时间的重入流水作业排序问题为 $Fm \mid \text{re-}L \mid \sum C_j$。

1. 复杂性

鉴于排序问题 $F2 \| \sum C_j$ 是强 NP-难的(Garey et al.,1976),重入排序问题 $F2 \mid \text{re-}L \mid \sum C_j$ 是 NP-难的,从而重入流水作业排序问题 $Fm \mid \text{re-}L \mid \sum C_j$ 也是 NP-难的。

2. 问题分析

对重入流水作业排序问题,当目标函数为极小化最大完工时间时,重入 L 次的 n 个工件可以转化成具有平行链约束关系的 nL 个工序,即将重入问题转化为工件间具有先后约束关系的非重入问题。但当目标函数为极小化总完工时间时,这种方法是行不通的,因为在极小化总完工时间的目标函数下,只考虑最后一次重入工序的完工时间,也就是说,在工序间的平行链约束有向图中,只有每条链中最后一个工序的完工时间计入目标函数值。这与传统的平行链约束排序问题有着本质的区别。

对重入流水作业排序问题,要想极小化总完工时间,工序的排序应遵循以下几条基本原则:同一工件的工序位置应集中;所有工序加工时间之和越小的工件,越应排在靠前的位置;尽量避免机器空闲。这些原则之间会有冲突,如何平衡各原则是解决问题的关键。

另外,对排序问题 $F2 \| \sum C_j$,Conway 等(1967)指出至少存在一个最优排序是同顺序排序,这样求解时只需在同顺序排序中搜索最优解,问题就化简为寻找所有工件的一个序列。但对于重入排序问题 $F2 \mid \text{re-}L \mid \sum C_j$,所有工序的同顺序排序却不一定是优势排序,见例 3.1。

例 3.1 设在排序问题 $F2 \mid \text{re-}L \mid \sum C_j$ 中,$n=2, L=2, p_{111}=2, p_{211}=3, p_{112}=1, p_{212}=1, p_{121}=3, p_{221}=6, p_{122}=8, p_{222}=8$,则所有工序的最优同顺序排序为$(J_{11}, J_{12}, J_{21}, J_{22})$,总加工时间为

$$\sum C_j = C_1 + C_2 = 7 + 31 = 38。$$

而所有工序的最优排序为:在第一台机器上按顺序$(J_{11}, J_{21}, J_{12}, J_{22})$加工,在第二台机器上按顺序$(J_{11}, J_{12}, J_{21}, J_{22})$加工,所得总加工时间为

$$\sum C_j = C_1 + C_2 = 7 + 29 = 36。$$

但是,同样出于本章前面所述的原因,如无特别说明,这里只考虑同顺序排序。

3. 问题的求解及算法

对重入流水作业排序问题 $Fm \mid re\text{-}L \mid \sum C_j$，已有的研究文献较少。井彩霞(2008)针对两台机器情况给出了两个启发式算法，分别为MWITB算法和MINS算法。

MWITB算法是在Jing C X等(2008c)提出的WITB算法的基础上，计算加权总空闲时间时，考虑了工序的权重。关于各工序权重的计算，首先按照某种规则对所有工件进行排序，然后再基于每个工件所排列的位置，取权重系数，同一工件的所有工序赋予相同的权重。工件的排序规则有两个，一个是基于工件在两台机器上的总加工时间，另一个是基于Johnson算法。基于排列位置的权重系数的选取有3个不同的量级，逐渐扩大工件间权重的差距。各工序权重系数的具体获取过程如下：

(1) 基于总加工时间排序的权重系数

首先计算每个工件的总加工时间为

$$P_j = \sum_{l=1}^{L}(p_{1jl} + p_{2jl}), \quad j = 1, 2, \cdots, n,$$

然后按 P_j 不减的顺序对工件进行排序得 $\pi = (J_{[1]}, J_{[2]}, \cdots, J_{[n]})$，这里 $J_{[j]}$ $(j = 1, 2, \cdots, n)$ 表示排在第 j 个位置的工件，则工序 $J_{[j]l}$ $(l = 1, 2, \cdots, L)$ 的权重系数可取为 $\omega_{[j]} = j$，$\omega_{[j]} = j^3$ 或 $\omega_{[j]} = 2^j$ $(j = 1, 2, \cdots, n)$。

(2) 基于Johnson算法排序的权重系数

首先对每个工件计算

$$P_{j1} = \sum_{l=1}^{L} p_{1jl}, \quad P_{j2} = \sum_{l=1}^{L} p_{2jl};$$

然后假设将所有工件置入一个非重入的两台机器流水作业环境下，令工件 J_j 在第一台机器 M_1 上的加工时间为 P_{j1}，在机器 M_2 上的加工时间为 P_{j2} $(j = 1, 2, \cdots, n)$；最后基于假设数据利用Johnson算法得到 n 个工件的一个排序为 $\pi = (J_{[1]}, J_{[2]}, \cdots, J_{[n]})$。同样地，工序 $J_{[j]l}$ $(l = 1, 2, \cdots, L)$ 的权重系数可取为 $\omega_{[j]} = j$，$\omega_{[j]} = j^3$ 或 $\omega_{[j]} = 2^j$ $(j = 1, 2, \cdots, n)$。

可见，2种排序规则和3个权重量级组合可以产生6组不同的工序权重，采用其中任意一组计算加权总空闲时间，就得到MWITB算法。

算法3.20 MWITB算法

步骤1 初始化 $\sigma = \varnothing$，$C_1(\sigma) = C_2(\sigma) = 0$，这里 $C_1(\sigma)$ 和 $C_2(\sigma)$ 分别表示部分序 σ 在机器 M_1 和 M_2 上的完工时间。计算第一台机器和第二台机器上空闲时间的权重系数为

$$w_1 = \max\left\{\sum_{j=1}^{n}\sum_{l=1}^{L} p_{1jl} \Big/ \sum_{j=1}^{n}\sum_{l=1}^{L} p_{2jl}, 1\right\}, \tag{3-12}$$

$$w_2 = \max\left\{\sum_{j=1}^{n}\sum_{l=1}^{L} p_{2jl} \Big/ \sum_{j=1}^{n}\sum_{l=1}^{L} p_{1jl}, 1\right\}。 \tag{3-13}$$

采用任意一组工序权重系数为 $\omega_1,\omega_2,\cdots,\omega_n$。令 U 为所有工序的集合，A 为所有第一次重入的工序集合。

步骤 2 如果 $U=\varnothing$，终止；否则对每个工序 $J_{jl}\in A$，计算加权总空闲时间

$$I(\sigma J_{jl}) = \omega_j\left[w_1(C_1(\sigma J_{jl}) - C_1(\sigma) - p_{1jl}) + w_2(C_2(\sigma J_{jl}) - C_2(\sigma) - p_{2jl})\right]。 \tag{3-14}$$

步骤 3 选择当前集合 A 中产生最小加权总空闲时间的工序，记为 J_{jl}^*。

步骤 4 令 $\sigma \leftarrow \sigma J_{jl}^*$，并分别从 U 和 A 中除去工序 J_{jl}^*。同时，如果存在的话，在集合 A 中加入 J_{jl}^* 的紧后工序。计算

$$C_1(\sigma) \leftarrow \max\{C_1(\sigma), C_{2p}(J_{jl}^*)\} + p_{1jl}^*,$$

$$C_2(\sigma) \leftarrow \max\{C_1(\sigma), C_2(\sigma)\} + p_{2jl}^*,$$

转步骤 2。这里 $C_{2p}(J_{jl}^*)$ 表示 J_{jl}^* 的紧前工序在第二台机器上的完工时间，p_{1jl}^* 和 p_{2jl}^* 分别表示工序 J_{jl}^* 在第一台机器和第二台机器上的加工时间。

MWITB 算法在最差情况下的计算时间复杂性为 $O(n^2L)$。

MINS 算法本质上是一种改进式的启发式算法，即首先建立一个完整的初始排序，然后通过对初始排序进行不断改进，最终得到一个比较满意的序。在改进的方法中有一种插入式邻域(insert neighborhood)搜索方法，在有些文献中也被称为“移位(shift)”，就是把序列中的一个工件从原来的位置移开，并插入到另一个位置上，从而得到原序列的一个邻域序列。一般在插入式邻域搜索方法中，首先寻找当前序的尽可能多的邻域序，然后计算每个邻域序的目标函数值，当且仅当某个邻域序的目标函数值有严格的改进的时候，把该邻域序作为当前序，再继续寻找当前序的邻域序，直到当前所有邻域序的目标函数值都无法改进。

在 MINS 算法中，根据问题的优化机制，对上述邻域搜索过程稍作修改：每次只计算固定个数(k)的邻域序而非尽可能多的邻域序；选择当前部分序的加权完工时间作为检验的标准而非目标函数值；不管检验指标值是否有改进，都接受产生最小加权完工时间的邻域序作为当前序。

另外，在 MINS 算法中，为了建立种子序，需要首先对工件进行排序，排序规则可以如前文所述的基于总加工时间或基于 Johnson 算法。不失一般性，假

设采用两种规则中的一种，得到所有工件的排序为 $\pi=(J_1,J_2,\cdots,J_n)$，则 MINS 算法的具体步骤如下。

算法 3.21　MINS 算法

步骤 1　把各相同次第重入的所有工序都按 π 中的顺序排列得 $S_l=(J_{1l},J_{2l},\cdots,J_{nl})$，$l=1,2,\cdots,L$，并令 $S=(S_1,S_2,\cdots,S_L)$ 为种子序。计算第一台机器和第二台机器上完工时间的权重系数为

$$w_1=\max\left\{\sum_{j=1}^{n}\sum_{l=1}^{L}p_{1jl}\Big/\sum_{j=1}^{n}\sum_{l=1}^{L}p_{2jl},1\right\},\tag{3-15}$$

$$w_2=\max\left\{\sum_{j=1}^{n}\sum_{l=1}^{L}p_{2jl}\Big/\sum_{j=1}^{n}\sum_{l=1}^{L}p_{1jl},1\right\}。\tag{3-16}$$

初始化 $j=1,l=2,k=2(3,4)$。这里两台机器完工时间的权重与前文提到的两台机器上空闲时间的权重计算方法相同。

步骤 2　如果 $j=n+1$，终止；否则分别把工序 J_{jl} 插入到紧接工序 $J_{j(l-1)}$ 后面的连续 $k+1$ 个位置，并计算

$$C_{1i}=C_1(\sigma_{j(l-1)}j^1j^2\cdots j^iJ_{jl}j^{i+1}\cdots j^k),$$

$$C_{2i}=C_2(\sigma_{j(l-1)}j^1j^2\cdots j^iJ_{jl}j^{i+1}\cdots j^k),$$

$$C_i=w_1C_{1i}+w_2C_{2i},\quad i=0,1,\cdots,k,$$

其中，$\sigma_{j(l-1)}$ 表示从开始到工序 $J_{j(l-1)}$ 的部分序，$j^i(i=1,2,\cdots,k)$ 表示在当前序中排在工序 $J_{j(l-1)}$ 后面的第 i 个工序。步骤 2 的示意图如图 3-9 所示。

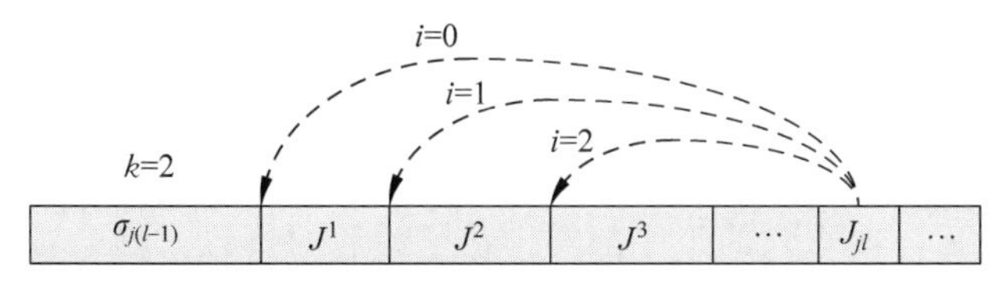

图 3-9　MINS 算法步骤 2 的示意图

步骤 3　把工序 J_{jl} 插入到产生最小 $C_i(i=0,1,\cdots,k)$ 值的位置，并令 $l\leftarrow l+1$。如果 $l>L$，令 $j\leftarrow j+1,l=2$，转步骤 2；否则直接转步骤 2。

MINS 算法的计算时间复杂性为 $O(nL\log n)$。

在井彩霞(2008)的计算实验中，对每个随机生成的实例，MWITB 算法分别采用 6 组不同的工件权重系数进行计算，并取其中最好的结果，记为 MWITB_best；MINS 算法分别将工件的两种排序规则和 k 的 3 个取值组合进行计算，并取 6 个结果中最好的记为 MINS_best。另外，EJ 算法和 WITB 算法在极小化最大完工时间的目标函数下表现出良好的性能，虽然极小化最大完工时间和极小化总完工时间不一定是一致的，但它们通常是高度相关的，因此这两个算

法也参与了计算实验。在计算过程中，EJ 算法和 WITB 算法的算法步骤不变，只是在计算目标函数值时，将所有工件的完工时间相加。如此，对每个随机生成的实例，会有 14 个不同的目标函数值结果。

另外，鉴于排序问题 $F2 \mid re\text{-}L \mid \sum C_j$ 是 NP-难的，不能在多项式时间内获得最优解，井彩霞(2008)给出了问题的一个下界

$$LB = \min_{1 \leqslant j \leqslant n} \left(\sum_{l=1}^{L} (p_{1jl} + p_{2jl}) \right) + \sum_{j=2}^{n} \left(\min_{v \in V_j} C_{\text{Johnson}}(v) \right) \tag{3-17}$$

用于检验算法的性能。其中，v 是所有工件集合 J 的子集，即 $v \subseteq J$；$C_{\text{Johnson}}(v)$ 是指忽略工序间的先后约束关系将 v 中所有工件的工序用 Johnson 算法排序后所得的最大完工时间；V_j 是指 J 的所有含有 j 个工件的子集的集合。

然而，当工件数 n 达到一定数量时，以上给出的下界需要大量的计算时间，这会给计算实验带来很大的不便。因此，井彩霞(2008)首先利用百分误差

$$\frac{C_{\text{sum}}(I, H) - C_{\text{sum}}(I, H_{\text{best}})}{C_{\text{sum}}(I, H_{\text{best}})} \times 100\% \tag{3-18}$$

来比较各启发式算法的相对性能，然后再对一些小规模($n=10,20$)的测试问题利用百分误差

$$\frac{C_{\text{sum}}(I, H_{\text{best}}) - \text{LB}(I)}{\text{LB}(I)} \times 100\% \tag{3-19}$$

来检验启发式算法的绝对性能。其中，$C_{\text{sum}}(I, H)$表示用启发式算法 H 对实例 I 进行求解获得的总完工时间；$C_{\text{sum}}(I, H_{\text{best}})$表示所有参与实验的启发式算法对实例 I 进行求解后，所获得的最少总完工时间；LB(I)为实例 I 的下界。

计算实验结果表明，就相对性能而言，MINS_best 的性能明显优于其他算法，MWITB_best 比 WITB 算法性能好，EJ 算法表现最差。EJ 算法表现差的原因是其将最后一次重入的工序都安排在了最后的位置。就绝对性能而言，所有启发式算法中最好的结果与目标函数值下界的平均百分误差在 11.44%～50.35%之间。井彩霞(2008)还指出启发式算法的性能明显受到瓶颈机器因素的影响。

Jing C X 等(2011)对井彩霞(2008)的研究工作做了如下扩展：研究对象由原来的两台机器重入流水作业排序问题 $F2 \mid re\text{-}L \mid \sum C_j$ 扩展为多台机器问题 $Fm \mid re\text{-}L \mid \sum C_j$，且各工件重入的次数可以不相同，分别为 $L_1, L_2, \cdots, L_n$；对 MINS 算法进行了改进，除了扩展到可以解决 m 台机器、各工件重入次数不相同的重入排序问题，还体现在插入式邻域搜索过程中，每个工件第一次重入工序的位置并不是默认为原来的位置，而是在所有可能插入的位置中选一个最优的；计算实验中，除了对种子序的生成方式和实验问题的类型有所补充和修

改外，实验的思路也有所改变，并设置每次搜索的邻域数 k 为实验参数；另外，还给出了 m 台机器问题下界的证明过程。

在介绍启发式算法之前，Jing C X 等(2011)首先引入了 k-插入操作，记为 $K(\pi, J_j, \theta; k)$。其中 π 为当前拟改进的所有工序的排序；J_j 为当前拟进行插入操作的工件；$\theta \in \left\{1, 2, \cdots, 1+\sum_{j' \neq j} L_{j'}\right\}$ 为工件 J_j 第一次重入工序即 J_{j1} 在 π 中的位置；k 为每次搜索的邻域数。k-插入操作的具体步骤如下。

算法 3.22 k-插入操作算法

步骤 1 将工件 J_j 的所有工序 $J_{jl}, l=1,2,\cdots,L_j$ 从 π 中移除，并保持 π 中其他工序的排列顺序不变，更新 π，可知目前 π 中有 $\sum_{j' \neq j} L_{j'}$ 个工序。

步骤 2 将工件 J_j 的第一次重入的工序 J_{j1} 插入当前 π 中的第 θ 个位置，并更新 π。

步骤 3 将工件 J_j 的剩余工序 $J_{jl}(l=2,3,\cdots,L_j)$，依次按如下操作插入 π 中。

(1) 假设工件 J_j 的前 $l-1$ 个工序 $J_{j1}, J_{j2}, \cdots, J_{j,l-1}$ 已经插入 π 中。令 $k'=\min(k, n')$，这里 n' 表示 π 中排在工序 $J_{j,l-1}$ 后的工序数。记 $\sigma(J_{j,l-1})$ 为 π 中从开始到工序 $J_{j,l-1}$ 的部分序，而 $J^1, J^2, \cdots, J^{k'}$ 为紧排在工序 $J_{j,l-1}$ 后的 k' 个工序。

(2) 对 $r=1,2,\cdots,k'+1$，记 $\sigma_r=\{\sigma(J_{j,l-1}), J^1, \cdots, J^{r-1}, J_{jl}, J^r, \cdots, J^{k'}\}$ 为将工序 J_{jl} 插入工序 $J_{j,l-1}$ 后的第 r 个位置所产生的部分序，并计算总加权完工时间

$$Q_r=\sum_{i=1}^{m} U_i C_i(\sigma_r)。$$

其中 $C_i(\sigma_r)$ 表示部分序 σ_r 在机器 M_i 上的完工时间，U_i 是基于机器工作负荷的权重，记 $W_i=\sum_{j=1}^{n} \sum_{l=1}^{L_j} p_{ijl}\ (i=1,2,\cdots,m)$，则 $U_i=\frac{W_i}{\min_{1 \leqslant i \leqslant m}\{W_i\}}(i=1,2,\cdots,m)$。

(3) 选择 r^* 满足

$$Q_{r^*}=\min_{1 \leqslant r \leqslant k'+1} Q_r,$$

然后将工序 J_{jl} 插入 π 中紧排在工序 $J_{j,l-1}$ 后的第 r^* 个位置，并更新 π。

基于 k-插入操作，Jing C X 等(2011)给出了 KINS(k-insertion neighborhood search)算法。

算法 3.23 KINS 算法

步骤 1 给定初始种子序 π 和整数参数 k，计算排序 π 的目标函数值，记

为 F。

步骤 2　根据各工件最后一次重入工序在当前 π 中排列的先后顺序，得到所有工件的一个排序为 $S=\{J_{\lambda_1},J_{\lambda_2},\cdots,J_{\lambda_n}\}$，其中 $\lambda_j(j=1,2,\cdots,n)$ 表示在 S 中排在第 j 个位置的工件的下标。令 $j=1$。

步骤 3　对每个 $\theta\in\left\{1,2,\cdots,1+\sum\limits_{j'\neq\lambda_j}L_{j'}\right\}$，计算通过 k-插入操作 $K(\pi,J_{\lambda_j},\theta;k)$后所得排序的目标函数值，并记为 $F(\theta)$。假设 $\theta^*\in\left\{1,2,\cdots,1+\sum\limits_{j'\neq\lambda_j}L_{j'}\right\}$，满足 $F(\theta^*)=\min\limits_{1\leqslant\theta\leqslant1+\sum\limits_{j'\neq\lambda_j}L_{j'}}F(\theta)$。如果 $F(\theta^*)<F$，则对当前排序 π 进行 k-插入操作 $K(\pi,J_{\lambda_j},\theta^*;k)$，并更新 π 和 $F=F(\theta^*)$。令 $j=j+1$。

步骤 4　检查终止条件。如果满足，算法程序结束；否则，如果 $j>n$，转步骤 1，其他情况转步骤 3。

这里算法的终止条件可以有很多种，Jing C X 等(2011)使用的是最大迭代次数，即迭代次数达到给定的数值后，程序就终止。其他终止条件还可以是运行时间、目标函数的改进情况等。

对 KINS 算法步骤 1 中提到的种子序，Jing C X 等(2011)基于前文提到的两种工件排序规则，又给出两种工序排序规则。假设所有工件的一个排序为 $S=\{J_{\lambda_1},J_{\lambda_2},\cdots,J_{\lambda_n}\}$，则所有工序排序的种子序可以为 $\pi_1=\{J_{\lambda_1 1},J_{\lambda_2 1},\cdots,J_{\lambda_n 1},J_{\lambda_1 2},J_{\lambda_2 2},\cdots,J_{\lambda_n 2},\cdots\}$ 或 $\pi_2=\{J_{\lambda_1 1},J_{\lambda_1 2},\cdots,J_{\lambda_1 L_1},J_{\lambda_2 1},J_{\lambda_2 2},\cdots,J_{\lambda_2 L_2},\cdots,J_{\lambda_n 1},J_{\lambda_n 2},\cdots,J_{\lambda_n L_n}\}$。在 π_1 中，所有重入次第相同的工序连续加工；在 π_2 中，同一工件的所有工序连续加工。例如，假设有三个工件的一个排序为 $S=\{J_2,J_3,J_1\}$，且三个工件的重入层数分别为 $L_2=2,L_3=3,L_1=4$，则

$$\pi_1=\{J_{21},J_{31},J_{11},J_{22},J_{32},J_{12},J_{33},J_{13},J_{14}\}$$

$$\pi_2=\{J_{21},J_{22},J_{31},J_{32},J_{33},J_{11},J_{12},J_{13},J_{14}\}$$

两种工件排序规则和两种工序排序规则组合可以产生 4 个不同的种子序。Jing C X 等(2011)在计算实验中，对每个算例分别用 4 个种子序进行计算，结果表明，种子序中工序的排序规则对 KINS 算法的性能几乎无影响；相比于基于 Johnson 算法的工件排序，种子序在基于总加工时间的工件排序规则下，KINS 算法的性能稍好，但不是很明显。

对参数 k，Jing C X 等(2011)首先采用中等规模($n=50,L=5$)的算例进行初步计算，分别取 $k=1,2,4,8,14,22$ 和 32，计算结果的散点图表明 k 的建议取值在 3～10 之间；然后经过对所有实验算例($n=20,50,100,L=2,5,10$)进行计算得出取 $k=5$ 是合理的选择，并在后续的所有计算实验中，取 $k=5$。

另外，在 Jing C X 等(2011)的计算实验中，设置了4种不同的问题类型，分别为：

(1) 类型1：对 $i=1,2,j=1,2,\cdots,n$ 和 $l=1,2,\cdots,L$，$p_{ijl}\sim U(0,100)$ 是独立同分布的，即所有工序的加工时间都在(0,100)的范围内随机产生，并且服从离散均匀分布。

(2) 类型2：对 $j=1,2,\cdots,n$ 和 $l=1,2,\cdots,L$，有 $p_{2jl}\sim U(0,100)$，$p_{1jl}\sim U(0,50)$，即机器 M_2 是瓶颈机器。

(3) 类型3：对 $j=1,2,\cdots,n$ 和 $l=1,2,\cdots,L$，有 $p_{1jl}\sim U(0,100)$，$p_{2jl}\sim U(0,50)$，即机器 M_1 是瓶颈机器。

(4) 类型4：首先随机生成 $R_j\sim U(0,100)(j=1,2,\cdots,n)$，然后再随机生成 $p_{ijl}\sim U(0,R_j)(i=1,2;\ j=1,2,\cdots,n;\ l=1,2,\cdots,L)$。即工件的加工时间具有明显差异。

实验结果表明，KINS 算法在第4类问题中，平均百分误差最大，在第2,3类中最小。这说明问题类型的不同对 KINS 算法的性能还是有影响的。

综上可知，Jing C X 等(2011)在计算实验中考虑了很多参数：工件数、重入次数、种子序、k 和问题类型。各参数对 KINS 算法性能的影响实验结果对实践应用具有指导意义。

对排序问题 $Fm \mid \text{re-}L \mid \sum C_j$，不仅不能在多项式时间内获得最优解，误差较小的下界也是很难获得的，因此 Jing C X 等(2011)的计算实验只限于两台机器的情况，这样就可以使用井彩霞(2008)提出的基于 Johnson 算法的下界了。Jing C X 等(2011)将该下界的计算公式推广到各工件重入次数不相同的情况，并给出了证明过程。

定理3.9 对两台机器重入流水作业排序问题的任一实例，设 n 个工件的重入次数分别为 $L_1,L_2,\cdots,L_n$。令 π 为任一可行排序，F_π 为可行排序 π 的工件总完工时间，则有

$$\text{LB}=\min_{1\leqslant j\leqslant n}\left(\sum_{l=1}^{L_j}(p_{1jl}+p_{2jl})\right)+\sum_{j=2}^{n}\left(\min_{v\in V_j}C_{\text{Johnson}}(v)\right) \tag{3-20}$$

是 F_π 的一个下界。

证明 令 π^* 为上述问题的一个最优排序。不失一般性，假设所有工件最后一次重入的工序在 π^* 中的排列为 $\pi^*=\{\cdots,J_{1L_1},\cdots,J_{2L_2},\cdots,J_{nL_n}\}$，显然

$$C_2(\sigma(J_{jL_j}))\geqslant\sum_{l=1}^{L_j}(p_{1jl}+p_{2jl})\geqslant\min_{1\leqslant j\leqslant n}\left(\sum_{l=1}^{L_j}(p_{1jl}+p_{2jl})\right),\quad j=1,2,\cdots,n。 \tag{3-21}$$

这里$\sigma(J_{jL_j})$表示π^*中从开始到工序J_{jL_j}的部分序；$C_2(\sigma(J_{jL_j}))$表示部分序$\sigma(J_{jL_j})$在机器M_2上的完工时间；p_{1jl}和p_{2jl}分别表示工序J_{jl}在第一台机器和第二台机器上的加工时间。

另外，对π^*中的每个工件$J_j(j=1,2,\cdots,n)$，有

$$C_2(\sigma(J_{jL_j})) \geqslant C_{\text{Johnson}}(\{J_1,J_2,\cdots,J_j\}) \geqslant \min_{v\in V_j} C_{\text{Johnson}}(v), \tag{3-22}$$

从而就有

$$F_{\pi^*} = \sum_{j=1}^{n} C_2(\sigma(J_{jL_j})) = C_2(\sigma(J_{1L_1})) + \sum_{j=2}^{n} C_2(\sigma(J_{jL_j})) \geqslant$$

$$\min_{1\leqslant j\leqslant n}\left(\sum_{l=1}^{L_j}(p_{1jl}+p_{2jl})\right) + \sum_{j=2}^{n}\left(\min_{v\in V_j} C_{\text{Johnson}}(v)\right) \equiv LB \tag{3-23}$$

再由π为任一可行排序，π^*为最优排序，可得$LB\leqslant F_{\pi^*}\leqslant F_\pi$，从而定理得证。

鉴于下界的计算时间复杂性，Jing C X et al(2011)选用规模较小的算例($n=10,20,L=2,5,10$)计算 KINS 算法与下界之间的平均百分误差，结果表明，平均百分误差在 20%以下的达 80%，平均百分误差在 30%以下的能达到 93%，所有百分误差结果中最差的为 34%。具体的实验过程和数据结果见附录 2 中的计算实验 2。可见，KINS 算法的性能相对于 MINS 算法具有了明显的改进。这里要说明的是，在这些百分误差中还包含了下界与最优目标函数值之间的误差，因此，KINS 算法的实际性能要更好一些。

3.5.3 其他目标函数下的重入流水作业排序

在流水作业的机器环境下，除了极小化最大完工时间和极小化总完工时间外，还有文献研究其他目标函数下的重入排序问题。Demirkol 等(2000)研究安装时间与顺序相关的重入流水作业排序问题，针对极小化最大延迟的目标函数设计了一系列的分解方法对问题进行求解，并得到了所期望的结果。Choi S W等(2009)研究目标函数为极小化总延误的两台机器重入流水作业排序问题，给出了优势规则、下界以及启发式算法，并据此设计了一个分支定界算法。Jeong 等(2014)在 Choi S W 等(2009)工作的基础上，研究重入两次，且在第二台机器上的安装时间与顺序相关的两台机器重入流水作业排序问题，针对极小化总延误的目标函数给出了优势规则、下界及启发式算法，并在此基础上设计了一个分支定界算法。Liu C H(2010)考虑了多订单情况下的重入三台机器流水作业排序问题，目标函数为极小化加权总延误，并给出了一个基于遗传算法的求解方法。

3.6　其他具有重入特点的排序

除了前面介绍的重入排序问题外，还有一些文献的研究涉及了其他的重入问题，主要区别在重入路线和机器环境上。

Ahmad 等(2014)考虑了加工路线为(M_1,M_2,M_3,M_4,M_3,M_4)的重入问题，并给出了一个基于瓶颈的构造式启发式算法。Kubiak et al(1996)研究目标函数为极小化总完工时间的重入异序作业排序问题，加工路线为(M_1,M_2,M_1,M_3,$\cdots$,M_1,M_m,M_1)。

还有一些文献考虑重入混合流水作业(hybrid flow shop)排序问题。与流水作业相比，混合流水作业的机器环境更加复杂。这是因为在每个工作站不仅要考虑工件的先后加工顺序，还要确定每个待加工工件的加工机器；再加上工件重入的特性，从而使得问题变得异常复杂。对于如此复杂的排序问题追寻其在理论上的最优性已经没有太大意义，已有研究中所考虑的模型特点大多贴近实际生产条件和需要，如有的考虑工件只在部分工作站重入的情况(Hekmatfar et al.,2011)，有的考虑多目标函数的情况(Dugardin et al.,2010；Cho et al.,2011)，还有的考虑实时调度机制(Choi H S et al.,2011)，等等。近两年对重入混合流水作业排序问题的研究呈现出活跃之势(Yalaoui et al.,2014；Huang R H et al.,2014；Ying K C et al.,2014；Sangsawang et al.,2015)。

其他机器环境主要涉及异序作业(Elmi et al.,2011；Chen S F et al.,2014；Dehghanian et al.,2014)、柔性异序作业(flexible job shop)(Chen J C et al.,2008；Chen J C et al.,2012)和平行机(Chakhlevitch et al.,2009；Wang H et al.,2013；Shin,2015)等。

3.7　小结与展望

本章系统介绍了具有重入特点的排序，包括V形作业排序、链重入作业排序、重入单机排序、重入流水作业排序和重入混合流水作业排序等。其中重点介绍了重入单机排序和重入流水作业排序。对重入单机排序，分别介绍了极小化加权总完工时间和极小化最大费用两个目标函数下的最优算法。对重入流水作业排序，在极小化最大完工时间的目标函数下，介绍了问题的复杂性、可解情况下的多项式时间算法、NP-难情况下的启发式算法以及下界等；在极小化总完工时间的目标函数下，介绍了一系列的启发式算法和一个用于算法性能实验的下界。到目前为止，对重入排序问题研究最多的是在流水作业的机器环境下。其实在实际生产和生活中,重入的特点不仅仅局限于流水作业环境。

展望重入排序未来的研究方向,主要有两方面:一方面是对已有成果进行改进,如设计性能更好的启发式算法和下界等;另一方面可以根据实际应用背景研究具有新特点的重入排序问题。例如,在半导体的生产线中,生产绩效往往取决于瓶颈工作站,因此在建模的过程中,可以将优化调度着眼于瓶颈工作站,如此就可形成具有时滞的重入平行机排序。目前已有文献对该问题的研究很少,因此,对该问题进行研究,不仅是对实际生产背景的合理建模,还具有一定的理论意义。

第4章　工件具有多重性的平行多功能机排序

4.1　引言

在第2章中，针对半导体生产调度中的瓶颈——黄光区，建立了工件具有多重性的平行多功能机排序。该排序是多重性排序和平行多功能机排序的有机结合。多重性排序和平行多功能机排序均已有很多文献研究，并取得了比较丰硕的成果，但将两者结合起来的排序却鲜有文献涉及。本章首先分别对多重性排序和平行多功能机排序进行综述，然后对工件具有多重性的平行多功能机排序进行介绍，主要介绍三种情形，分别为两台机器、双目标函数和机器具有准备时间的情形。

本章内容的结构框图如图4-1所示。

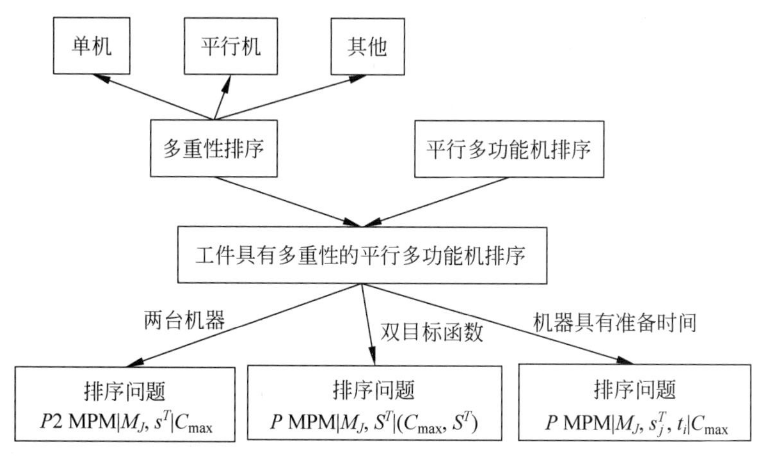

图4-1　本章内容结构框图

图中排序问题的三参数表示中各符号所表示的意义如下：

MPM：机器环境为多功能机；

M_J：工件具有多重性；

s^T：安装时间(setup time)，为常数；

s_j^T：安装时间与工件类相关，且工件类 J_j 中工件的安装时间为 s_j^T ($j=1$,

$2,\cdots,r)$；

t_i：机器具有准备时间，且机器 M_i 的准备时间为 $t_i(i=1,2,\cdots,m)$；

S^T：加工完所有工件一共需要安装的次数；

$(C_{\max},S^T)$：目标函数为极小化最大完工时间和安装次数。

4.2 多重性排序

早在20世纪60年代，人们就已经开始接触并研究多重性排序了(Rothkopf，1966)，之后80年代的几篇文章也涉及了该问题(Psaraftis，1980；Cosmadakis et al.，1984；Lengauer，1987；Iwano et al.，1987)。正式提出"多重性"(high multiplicity)这个术语的是Hochbaum等(1990；1991)，他们在文中特别强调了讨论多重性排序问题复杂性的必要性。对多重性排序问题的后续研究及成果归纳如下。

4.2.1 多重性单机排序

单机环境相对比较简单，很多经典的单机问题都是多项式时间可解的。正因为如此，工件多重性的引入有可能使原来的多项式时间最优算法变为指数型的，相应问题也有可能变成NP-难的，所以已有文献对多重性单机排序问题的研究主要是复杂性的分析及多项式时间最优算法的设计。

Hochbaum等(1990)考虑具有就绪时间和单位加工时间的多重性单机排序问题，分别对极小化误工工件数和极小化加权误工工件数两个目标函数给出了多项式时间的最优算法。Hochbaum等(1991)研究单位加工时间的多重性单机排序问题，针对多个目标函数，给出多项式时间的最优算法，相应的结果如表4-1所示。其中，目标函数后未标明的默认为不可中断的情形，r 为所有工件的类数。表4-1中针对加权总延误问题的多项式时间算法依赖于权重的大小，因此，Granot等(1993)对该问题又设计了一个独立于权重的多项式时间最优算法。

表4-1 单位加工时间的多重性单机排序问题各目标函数下的算法及时间复杂性

<table>
<tr><th>极小化目标函数</th><th>算 法</th><th>算法时间复杂性</th></tr>
<tr><td>加权总完工时间
加权总延迟
最大加权完工时间</td><td>Decreasing weights</td><td rowspan="2">$O(r\log r)$</td></tr>
<tr><td>最大延误
最大延迟
总延误</td><td>EDD</td></tr>
</table>

续表

极小化目标函数	算　　法	算法时间复杂性
加权最大延误 加权最大延迟	Greedy backwards	$O(r\log^2 r)$
误工工件数(可中断)	EDD+rejections	$O(r\log r)$
加权误工工件数(可中断)	Transportation	
加权总延误(可中断)	Quadratic transportation	多项式时间

Hamada 等(1993)研究了目标函数为极小化加权总完工时间期望的随机问题。Clifford 等(2000)考虑具有提前和延误权重的多重性单机问题,对单位和相同权重的问题给出多项式时间的最优算法;对一般权重问题给出下界并设计启发式算法和分支定界算法。Brauner 等(2005)给出多重性单机排序问题的复杂性框架。文章首先指出,当工件数 n 不是输入规模的多项式时,问题属多重性排序问题;然后根据最优排序的输出形式,定义了三类算法:列表生成算法、逐点算法和两阶段算法;基于不可中断的多重性单机排序问题,提出识别算法时间复杂性的方法,进而得出相应问题的复杂性判断原则与框架。Ng 等(2006)研究具有两个代理的单机排序问题,在第二个代理的延误工件数不超过某个给定数值的约束下,第一个代理的目标函数为极小化总完工时间,证明了该问题在多重性输入下是 NP-难的。Gabay 等(2011)考虑具有相同耦合工件的多重性单机问题,将循环情况下的结果扩展到有限情况,并给出问题非 NP 的猜想。Gabay 等(2016a)所研究的多重性单机排序问题具有禁止开始和结束时间,即在禁止时刻,不能开始加工工件或完成工件的加工,目标函数为极小化最大完工时间。文献针对多样程度高(即所有工件不同的加工时间数大于禁止时刻数)的实例问题,给出多项式时间的最优算法。在 Gabay 等(2016b)研究的多重性单机排序问题中,考虑了产品的安装费用和库存费用,目标函数为总费用最小。

可见,已有文献对多重性单机排序问题的研究,不仅几乎考虑了所有的目标函数,还涉及了各种各样的问题特点,如随机、单位加工时间、代理、耦合、禁止时间和费用等。

4.2.2　多重性平行机排序

已有文献中,对多重性平行机排序的研究除了复杂性的分析外,主要是通过改变机器属性的输入方式和解序的输出方式来设计多项式时间的算法。

McCormick 等(1993)对极小化最大完工时间的多重性同型平行机问题展开研究,在解序的表达中引入"机器组",即将最终分配的工件类和类中工件数都相同的机器分成一组,在描述排序时,只描述其中的一台机器和组中机器数,类似于工件多重性的表达。对工件类数为 2 的情况,给出多项式时间算法,并将此算法扩展到交付期与机器相关的情形以及多参数的情况。Granot 等(1997)利用二次规划求解多重性平行机问题,目标函数为极小化加权总完工时间。针对权重独立于工件和工件具有相同加工时间等特殊情况,给出多项式时间最优算法。

Clifford 等(2001)研究了同型机、同类机和非同类型机三类平行机问题,目标函数为极小化总完工时间和极小化最大完工时间,同时考虑了可中断和不可中断的情形。文献将多重性的概念扩展到了机器,即将机器分类,同类中的机器具有相同的属性,如加工速度等。文中将只需描述工件(机器)类和给出类中工件数(机器数)的输入方式称为"多重性编码",该编码方式同样适用于解序的输出,这样可以避免在输出解序时对每个工件和每台机器都一一描述,是一种高效的输出方式,从而使寻找多项式时间算法成为可能。这种压缩式的输出方法也得到了 Cheng T C E 等(2016)的认可。Clifford 等(2001)给出若干多重性平行机排序问题的复杂性结果及证明,并给出一般性结论:

(1) 只有两类问题在多重性编码下,复杂性可能会发生变化。一类是在标准编码下是多项式时间可解的问题,另一类是没有压缩式(即多重性)的输出表达方式的问题。

(2) NP-完备问题和具有压缩式输出表达方式的 NP-难问题的复杂性不受多重性编码的影响。

Brauner 等(2007)对文献(Brauner et al.,2005)中给出的复杂性框架进行了扩展:从单机问题到平行机和流水作业问题,从不可中断到可中断。分析和应用表明,中针对单机问题的复杂性框架同样适用于更一般的问题。

这里列出 Clifford 等(2001)给出的问题最优化形式的复杂性结果和 Brauner 等(2007)给出的两个复杂性结果,如表 4-2 所示。对表 4-2 中的内容说明如下:①在问题的三参数表示中,"M"表示工件和机器都具有多重性,"M_J"表示只有工件具有多重性,若在 β 域中出现"pmtn",则表示问题是可中断的,否则默认为不可中断。②在问题的复杂性描述中,"r"表示工件的类数,"h"表示机器的类数;Polynomial delay 是指两个连续输出之间的时间间隔是问题输入规模的多项式;EXP 是指问题求解时间的上界是输入规模的指数函数,而 EXP \P 是指不属于 P 问题的 EXP 问题。

表 4-2　多重性平行机排序问题的计算复杂性

极小化最大完工时间问题	复杂性	极小化总完工时间问题	复杂性
$P\|M_J\|C_{\max}$	Unary NP-hard	$P\|M\|\sum C_j$	$O(r^2)$
$P\|M\|C_{\max}$	Open	$Q\|M\|\sum C_j$	$O(r(h+r)\log(h+r))$
$Q\|M_J\|C_{\max}$	Unary NP-hard	$R\|M_J\|\sum C_j$	Polynomial
$Q\|M\|C_{\max}$	Open	$R\|M\|\sum C_j$	Open
$R\|M_J\|C_{\max}$	Unary NP-hard	$P\|M,\text{pmtn}\|\sum C_j$	$O(r^2)$
$R\|M\|C_{\max}$	Open	$Q\|M,\text{pmtn}\|\sum C_j$	Binary EXP\P
$P\|M,\text{pmtn}\|C_{\max}$	Polynomial delay	$R\|M_J,\text{pmtn}\|\sum C_j$	EXP\P
$Q\|M,\text{pmtn}\|C_{\max}$	Binary EXP\P	$Q2\|M,\text{pmtn}\|\sum C_j$	Polynomial delay
$R\|M,\text{pmtn}\|C_{\max}$	Binary EXP\P		

Detti(2008)考虑机器具有生产能力限度的多重性平行机问题，对只有两类工件的情形，分别给出两个目标函数下的多项式时间最优算法，分别为可行性目标和极大化生产工件数。Filippi 等(2009)所研究问题的机器环境和目标函数与 Clifford 等(2001)研究的相同，但只考虑不可中断的情况，采用两步走的思想方法：先确定最优序的一部分，然后再将余下的问题最优化；分别提出对可解问题的最优算法和不可解问题的近似算法。Filippi(2010)考虑在多重性编码下，目标函数为极小化加权总完工时间的非同类型机问题；利用 Clifford 等(2001)给出的结论，指出问题是 NP-难的；引入“工件组”的概念，指分配到某台机器上的某个类的所有工件，由机器、工件类和类中工件数来确定，工件组的引入，同样也是为了避免在输出排序中对每个工件和每台机器都一一描述，从而使寻找多项式时间算法成为可能；最后给出一个渐进最优的近似算法，该算法采用与 Filippi 等(2009)相同的“两步走”思想，即首先将问题松弛成凸目标的二次整数规划问题，然后将规划问题解的整数部分作为部分序，再通过简单的规则给出剩余部分序。

由此可见，已有文献对多重性平行机排序问题的研究是循序渐进的，从工件的多重性，到机器的多重性，从输入的多重性编码到输出的多重性编码(机器组、工件组)，在这个过程中，相关的理论和方法也得以逐步完善和扩展。

4.2.3 其他具有多重性特点的排序

除了单机和平行机的机器环境外，还有文献考虑多重性流水作业问题(Brauner et al.，2007)和多重性异序作业问题(Kimbrel et al.，2008；Masin et al.，2014)。另外，除了排序问题外，多重性的特点还出现在旅行商问题(Kruseman et al.，2003；Sarin et al.，2011b)、供应链问题(Kruseman et al.，2003)以及装箱问题(Filippi et al.，2005；Price，2014)等众多领域中。其实，对任一组合优化问题，当待处理任务可以按属性进行分类，且总任务数不是问题输入规模的多项式时，都是多重性问题，只是在很多的文献(井彩霞，2008；井彩霞等，2014；Ebrahimi et al.，2014；Oron et al.，2015 和 Obeid et al.，2014)中，多重性不影响问题的复杂性，被视为工件的一个特点。

4.3 平行多功能机排序

对平行多功能机排序，Brucker 等(1997)分别研究同型机、同类机以及多工序环境下的计算复杂性。文献指出排序问题 R MPM $\| \sum C_j$ 可以化为二向图中的加权匹配问题(Horn，1973)，并可在 $O(n^3)$时间内找到最优排序，这里“MPM”表示多功能机。除此之外，其他机器环境下的多功能机排序问题大多是 NP-难的，如排序问题 $P2$ MPM $\| C_{\max}$ 和 $P2$ MPM $\| \sum w_j C_j$ 都是 NP-难的，因为 $P2 \| C_{\max}$ 和 $P2 \| \sum w_j C_j$ 是 NP-难的(Bruno et al.，1974；Garey et al.，1979)。鉴于此，很多学者将研究目标转向平行多功能机排序问题的一些特殊情况，如加工集合具有特殊的结构、工件的加工时间具有取值约束等。加工集合的特殊结构通常指嵌套结构或者包含结构。嵌套结构是指加工集合之间不部分相交，而包含结构是指加工集合之间不仅是嵌套的，而且还具有包含关系。有些文献中也称加工集合的包含结构为具有内存约束。工件加工时间的取值可以约束为只能取两个不同的值或都取相同的值等。

Pinedo(2002)研究加工集合具有嵌套结构的平行多功能机排序问题 PMPM$|p_j=1|C_{\max}$，给出 LFJ(least flexible job)列表排序最优算法，并指出如果加工集合不满足嵌套结构，则即使只有三台机器(两台机器情况符合嵌套结构)，LFJ 算法也不总是最优的。这里 LFJ 规则是指每当机器空闲的时候，在其可以加工的所有工件中选择一个工件加工，选择的标准为加工集合中机器数最少的工件，如果不止一个工件达到标准，则可选择其中任意一个。Glass 等(2006)考虑嵌套结构下工件加工时间相同的平行多功能机排序问题，并分别给

出极小化最大完工时间、极小化总完工时间、极小化误工工件数和极小化最大延迟目标函数下的多项式时间最优算法。Glass 等(2007)针对具有嵌套结构的平行多功能机排序问题 $PMPM \| C_{\max}$,给出一个最坏性能比(worst-case ratio/worst-case error bound)为 $2-\frac{1}{m}$ 的简单多项式时间算法(simple polynomial-time algorithm)。Huo Y M 等(2010a)将这个最坏性能比改进到 $\frac{7}{4}$,并分别对两台机器和三台机器情况给出最坏性能比为 $\frac{5}{4}$ 和 $\frac{3}{2}$ 的多项式时间算法。Huo Y M 等(2010b)将针对嵌套结构问题 $PMPM \| C_{\max}$ 的算法的最坏性能比改进到 $\frac{5}{3}$。Muratore 等(2010)和 Epstein 等(2011)分别为该问题设计了多项式时间近似方案(polynomial time approximation scheme,PTAS)。这里 PTAS 是一个近似算法,该算法的输入为问题的实例和一个任意小的数 $\varepsilon>0$,算法近似度为 $1+\varepsilon$,并且对每一个固定的 ε,算法运行时间关于实例规模 n 是多项式的。

还有一些文献将其他问题特点融入嵌套结构问题。如 Biró 等(2010)考虑工件加工时间只取 1 和 2 或只取 2 的指数值的平行多功能机排序问题,并指出当加工集合具有嵌套结构时,问题在这两种情况下都是多项式时间可解的。Li S G(2017a)研究批加工的嵌套结构多功能机排序问题,对工件就绪时间相同的情况设计近似比为 $3-\frac{1}{m}$ 的快速算法(fast algorithm);对工件就绪时间不同的情况,设计近似比为 $4-\frac{1}{m}$ 的快速算法,并给出了一个 PTAS。

对加工集合具有包含关系的平行多功能机排序问题 $PMPM \| C_{\max}$,Kafura 等(1977)设计了 LMTF(largest memory time first)算法,并指出当 $m=2$ 时该算法的最坏性能比为 $\frac{5}{4}$,当 $m\geqslant 3$ 时该算法的最坏性能比为 $2-\frac{1}{m-1}$,同时还给出一个性能比为 $2-\frac{2}{m+1}$ 的增量方法(incremental method)。Spyropoulos 等(1985)扩展和证明了 Kafura et al(1977)提出的一些算法的最坏性能比的界。Glass 等(2007)设计了一个最坏性能比为 $\frac{3}{2}$ 的多项式时间算法。Ou J W 等(2008)将该最坏性能比改进到 $\frac{4}{3}+\varepsilon$,这里 ε 为可以任意接近于 0 的正常数,并设计了一个 PTAS。

还有一些文献将其他问题特点融入加工集合具有包含关系的平行多功能

机排序问题。如 Li C L 等(2010)考虑加工集合具有包含关系的排序问题 $PMPM|r_j|C_{\max}$，分别设计了最坏性能比为 2 的有效算法(efficient algorithm)、PTAS 和针对机器数确定情况的完全多项式时间近似方案(fully polynomial time approximation scheme,FPTAS)。这里 FPTAS 也是一个近似算法,算法输入为问题的实例和一个任意小的数 $\varepsilon>0$,算法近似度为 $1+\varepsilon$,且算法运行时间关于实例规模 n 和 $\frac{1}{\varepsilon}$ 是多项式的。Li C L 等(2015)在他 2010 年所研究问题(Li C L et al.,2010)的基础上,考虑所有工件加工时间都相等的情况,并设计了一个时间复杂性为 $O(n^2+mn\log n)$ 的算法。后来,他将该算法进行改进后时间复杂性为 $O(\min\{m,\log n\}\cdot n\log n)$(Li C L et al.,2016)。有些文献将加工集合的包含关系刻画为服务等级水平约束,即每个工件和每台机器都有一个服务等级水平,每个工件只能在不高于本身水平的机器上加工(Hwang et al.,2004; Ji M et al.,2008; Li W D et al.,2012)。Leung 等(2017)研究加工集合具有包含关系的平行多功能机排序问题 $QMPM\|C_{\max}$，给出最坏性能比的界为 $\frac{4}{3}$ 的近似算法。Li S G(2017b)研究批加工的包含关系结构多功能机排序问题,对工件就绪时间相同的情况设计近似比分别为 3 和 $\frac{9}{4}$ 的快速算法;对工件就绪时间不同的情况,设计了一个 PTAS。

可以看到,在前面介绍的一些文献中,往往会约定工件的加工时间相等或取限定的值。其实在平行多功能机排序问题的研究中,很多学者采用这样的取值方式:Yang X G(2000)考虑工件具有单位加工时间的平行多功能机排序问题,并指出在极小化最大完工时间和极小化加权总完工时间的目标函数下,问题是多项式时间可解的;Lee K 等(2011a)研究工件加工时间相同情况下的各类平行多功能机排序问题,其中包括在线、非在线、工件具有不同就绪时间、加工集合嵌套和加工集合具有包含关系等各类排序问题;在 Glass 等(2007)所考虑的平行多功能机排序问题中,所有工件的加工时间限定取值为 1 或 λ;Wang C 等(2016)的研究指出,当所有工件加工时间只取两个不同的值 s 和 b,且 $s\leqslant b$,$b>\text{OPT}/2$ 时,排序问题具有整数最优解。

对平行多功能机排序问题,除了前面所介绍的工件加工集合和工件加工时间的特点,已有文献还考虑了许多其他的问题特点,如加工集合呈树状分层结构(tree-hierarchical)(Epstein et al.,2011; Li C L et al.,2016)、具有资源约束(Edis et al.,2011; Wang S et al.,2015)、具有代理和协调机制(Lee K et al.,2011b; Guan L et al.,2013)以及随机排序(Pinedo et al.,2013)等。

对平行多功能机排序问题的综述文献有两篇。Leung 等(2008)综述了

2008年以前平行多功能机排序问题的成果，主要按离线和在线、加工允许中断和不允许中断等特点对已有问题和相应成果进行分类介绍。他在2016年又对它进行了补充和更新，主要介绍了2008—2016年间发表的成果(Leung et al.，2016)。与2008年的文章相比，2016年的文章中的成果更加丰富、分类更加细化：除了离线和在线，还对加工集合的各类结构加以区分，如一般结构、嵌套、包含、树状分层和区间等；另外，对许多其他模型特点也进行了归类，如批加工、具有资源约束、具有代理和协调机制，以及不确定性等。

4.4　工件具有多重性的平行多功能机排序系列问题

将多重性排序问题的特点和平行多功能机排序问题的特点结合起来，就构成工件具有多重性的平行多功能机排序问题。具体问题可描述为有 n 个工件要在 m 台平行机 $M_1, M_2, \cdots, M_m$ 上加工，每个工件对应机器集合的一个子集 $\mu \subseteq \{M_1, M_2, \cdots, M_m\}$，该工件只能在这个子集中的机器上加工，称这个子集为该工件的加工集合。另外，n 个工件的集合 J 可以划分为 r 个工件类 J_1，$J_2, \cdots, J_r$，$J = J_1 \cup J_2 \cup \cdots \cup J_r$，且对任意的 $f, g \in \{1, 2, \cdots, r\}$，若 $f \neq g$，则有 $J_f \cap J_g = \varnothing$。同一工件类中的工件具有相同的加工时间和加工集合，记工件类 $J_j (j=1, 2, \cdots, r)$ 中工件的加工时间为 p_j，加工集合为 μ_j，工件类中的工件数为 N_j，显然有 $\sum_{j=1}^{r} N_j = n$。当在某台机器上连续加工两个来自不同类的工件时，需要一个安装时间(多数英文文献称其为 setup time，也有文献称为 changeover time(Brucker，2007))。假设在每台机器上，排在首位加工的工件也需要一个安装时间。同类中的工件不必连续加工。

在极小化最大完工时间的目标函数下，当所有的安装时间都等于零时，问题等价于排序问题 $P\text{MPM}|M_J|C_{\max}$，这里“MPM”表示多功能机，“M_J”表示工件具有多重性。根据多功能机的定义，排序问题 $P\text{MPM}|M_J|C_{\max}$ 是排序问题 $P|M_J|C_{\max}$ 的一个归约(Brucker，2007)，而排序问题 $P|M_J|C_{\max}$ 是NP-难的(Clifford et al.，2001)，从而可得具有安装时间的排序问题 $P\text{MPM}|M_J|C_{\max}$ 也是NP-难的。

与多重性排序问题和平行多功能机排序问题相比，对工件具有多重性的平行多功能机排序问题的研究相对较少，但在复杂性的分析和相应算法的设计方面也已经有了一些成果。井彩霞等(2008)研究极小化最大完工时间目标函数下两台机器问题的计算复杂性，并针对一些特殊情况给出多项式时间最优算法和分支定界算法。井彩霞等(2010)研究极小化最大完工时间和极小化安装次数双目标函数下的工件具有多重性的平行多功能机排序问题,设计了一个求启发式帕累托(pareto)解的算法。井彩霞在博士论文中针对极小化最大完工时间目标函数下的一般问题设计了一个启发式算法(井彩霞,2008),相应成果于2014年发表在期刊上(井彩霞等,2014)。本书将对井彩霞等(2014)研究的问题进行扩展,并在文中算法的基础上,设计性能更好的启发式算法。下面将依次介绍上述成果。

4.4.1 排序问题 $P2\ \mathrm{MPM}|M_J, s^T|C_{\max}$

在井彩霞等(2008)所研究的工件具有多重性的平行多功能机排序问题中,目标函数为极小化最大完工时间,安装时间为常数 s^T,且只有两台机器,为同型机。用三参数法可表示为 $P2\ \mathrm{MPM}|M_J, s^T|C_{\max}$。

1. 复杂性

排序问题 $P2\ \mathrm{MPM}|M_J, s^T|C_{\max}$ 是NP-难的,因为排序问题 $P2\ \mathrm{MPM}\,\|\,C_{\max}$ 是NP-难的(Lenstra et al.,1977)。这里工件的多重性不会影响NP-难问题的复杂性。

2. 问题分析及多项式时间可解的情况

工件具有多重性的平行多功能机排序问题在两台机器情况下,具有一些特殊的性质。

首先,所有可能的加工集合 $\{M_1\}$,$\{M_2\}$,$\{M_1, M_2\}$ 符合嵌套结构;另外,对排序问题 $P2\ \mathrm{MPM}|M_J, s^T|C_{\max}$ 的任意一个可行排序都是将所有加工集合为 $\{M_1\}$($\{M_2\}$)的工件安排到机器 M_1(M_2)上加工,如此,寻求最优排序需要解决的问题就是如何把加工集合为 $\{M_1, M_2\}$ 的工件分配到机器 M_1 和 M_2 上进行加工,使得两台机器的最大完工时间为最小,此时的平行多功能机排序问题可视为机器具有不同就绪时间的平行机排序问题(Lee C Y,1991)。

当加工集合为 $\{M_1, M_2\}$ 的工件类只有一个时,问题是多项式时间可解的。不失一般性,假设把加工集合为 $\{M_1\}$ 或 $\{M_2\}$ 的所有工件都安排加工完后,机器 M_1 和 M_2 上的当前完工时间分别为 C_1 和 C_2,且 $0 \leqslant C_1 \leqslant C_2$。记加工集合为 $\{M_1, M_2\}$ 的工件类为 J_3,则可直接给出工件类 J_3 中安排在机器 M_2 上的最优工件数为

$$k_2 = \lceil (N_3 - \lceil (C_2 - C_1)/p_3 \rceil)/2 \rceil, \tag{4-1}$$

其中,$\lceil x \rceil$ 表示大于或等于 x 的最小整数。工件类 J_3 中安排在 M_1 上的最优工件数为 $k_1 = N_3 - k_2$。相应的最大完工时间为

$$C_{\max}^{*}=\max\{C_1+s^T+k_1p_3,C_2+s^T\min\{k_2,1\}+k_2p_3\}。\tag{4-2}$$

当加工集合为$\{M_1,M_2\}$的工件类有 2 个时，井彩霞等(2008)给出了一个分支定界算法。该算法的基本思想如下：首先确定最优目标函数值的一个上界U。不失一般性，设加工集合为$\{M_1,M_2\}$的两个工件类分别为J_1和J_2，其中$p_1>p_2$或$p_1=p_2$。一个完全的搜索树共有 3 层节点，第 0 层为根节点，从根节点分支，产生第 1 层N_1+1个节点，在第$q(0\leqslant q\leqslant N_1)$个节点处计算把工件类$J_1$中的$q$个工件安排到$M_1$上，$N_1-q$个工件安排到$M_2$上的当前最大完工时间，若其大于$U$，则把此节点杀死。每个未被杀死的第 1 层节点分支，可产生N_2+1个节点，用与第 1 层中相同的方法计算最大完工时间，最后取所有第 2 层节点中最大完工时间最小者作为最优目标函数值，相应的安排方案即为最优排序。

对于最优目标函数值的上界U，可利用 LPT(longest processing time)算法来得到。把当前未加工的具有最长加工时间的工件分给可以使其最早完工的机器，按此规则所得的最大完工时间即为U。

这里要注意的是，在计算每台机器的完工时间时，被安排到该台机器上的同类工件要连续加工，不同类工件连续加工时要加上一个安装时间s^T。

针对只有两个工件类的加工集合是$\{M_1,M_2\}$的情况，此分支定界算法相对于n在最坏情况下的计算时间复杂性为$O(N_1N_2)=O(n^2)$。而在工件的多重编码下，问题的输入规模为$O(r\log n+rL)$，从而该分支定界算法相对于问题输入规模是指数时间的。

下面举一个数值例子来说明上述分支定界算法。

例 4.1　$C_1=9,C_2=20,s^T=1,p_1=8,N_1=4,p_2=5,N_2=2$。

解　计算$U=40$，分支定界搜索过程如图 4-2 所示，其中节点旁边括号内的数字为相应节点处的当前最大完工时间。

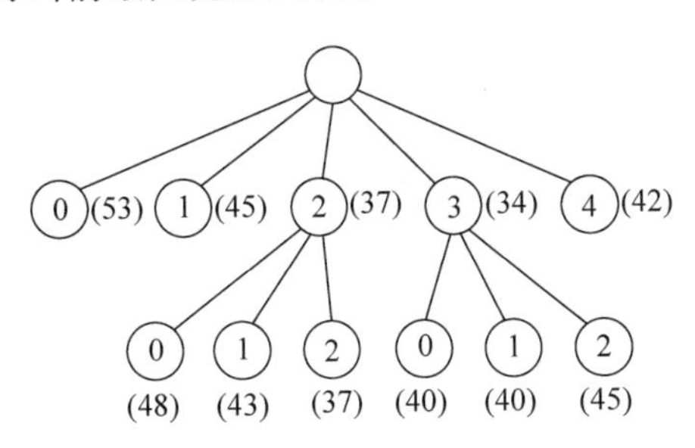

图 4-2　例 4.1 的分支定界搜索树

由图 4-2 可得第 1 层中的节点 0,1,4 被杀死，第 2 层的所有节点中，最小的最大完工时间是 37，为最优目标函数值，相应的最优排序为J_1中有 2 个工件安

排在 M_1 上，2 个工件安排在 M_2 上，J_2 中的工件全部安排在 M_1 上。

根据该分支定界算法的思想和过程，可以将其推广到有 $r'(2<r'\leqslant r)$ 个工件类的加工集合是 $\{M_1, M_2\}$ 的情况，相应的完全搜索树有 $r'+1$ 层节点，第 0 层为根节点。把 r' 类工件按加工时间不增的顺序排序，不妨设为 $p_1\geqslant p_2\geqslant\cdots\geqslant p_{r'}$。一般地，从第 $t-1$ 层的一个节点分支，可产生第 t 层 N_t+1 个节点，在每个节点处计算当前的最大完工时间，并与 LPT 算法所得的上界 U 相比较，杀死当前最大完工时间大于 U 的节点。最后取第 r' 层节点中最大完工时间最小者为最优目标函数值，相应的排序为最优排序。同理，算法相对于 n 在最坏情况下的计算时间复杂性为 $O(N_1N_2\cdots N_{r'})=O(n^{r'})$，其相对于问题输入规模是指数时间的。

另外，井彩霞等(2008)还对排序问题 $P2\ \text{MPM}|M_J, p_j=p, s^T, N_j=h|C_{\max}$ 进行了研究，并给出了一个多项式时间的最优算法，从而证明该问题是多项式时间可解的。

对排序问题 $P2\ \text{MPM}|M_J, p_j=p, s^T, N_j=h|C_{\max}$，除了具有前文介绍的两台机器情况的性质外，还具有下列特点。

引理 4.1 问题 $P2\ \text{MPM}|M_J, p_j=p, s^T, N_j=h|C_{\max}$ 存在一个最优排序 π，在 π 中至多有一个工件类中的工件被拆分到两台机器上加工。

证明 该引理的证明思路与 Liu Z H 等(1999)给出的引理 2 的类似。假设最优排序 π 中至少有两个工件类 r_i 和 r_j 中的工件被拆分到两台机器上加工，并假设工件类 r_i 中分配给机器 M_1 的工件个数为 N_{i1}，分配给机器 M_2 的工件个数为 N_{i2}；工件类 r_j 中分配给机器 M_1 的工件个数为 N_{j1}，分配给机器 M_2 的工件个数为 N_{j2}。

令 $k=\min\{N_{i1}, N_{i2}, N_{j1}, N_{j2}\}$，不失一般性，假设 $k=N_{i1}$，则将机器 M_1 上工件类 r_i 中的 N_{i1} 个工件全部转移到机器 M_2 上，同时将机器 M_2 上工件类 r_j 中的 N_{i1} 个工件转移到机器 M_1 上。鉴于 $p_j=p$，因此上述转移操作不仅不会增加机器 M_1 和机器 M_2 的完工时间，而且还会使机器 M_1 的完工时间至少减少 s^T。

这意味着，即使最优排序 π 中至少有两个工件类被拆分到两台机器上加工，也可以通过上述工件转移的操作(可重复实施)，在不增加最大完工时间的前提下，使之成为至多有一个工件类中的工件被拆分到两台机器上加工的排序。引理得证。

引理 4.2 设 π 为问题 $P2\ \text{MPM}|M_J, p_j=p, s^T, N_j=h|C_{\max}$ 的一个最优排序。仍然假设把加工集合为 $\{M_1\}$ 或 $\{M_2\}$ 的所有工件都安排加工完后，机器 M_1 和 M_2 上的当前完工时间分别为 C_1 和 C_2，且 $0\leqslant C_1\leqslant C_2$。另外，在所有加工集合为 $\{M_1, M_2\}$ 的工件类中，记类中所有工件都分配到机器 M_1 上的工

件类数为 k_1，相应机器 M_2 上的工件类数为 k_2，则有 $k_1 \geqslant k_2$，且当从 k_1,k_2 中抽掉相同数目的工件类后，余下的工件类的一个最优排序与原来的分配方案相同。

证明　由假设 $C_1 \leqslant C_2$，显然有 $k_1 \geqslant k_2$。又由 $p_j = p, N_j = h$，可把所有加工集合为$\{M_1, M_2\}$的工件类看成是等同的，所以当从两台机器上抽掉相同数目的工件类后，所起的作用相互抵消，因此不影响其余工件类的最优分配方案。

基于引理 4.1 和引理 4.2，井彩霞等(2008)针对排序问题 $P2\ \mathrm{MPM} \mid M_J, p_j = p, s^T, N_j = h \mid C_{\max}$ 设计了奇偶算法，并证明该算法是最优的。

奇偶算法的基本思想如下：设加工集合为$\{M_1, M_2\}$的工件类有 r' 个，首先比较 $r'(s^T + ph)$ 与 $C_2 - C_1$ 的大小，若 $r'(s^T + ph) \leqslant (C_2 - C_1)$，则输出极小化的最大完工时间 $C_{\max}^* = C_2$，相应的最优排序为把 r' 个工件类全部安排到机器 M_1 上加工；否则判断 $k = r' - \lfloor (C_2 - C_1)/(s^T + ph) \rfloor$ 的奇偶性，其中 $\lfloor x \rfloor$ 表示小于或等于 x 的最大整数。

(1) 偶数情况

若 k 为偶数，则考虑如下两种排序方式：

方式 1　有一个工件类被拆分到两台机器上加工。这时，最优排序 π_1 为把 $r' - \frac{k}{2}$ 个工件类的所有工件都安排到机器 M_1 上加工，把 $\frac{k}{2} - 1$ 个工件类的所有工件都安排到机器 M_2 上加工。计算当前完工时间，再利用式(4-1)即可得剩余一类工件在两台机器上的最优分配方案。这里要注意的是，当代入公式时，两台机器中当前完工时间较大的作为 C_2 代入，$N_3 = h, p_3 = p$，得出的 k_2 即为安排在该台机器上的最优工件数。这时计算由 π_1 产生的最大完工时间记为 C_1^*。

方式 2　没有工件类被拆分到两台机器上加工。这时，最优排序 π_2 为把 $\frac{k}{2}$ 个工件类的所有工件都安排到机器 M_2 上加工，把 $r' - \frac{k}{2}$ 个工件类的所有工件都安排到机器 M_1 上加工。这时计算由 π_2 产生的最大完工时间记为 C_2^*。

比较 C_1^* 与 C_2^*，取较小者作为最优目标函数值，相应的排序为最优排序。

(2) 奇数情况

若 k 为奇数，也考虑如下两种排序方式：

方式 1　有一个工件类被拆分到两台机器上加工。这时，最优排序 π_1 为把 $\frac{k-1}{2}$ 个工件类的所有工件都安排到机器 M_2 上加工，把 $r' - \frac{k+1}{2}$ 个工件类的所有工件都安排到机器 M_1 上加工。对剩余的一类工件的处理与偶数情况中方式 1 中的处理相同，得出由 π_1 产生的最大完工时间记为 C_1^*。

方式 2 没有工件类被拆分到两台机器上加工。这时，最优排序 π_2 为把 $\frac{k-1}{2}$ 个工件类的所有工件都安排到机器 M_2 上加工，剩余的工件类全部安排到机器 M_1 上加工。计算由 π_2 产生的最大完工时间记为 C_2^*。

比较 C_1^* 与 C_2^*，取较小者作为最优目标函数值，相应的排序为最优排序。

奇偶算法的具体实施步骤如下：

算法 4.1 奇偶算法

步骤 1 判断 $r'(s^T+ph)$ 与 C_2-C_1 的大小。若 $r'(s^T+ph)\leqslant(C_2-C_1)$，则输出 $C_{\max}^*=C_2$，最优排序为把 r' 个工件类全部安排到机器 M_1 上加工，否则转步骤 2。

步骤 2 判断 $k=r'-\lfloor(C_2-C_1)/(s^T+ph)\rfloor$ 的奇偶性。若为偶数，转步骤 3；否则转步骤 4。

步骤 3 计算

$$C_{11}=C_1+\left(r'-\frac{k}{2}\right)(s^T+ph), \tag{4-3}$$

$$C_{12}=C_2+\left(\frac{k}{2}-1\right)(s^T+ph), \tag{4-4}$$

$$k_2=\lceil(h-\lceil(C_{11}-C_{12})/p\rceil)/2\rceil, \tag{4-5}$$

$$C_{21}=\left(r'-\frac{k}{2}\right)(s^T+ph), \tag{4-6}$$

$$C_{22}=C_2+\frac{k}{2}(s^T+ph), \tag{4-7}$$

$$C_1^*=\max\{C_{12}+s^T+(h-k_2)p, C_{11}+s^T\min\{k_2,1\}+k_2p\}, \tag{4-8}$$

$$C_2^*=\max\{C_{21},C_{22}\}, \tag{4-9}$$

输出 $C_{\max}^*=\min\{C_1^*,C_2^*\}$ 为最优目标函数值，相应的排序为最优排序。

步骤 4 计算

$$C_{11}=C_1+\left(r'-\frac{k+1}{2}\right)(s^T+ph), \tag{4-10}$$

$$C_{12}=C_2+\frac{k-1}{2}(s^T+ph), \tag{4-11}$$

$$k_2=\lceil(h-\lceil(C_{12}-C_{11})/p\rceil)/2\rceil, \tag{4-12}$$

$$C_{21}=C_1+\left(r'-\frac{k-1}{2}\right)(s^T+ph), \tag{4-13}$$

$$C_{22}=C_2+\frac{k-1}{2}(s^T+ph), \tag{4-14}$$

$$C_1^*=\max\{C_{11}+s^T+(h-k_2)p, C_{12}+s^T\min\{k_2,1\}+k_2p\}, \tag{4-15}$$

$$C_2^*=\max\{C_{21},C_{22}\}, \tag{4-16}$$

输出 $C_{\max}^*=\min\{C_1^*,C_2^*\}$为最优目标函数值，相应的排序为最优排序。

奇偶算法的计算时间复杂性为 $O(1)$。

定理 4.1　对排序问题 $P2\ \mathrm{MPM}|M_J, p_j=p, s^T, N_j=h|C_{\max}$，利用奇偶算法所得到的排序为最优排序。

证明　首先对于 $r'(s^T+ph)\leqslant(C_2-C_1)$的情况，显然算法给出的排序为最优排序。下面分析 $r'(s^T+ph)>(C_2-C_1)$的情况，我们把此情况下利用奇偶算法所得到的排序分为两大类，其中一类为没有工件类被拆分到两台机器上加工，另外一类为有且只有一类工件被拆分到两台机器上加工。对于没有拆分工件类的情况，相当于安排 r'个加工时间均为 s^T+ph 的工件到具有就绪时间的两台机器上加工，显然算法给出的安排方案是最优的。而对于有拆分工件类的情况，由算法过程可知$|C_1'-C_2'|\leqslant p$，其中 C_1'和 C_2'分别为机器 M_1 和 M_2 的完工时间。这里不妨设 $C_1'\leqslant C_2'$，则有 $C_{\max}^*=C_2'$。下面证明对奇偶算法给出的排序 π_1 做任何变动都不会改进原来的最优目标函数值。

对排序 π_1 所能做的变动只有两种。一种变动是交换 M_1 和 M_2 上的工件，因为各类工件的加工时间都是相等的，而且只有一类工件被拆分到两台机器上加工，所以交换工件不会减少任一台机器上的加工时间或安装时间。另一种变动是把其中一台机器上的工件转移到另一台机器上，设转移后两台机器的完工时间分别为 C_1''和 C_2''，记最大完工时间为 $C_{\max}^{*\prime}$。分情况讨论如下：

(1) 把机器 M_1 上的一个工件转移到机器 M_2 上，则有

① 被转移工件属于拆分类，有

$$C_2''=C_2'+p,$$

$$C_{\max}^{*\prime}=C_2''>C_2'=C_{\max}^*。$$

② 被转移工件属于非拆分类，有

$$C_2''=C_2'+p+s^T,$$

$$C_{\max}^{*\prime}=C_2''>C_2'=C_{\max}^*。$$

(2) 把机器 M_2 上的一个工件转移到机器 M_1 上，则有

① 被转移工件属于拆分类，有

$$C_1''=C_1'+p\geqslant C_2'=C_{\max}^*,$$

$$C_{\max}^{*\prime}=\max\{C_1'',C_2''\}\geqslant C_{\max}^*。$$

② 被转移工件属于非拆分类,有

$$C''_1 = C'_1 + p + s^T > C'_2 = C^*_{\max},$$

$$C^*_{\max}{}' = \max\{C''_1, C''_2\} > C^*_{\max}。$$

由此可见,转移工件也不会改进原来的最优目标函数值,从而定理 4.1 得证。

3. NP-难问题

前文已经提到,工件具有多重性的两台平行多功能机排序问题 $P2\ \mathrm{MPM}|M_J, s^T|C_{\max}$ 是 NP-难的。另外,由排序问题 $P2|M_J, p_j=1, s^T=1|C_{\max}$ 是 NP-难的(Brucker et al.,1998a),可知排序问题 $P2\ \mathrm{MPM}|M_J, p_j=1, s^T=1|C_{\max}$ 也是 NP-难的。

4.4.2 排序问题 $P\ \mathrm{MPM}|M_J, s^T|(C_{\max}, S^T)$

在半导体生产的光刻工序中,更换掩膜版需要人为地去操作,而且更换上新的掩膜版以后还需要有一个适应的过程,也就是说新掩膜版下最初的几批半导体有可能是不达标的。所以在生产调度中,不希望频繁地更换掩膜版。在优化调度中考虑控制掩膜版更换的次数就构成了双目标排序模型。井彩霞等(2010)研究了极小化最大完工时间和极小化安装次数双目标函数下具有多重性的平行多功能机排序问题。其中安装次数是指安装时间产生的次数,也就是实际生产中掩膜版更换的次数。

为了更好地理解本节的双目标排序问题,首先简单了解一下多目标排序。

1. 多目标排序简介

多目标排序属于现代排序,它突破了经典排序中单目标的假设。这种突破具有实际意义,因为在现实的生产和生活中,很多情况下需要考虑多方面的因素。例如在半导体生产过程中,生产决策者不但要从全局的角度考虑如何安排半导体的加工次序使产能最大,还要考虑每批半导体的交货期和合格率等,使顾客的满意度最大。多目标排序问题出现在经济、管理、军事和工程等众多领域中。

在多目标排序中,多个目标之间通常是相互"冲突"的,一般不存在使多个目标同时达到最优的"绝对"最优解。根据目标函数间关系的不同,对解也有不同的定义。下面以单台机器的双目标函数问题为例来说明。

设问题的两个目标函数分别为 γ_1 和 γ_2,如果在第一个目标函数 γ_1 满足一定约束的条件下,使第二个目标函数 γ_2 为最优,则称这样得到的解为约束解

(Fry et al.,1989)。特别地,如果是在第一个目标函数 γ_1 为最优的条件下,使第二个目标函数 γ_2 为最优,则称这样得到的解为多重解(hierarchical solution)(Lee C Y et al.,1993)。求多重解的双目标排序问题用三参数法可表示为 $1\|(\gamma_2/\gamma_1)$,相关文献有:Smith(1956)研究在没有工件误工的条件下,寻找最小流程的排序问题;赵玉鹏(1994)考虑在"整体质量"合格的条件下使"实际总经济效益"为最大的多目标排序问题;等等。

在双目标排序中,假设为极小化问题,记 γ_i^σ 和 γ_i^π 分别为目标函数 γ_i 在排序 σ 和 π 下的目标函数值,如果不存在排序 σ 使得 $\gamma_i^\sigma \leqslant \gamma_i^\pi (i=1,2)$,并且在这两个不等式中至少有一个严格不等号成立,则称排序 π 为使 γ_1 和 γ_2 为最小的帕累托(pareto)解,又称为非支配解(non-dominated solution)、非劣解(non-inferior solution),或有效解(efficient solution)(Nelson et al.,1986)。另外,如果上述 σ 存在的话,则称 σ 支配(dominate)π。求帕累托解的双目标排序问题用三参数法可表示为 $1\|(\gamma_1,\gamma_2)$,相关研究有:Nelson 等(1986)给出了寻找排序问题 $1\|\left(\sum C_j,\sum U_j\right)$ 的所有帕累托解的树型方法;Hoogeveen(1996)给出寻找问题 $1\|(f_{\max},g_{\max})$的所有帕累托解的算法;等等。

在求解多目标排序问题时,还可以用构造权函数的方法把多目标排序转化为单目标排序(Fry et al.,1989),这样得到的多目标排序的解称为权函数解。权函数为 $f(\gamma_1,\gamma_2)$的双目标排序问题用三参数法可表示为 $1\|f(\gamma_1,\gamma_2)$。最常用的权函数是线性函数,如 $f(\gamma_1,\gamma_2)=\lambda_1\gamma_1+\lambda_2\gamma_2$,其中 λ_1 和 λ_2 表示每个目标函数的重要程度,并且 $\lambda_1\geqslant 0,\lambda_2\geqslant 0,\lambda_1+\lambda_2=1$。相关文献有:Bector 等(1988)研究各工件的提前费用和延误费用都不相同的排序问题 $1\|\sum(\alpha_j E_j+\beta_j T_j)$;在此基础上,Baker 等(1989;1990)考虑交付期费用也不相同的排序问题 $1\|\sum(\alpha_j E_j+\beta_j T_j+\gamma_j d)$,并给出一个最优序应具有的性质;等等。

以上介绍的三类多目标排序问题,在计算复杂性上存在着一些基本的关系(Chen C L et al.,1993),具体如下。

引理 4.3　若单机排序问题 $1\|\gamma_1$ 是 NP-难的,则多目标排序问题 $1\|(\gamma_2/\gamma_1)$也是 NP-难的。

引理 4.4　若单机排序问题 $1\|\gamma_1$ 是 NP-难的,则多目标排序问题 $1\|(\gamma_1,\gamma_2)$也是 NP-难的。

引理 4.5　如果单机多目标排序问题 $1\|(\gamma_2/\gamma_1)$是 NP-难的,则多目标排序问题 $1\|(\gamma_1,\gamma_2)$也是 NP-难的。

引理 4.6　如果单机排序问题 $1\|\gamma_1$ 是 NP-难的,则线性权函数的多目标

排序问题 $1 \parallel \lambda_1\gamma_1+\lambda_2\gamma_2$ 也是NP-难的。

引理4.7 如果单机多目标排序问题 $1 \parallel (\gamma_1,\gamma_2)$ 是NP-难的,则线性权函数的多目标排序问题 $1 \parallel \lambda_1\gamma_1+\lambda_2\gamma_2$ 也是NP-难的。

2. 问题模型及复杂性

在工件具有多重性的平行多功能机排序问题中,对极小化最大完工时间和极小化安装次数这两个目标函数,一般不存在使两个目标同时达到最优的"绝对"最优解。而在实际调度中,针对不同的情况,对最大完工时间和安装次数的要求和重视程度也不一样。有时偏向最大完工时间,为了达到减小最大完工时间的目的,多安装几次也无所谓;有时偏向安装次数,为了减少安装次数,最大完工时间可以延长;而有时却需要在两者之间做一个权衡。基于以上考虑,井彩霞等(2010)给出该双目标排序问题的形式为 $PMPM|M_J,s^T|(C_{\max},S^T)$,其中 S^T 表示安装次数,并证明了该问题是NP-难的。

定理4.2 双目标排序问题 $PMPM|M_J,s^T|(C_{\max},S^T)$ 是NP-难的,因为单目标排序问题 $PMPM|M_J,s^T|C_{\max}$ 是NP-难的(井彩霞等,2008)。

证明 求解双目标排序问题 $PMPM|M_J,s^T|(C_{\max},S^T)$ 就是寻找其所有的局部最优解,而单目标排序问题 $PMPM|M_J,s^T|C_{\max}$ 的最优解也包含在这些局部最优解之中,如果问题 $PMPM|M_J,s^T|(C_{\max},S^T)$ 存在多项式时间的最优算法,则问题 $PMPM|M_J,s^T|C_{\max}$ 也是多项式时间可解的,这与已知条件矛盾,从而定理得证。这个定理也可直接由引理4.4推得。

3. 启发式算法

在双目标排序问题 $PMPM|M_J,s^T|(C_{\max},S^T)$ 中,由于在某台机器上连续加工两个来自不同类的工件时,需要一个安装时间 s^T,并且在每台机器上排在首位加工的工件也需要一个安装时间 s^T,所以要加工完所有的工件,至少需要安装 r(工件类数)次。最少安装次数的情况下,同一类的工件都在同一台机器上加工;如果拆分任一个工件类到两台或两台以上的机器,就会相应增加安装的次数 S^T。基于这些考虑,井彩霞等(2010)给出一个寻找排序问题 $PMPM|M_J,s^T|(C_{\max},S^T)$ 的启发式帕累托解的方法——ESO(efficient solution oriented algorithm)算法。

ESO算法的基本思想就是先按照一定的规则将各个工件类都分派到机器上,使得同类中的所有工件都在同一台机器上,这时需要安装的次数 $S^T=r$。在不增加安装次数的情况下,对当前最大完工时间进行一系列的改进操作,直到最大完工时间不能再被改进，输出 $S^T=r$ 和当前的最大完工时间，即为一个启发式帕累托解。进一步，对具有最大完工时间的机器，从已经安排在该台机器上的工件类中选择一类拆分一部分到其他的机器上，这时需要安装的次数 $S^T=r+1$，然后再在不增加安装次数的情况下，对当前最大完工时间进行一系列的改进操作，直到最大完工时间不能再被改进，输出 $S^T=r+1$ 和当前的最大完工时间，即为另一个启发式帕累托解。如此重复工件类的拆分和最大完工时间的改进工作，就得到一系列的启发式帕累托解，直到增加安装次数不能改进最大完工时间为止。下面给出 ESO 算法的具体步骤。

算法 4.2　ESO 算法

步骤 1　初始分派。首先，选出加工集合中只有一台机器的所有工件类。对选出来的每个工件类，把类中所有的工件都分派到可以加工该类工件的机器上加工，在每次的分派行为之后，都要更新被分派的类中当前工件数和被分派的机器上的当前完工时间。

步骤 2　基于机器的分派。将在步骤 1 中没有被分派过工件的所有机器按其所对应的工件类数不减的顺序排列，然后按照排好的次序依次对每台机器分派工件。对每台机器，在其所对应的当前工件数不等于 0 的所有工件类中选择一类安排在该台机器上加工，选择的标准为加工集合中机器数最少。每次分派完成后，更新相应的工件类中的工件数和机器完工时间。

步骤 3　基于工件类的分派。将当前工件数不为 0 的所有工件类按加工集合中机器数不减的顺序排列，然后按照排好的次序依次分派每类工件到其加工集合中当前完工时间最小的机器上。每次分派完做相应更新。

步骤 4　在不增加安装次数的情况下改进最大完工时间。设具有最大当前完工时间 $C_{\max}$ 的机器为 M_k，已经安排在该台机器上的工件类数为 h，我们用 G_{ki} 表示安排在机器 M_k 上的第 i 类工件，$i=1,2,\cdots,h$。记工件类 $G_{ki}(i=1,2,\cdots,h)$ 的加工集合为 μ_{ki}、类中工件的加工时间为 p_{ki}、安排在机器 M_k 上的工件数为 N_{ki}。将机器 M_k 上的 h 个工件类按 $p_{ki}N_{ki}$ 不减的顺序排序，不失一般性，设排好后的次序为 $\pi_1=G_{k1},G_{k2},\cdots,G_{kh}$。然后按照排好的次序依次处理机器 M_k 上的工件类，处理方法如下：

对工件类 G_{ki}，将其加工集合中的机器分为两类，一类是当前被分派到该台机器上的工件中有工件类 G_{ki} 中的工件，另一类是当前被分派到该台机器上的工件中没有工件类 G_{ki} 中的工件。

对第一类机器，依次对其中的机器判断 $(C_k-C_l)/2\geqslant p_{ki}N_{ki}$ 是否成立，其中记当前判断的机器为 M_l，C_k 和 C_l 分别表示机器 M_k 和 M_l 的当前完工时间。

如果对第一类中的某台机器的判断为“是”的话，则将工件类 G_{ki} 中的工件全部转移到该台机器上，并更新当前的安装次数(减 1)和机器 M_k 以及接受工件类G_{ki} 的机器的当前完工时间，然后转步骤 4 的开始阶段。这里要注意的是，在更新机器 M_k 的完工时间时，除了要减去 $p_{ki}N_{ki}$，还要减去一个安装时间 s^T。

如果对第一类中的任一台机器的判断都是“否”的话，则对第一类中的每台机器 M_l，计算将机器 M_k 上工件类G_{ki} 中的

$$q=\max\{\lfloor\lceil(C_k-C_l)/p_{ki}\rceil/2\rfloor,0\} \tag{4-17}$$

个工件安排到机器 M_l 上所造成的两台机器的最大完工时间为

$$C_{\max}^{ki}=\max\{C_k-qp_{ki},C_l+qp_{ki}\}。 \tag{4-18}$$

接着对第二类机器，首先选择所有第二类机器中当前完工时间最小的机器，不妨设为机器 M_t；然后计算将机器 M_k 上工件类G_{ki} 中的所有工件都转移到机器 M_t 上所造成的两台机器的最大完工时间为

$$C_{\max}^{ki}=\max\{C_k-p_{ki}N_{ki}-s^T,C_t+p_{ki}N_{ki}+s^T\}。 \tag{4-19}$$

比较两类机器产生的 $C_{\max}^{ki}$ 值，取最小的，记为 min_ $C_{\max}^{ki}$，然后比较 min_ $C_{\max}^{ki}$ 与当前最大完工时间 $C_{\max}$ 的大小。如果 min_ $C_{\max}^{ki}<C_{\max}$，则按产生当前 min_ $C_{\max}^{ki}$ 值的方法转移工件并更新各相关量，转步骤 4 的开始阶段；如果 min_ $C_{\max}^{ki}\geqslant C_{\max}$，这时如果 $i<h$，则继续处理工件类 $G_{k(i+1)}$，否则输出当前的安装次数 S^T 和当前的最大完工时间 $C_{\max}$ 的值，转步骤 5。

步骤 5 拆分工件类，增加安装次数。定义符号 $C_{\max}$、M_k、h、G_{ki}、μ_{ki}、p_{ki} 和 N_{ki} 所表示的意义与步骤 4 中的相同。对机器 M_k 上的 h 个工件类，依次计算拆分工件类 $G_{ki}(i=1,2,\cdots,h)$中的工件到另一台机器上所造成的两台机器的最大完工时间 $C_{\max}^{ki}$。具体计算方法为：

在工件类 G_{ki} 的加工集合 μ_{ki} 中，选择当前未被分派工件类 G_{ki} 中工件且具有最小当前完工时间的机器，记为 M_l，然后计算将机器 M_k 上工件类 G_{ki} 中的

$$q=\max\{\lfloor\lceil(C_k-C_l-s^T)/p_{ki}\rceil/2\rfloor,0\} \tag{4-20}$$

个工件安排到机器 M_l 上所造成的两台机器的最大完工时间为

$$C_{\max}^{ki}=\max\{C_k-qp_{ki},C_l+qp_{ki}+s^T\}， \tag{4-21}$$

其中 C_k 和 C_l 分别表示机器 M_k 和 M_l 的当前完工时间。

在 $C_{\max}^{ki},i=1,2,\cdots,h$ 中选择一个值最小的，假设为 $C_{\max}^{ki^*}(i^*\in\{1,2,\cdots,h\})$。如果 $C_{\max}^{ki^*}\geqslant C_{\max}$，则输出当前的安装次数 S^T 和当前的最大完工时间 $C_{\max}$ 的值，并终止；否则拆分工件类 G_{ki^*} 中的工件到另一台机器上，拆分的方

法与计算 $C_{\max}^{ki^*}$ 中的相同。更新当前的安装次数(加 1)和机器 M_k 以及接受工件类 G_{ki^*} 中工件的机器的当前完工时间,转步骤 4。

井彩霞等(2010)在检验算法性能的计算实验中,将 ESO 算法与井彩霞(2008)中的 DAS 算法进行了比较。DAS 算法是针对极小化最大完工时间单目标问题的一个启发式算法。在井彩霞(2008)中,DAS 算法在所有参数取值组合下相对于下界的平均百分误差在 6%以内。井彩霞等(2010)的计算实验结果表明:与 DAS 算法相比,ESO 算法所得的启发式帕累托解大大减少了安装次数;不仅如此,在很多情况下,ESO 算法能得到更小的最大完工时间;尤其是当机器数比较少(如 5)和工件类数比较多(如 20)的时候,ESO 算法显示出极大的优越性。另外,ESO 算法能够给出一系列的启发式帕累托解,可以提供多个选择来权衡最大完工时间和安装次数,便于实际应用。ESO 算法和 DAS 算法对比实验的过程和数据结果见附录 2 中的计算实验 3。

4.4.3　排序问题 $P\ \mathrm{MPM}|M_J, s_j^T, t_i|C_{\max}$

在井彩霞(2008)中排序问题 $P\mathrm{MPM}|M_J, s^T|C_{\max}$ 的基础上考虑机器准备时间并将安装时间从常数扩展为与工件类相关,就可得到排序问题 $P\ \mathrm{MPM}|M_J, s_j^T, t_i|C_{\max}$。其中考虑机器准备时间是指每台机器 M_i 在开始加工第一个工件前,需要一个准备时间 $t_i(i=1,2,\cdots,m)$,也可以视其为机器就绪时间;安装时间与工件类相关是指安装时间的取值与紧后工件所在的类有关。记工件类 J_j 中工件的安装时间为 $s_j^T(j=1,2,\cdots,r)$。这意味着对工件类 J_j 中的任意一个工件,在以下两种情况下需要经历一个安装时间 s_j^T 后才可以开始加工:一种情况是紧排在该工件前加工的工件不属于工件类 J_j;另一种情况是该工件是所在机器首个加工的工件。

机器具有准备时间、安装时间与工件类相关的具有多重性的平行多功能机排序问题 $P\mathrm{MPM}|M_J, s_j^T, t_i|C_{\max}$ 是 NP-难的,因为当 $s_j^T=0(j=1,2,\cdots,r)$,$t_i=0(i=1,2,\cdots,m)$时,问题等价于 NP-难的排序问题 $P\mathrm{MPM}|M_J|C_{\max}$。

下面将首先对问题的优化机制进行分析,然后给出整数规划模型和下界,并基于下界给出简化问题的方法,最后设计启发式算法并利用下界和 CPLEX 软件检验算法的性能。

1. 问题分析

分析排序问题 $P\mathrm{MPM}|M_J, s_j^T, t_i|C_{\max}$ 的优化机制,可得:

(1) 在每台机器上,来自同一类的工件连续加工,可以避免多余的安装时间;

(2) 在每台机器上，各工件类的先后加工顺序对最优排序没有影响。

如此，寻找最优排序就是在多功能机加工集合的约束下，确定各工件类分配到相应各机器上的工件数，以使所有机器的最大完工时间为最小。

2. 混合整数规划模型

为了使用CPLEX软件进行计算实验，这里建立排序问题 $PMPM|M_J, s_j^T, t_i|C_{\max}$ 的混合整数规划模型如下。

假设排序问题的一个可行解为 $X=\{x_{ij}\}_{m\times r}$，其中 x_{ij} 表示工件类 J_j 中分配到机器 M_i 上的工件数，则 X 满足 $\sum_{i=1}^{m} x_{ij}=N_j$，且 $x_{ij}\in\mathbb{Z}^+$(非负整数)；$i=1,2,\cdots,m$；$j=1,2,\cdots,r$。其中对所有的 i 和 j，若 $M_i\notin\mu_j$，则有 $x_{ij}=0$。

为了描述加工集合约束，引入矩阵 $\{m_{ij}\}_{m\times r}$，如果机器 M_i 能够加工工件类 J_j 中的工件，即 $M_i\in\mu_j$，则 $m_{ij}=1$；否则 $m_{ij}=0$。

另外，决策变量分别为

x_{ij}：工件类 J_j 中分配到机器 M_i 上的工件数，$i=1,2,\cdots,m$；$j=1,2,\cdots,r$。

y_{ij}：如果工件类 J_j 中至少有一个工件分配到机器 M_i 上，$y_{ij}=1$；否则 $y_{ij}=0$，$i=1,2,\cdots,m$；$j=1,2,\cdots,r$。

Z_i：如果机器 M_i 加工了工件(被启用)，$z_i=1$；否则 $z_i=0$，$i=1,2,\cdots,m$。

混合整数规划模型为

$$\text{Min}C=C_{\max}(X)$$

$$\text{s.t.}\quad t_i z_i+\sum_{j=1}^{r}(p_j x_{ij}+s_j^T y_{ij})\leqslant C,\quad i=1,2,\cdots,m \tag{4-22}$$

$$\sum_{i=1}^{m} x_{ij}=N_j,\quad j=1,2,\cdots,r \tag{4-23}$$

$$x_{ij}\leqslant N_j y_{ij},\quad i=1,2,\cdots,m;\ j=1,2,\cdots,r \tag{4-24}$$

$$\sum_{j=1}^{r} x_{ij}\leqslant n z_i,\quad i=1,2,\cdots,m \tag{4-25}$$

$$y_{ij}\leqslant m_{ij},\quad i=1,2,\cdots,m;\ j=1,2,\cdots,r$$

$$x_{ij}\in\mathbb{Z}^+,y_{ij},z_i\in\{0,1\},\quad i=1,2,\cdots,m;\ j=1,2,\cdots,r, \tag{4-26}$$

这里 $C_{\max}(X)$ 表示解 X 产生的最大完工时间。不等式(4-22)表示所有 m 台机器的完工时间都小于等于 C，也就是说 C 是最大完工时间；等式(4-23)说明所有工件类中的工件都要被加工；不等式(4-24)表示如果工件类 J_j 中至少有一个工件分配到机器 M_i 上加工，则 $y_{ij}\neq 0$，且在机器 M_i 上需要一个安装时间 s_j^T；不等式(4-25)表示如果至少有一个工件分配到机器 M_i 上加工，则 $z_i\neq 0$，同时，机器 M_i 被启用，需要一个准备时间；不等式(4-26)说明所有工件到机器的分配都必须满足多功能机加工集合的约束条件。

3. 问题的下界

下面将给出排序问题 $PMPM|M_J, s_j^T, t_i|C_{\max}$ 的三个下界，分别为松弛机器准备时间的下界、松弛多功能机约束的下界和针对一般问题的下界。

(1) 松弛机器准备时间的下界

在排序问题 $PMPM|M_J, s_j^T, t_i|C_{\max}$ 中，如果令所有的机器准备时间 $t_i=0, i=1,2,\cdots,m$，则得到排序问题 $PMPM|M_J, s_j^T|C_{\max}$。显然，松弛后的排序问题的下界也是原问题的一个下界。对松弛后的排序问题 $PMPM|M_J, s_j^T|C_{\max}$，可以很容易得到一个下界

$$\mathrm{LB}_0=\max_{V\subseteq M}\left\{\frac{1}{|V|}\sum_{j:\mu_j\subseteq V}(p_jN_j+s_j^T)\right\},\tag{4-27}$$

其中 $V\subseteq M$ 是任意的一个机器集合，$|V|$ 表示集合 V 的基数。下面给出 LB_0 是下界的证明。

定理 4.3　假设 $X=\{x_{ij}\}_{m\times r}$ 为排序问题 $PMPM|M_J, s_j^T|C_{\max}$ 的一个可行解，产生的最大完工时间记为 $C_{\max}(X)$，LB_0 由等式(4-27)计算所得，则有 $C_{\max}(X)\geqslant \mathrm{LB}_0$。

证明　假设在可行解 $X=\{x_{ij}\}_{m\times r}$ 下，机器 M_i 的完工时间为 $C_i, i=1,2,\cdots,m$，则对任意 $V\subseteq M$，显然有

$$C_{\max}(X)=\max_{i=1,2,\cdots,m}C_i\geqslant\max_{k:M_k\in V}C_k,\tag{4-28}$$

另一方面，由多功能机加工集合的约束，可知所有满足 $\mu_j\subseteq V$ 的工件类 J_j 中的工件都必须在机器集合 V 中的某台机器上加工，所以有

$$|V|\max_{k:M_k\in V}C_k\geqslant\sum_{k:M_k\in V}C_k\geqslant\sum_{j:\mu_j\subseteq V}(p_jN_j+s_j^T),\tag{4-29}$$

从而

$$C_{\max}(X)=\max_{i=1,2,\cdots,m}C_i\geqslant\max_{k:M_k\in V}C_k\geqslant\frac{1}{|V|}\sum_{j:\mu_j\subseteq V}(p_jN_j+s_j^T)。\tag{4-30}$$

所以有

$$C_{\max}(X)\geqslant\max_{V\subseteq M}\left\{\frac{1}{|V|}\sum_{j:\mu_j\subseteq V}(p_jN_j+s_j^T)\right\}=\mathrm{LB}_0,\tag{4-31}$$

其中，取最大值要比较所有的子集 $V \subseteq M$。定理得证。

在下界 LB_0 的表达式中，因为取最大值的比较涉及所有的子集 $V \subseteq M$，所以 LB_0 的计算时间复杂性是关于机器数指数时间的。然而，当问题的加工集合具有某些特殊性质时，LB_0 的计算复杂度会降低。例如，当加工集合符合嵌套结构时，LB_0 中的取最大值比较只需考虑 $\mu_j (j=1,2,\cdots,r)$。

(2) 松弛多功能机约束的下界

在排序问题 $P\mathrm{MPM}|M_J, s_j^T, t_i|C_{\max}$ 中，如果不考虑多功能机约束，即所有的工件都能在任一台机器上加工，则得到排序问题 $P|M_J, s_j^T, t_i|C_{\max}$。显然，松弛后的排序问题的下界也是原问题的一个下界。

在排序问题 $P|M_J, s_j^T, t_i|C_{\max}$ 中，如果某台机器所需的准备时间过长，以至于所有工件都在其他机器上安排加工完后，该台机器还没有完成准备时间，则在最优排序中可不考虑使用该台机器。另一方面，显然任意一个可行解的最大完工时间不会小于所有参与加工机器的平均工作负荷。基于上述考虑，可设计排序问题 $P|M_J, s_j^T, t_i|C_{\max}$ 的一个下界，具体设计步骤见算法 4.3。

算法 4.3 LB 算法

首先将所有机器的准备时间从大到小排序，不失一般性，假设 $t_1 \geqslant t_2 \geqslant \cdots \geqslant t_m$。

步骤 1 计算所有机器的平均工作负荷：

$$L = \frac{1}{m}\Big(\sum_{j=1}^{r}(s_j^T + p_j N_j) + \sum_{i=1}^{m} t_i\Big)。 \tag{4-32}$$

步骤 2 对 $i=1,2,\cdots,m-1$，依次判断：如果 $t_i > L$，则删除机器 M_i 并重新计算剩余所有机器的平均工作负荷，即更新 $L := L - \frac{1}{m-i}(t_i - L)$，继续判断；如果 $t_i \leqslant L$，则终止算法并输出 $LB_1 = L$。

下面证明由算法 4.3 得到的 LB_1 是排序问题 $P|M_J, s_j^T, t_i|C_{\max}$ 的一个下界。

定理 4.4 假设 $X=\{x_{ij}\}_{m\times r}$ 为排序问题 $P|M_J, s_j^T, t_i|C_{\max}$ 的一个可行解，产生的最大完工时间记为 $C_{\max}(X)$，LB_1 由算法 4.3 计算所得，则有 $C_{\max}(X) \geqslant LB_1$。

证明 假设对 $i_0 \in \{0,1,2,\cdots,m-1\}$，由算法 4.3 计算所得的 LB_1 满足

$$t_1 \geqslant \cdots \geqslant t_{i_0} > LB_1 \geqslant t_{i_0+1} \geqslant \cdots \geqslant t_m。$$

其中，$i_0=0$ 表示 $t_i \leqslant LB_1 (i=1,2,\cdots,m)$；$i_0=m-1$ 表示算法 4.3 里步骤 2 中的 L 值更新了 $m-1$ 次。一般地，LB_1 的值等于机器 $M_{i_0+1}, M_{i_0+2}, \cdots, M_m$ 的平均工作负荷，并具有下列形式：

$$\mathrm{LB}_1 = \frac{1}{m-i_0}\left(\sum_{j=1}^{r}(s_j^T + p_j N_j) + \sum_{i=i_0+1}^{m} t_i\right)。\tag{4-33}$$

记在可行解 $X=\{x_{ij}\}_{m\times r}$ 下机器 M_i 的完工时间为 $C_i, i=1,2,\cdots,m$。如果有机器 M_i 没有加工任何工件，则令 $C_i=0$。显然，可行解 X 的最大完工时间 $C_{\max}(X)=\max\limits_{i=1,2,\cdots,m} C_i$。现在分以下两种情况来证明 $C_{\max}(X)\geqslant \mathrm{LB}_1$。

① 至少有一个工件被分配到了前 i_0 台机器上，这时有

$$C_{\max}(X) \geqslant \max_{i=1,2,\cdots,i_0} C_i \geqslant t_{i_0} > \mathrm{LB}_1。\tag{4-34}$$

② 前 i_0 台机器没有加工任何工件，这时有

$$C_{\max}(X) = \max_{i=i_0+1,\cdots,m} C_i \geqslant \frac{1}{m-i_0}\left(\sum_{j=1}^{r}(s_j^T + p_j N_j) + \sum_{i=i_0+1}^{m} t_i\right) = \mathrm{LB}_1。\tag{4-35}$$

定理得证。

(3) 针对一般问题的下界

在计算 LB_1 的时候，考虑多功能机的特点，就可以得到针对一般问题 $P\mathrm{MPM}|M_J, s_j^T, t_i|C_{\max}$ 的一个下界。首先定义子问题：对任意的子集 $V\subseteq M$，将 V 中所有机器和所有满足 $\mu_j\subseteq V$ 的工件类 J_j 划分出来就得到原问题的一个子问题，记为 $P_1(V)$。在 $P_1(V)$ 中，机器与工件类之间的加工关系与原问题中相同。也就是说，子问题中的工件类不能被机器集合 V 以外的机器加工。显然，子问题的下界也是原问题的一个下界。如果将算法 4.3 应用于子问题 $P_1(V)$，并记输出的下界为 $\mathrm{LB}_1(V)$，则可以得到原问题的一个改进的下界为

$$\mathrm{LB}_2 = \max_{V\subseteq M} \mathrm{LB}_1(V)。\tag{4-36}$$

鉴于 $V\subseteq M$ 为任意的子集，所以 LB_2 的计算时间复杂性是关于机器数指数时间的。与 LB_0 的计算同理，LB_2 的计算也可简化为 $\mathrm{LB}_3=\max\limits_{1\leqslant j\leqslant r}\mathrm{LB}_1(\mu_j)$。

4. 问题的化简

在排序问题 $P\mathrm{MPM}|M_J, s_j^T, t_i|C_{\max}$ 中，可计算机器 M_i 的最大可能工作负荷为

$$W_i = t_i + \sum_{j:M_i\in\mu_j}(s_j^T + p_j N_j),\quad i=1,2,\cdots,m。\tag{4-37}$$

假设 LB 是问题的一个下界。如果对某台机器 M_i，有 $W_i\leqslant \mathrm{LB}$，则应该尽可能充分地利用机器 M_i，把其所有可能的工作负荷全部分配给机器 M_i。这种分配方案可视为最优排序的一部分，接下来只需考虑剩余的机器和工件类，这时所

需求解问题的机器数和工件类数都减少了，问题得以化简。该化简过程可迭代进行。将该化简原理进行扩展即可得一般化简方法如下：

化简方法1 首先定义子问题 $P_2(V)$：对任意的子集 $V \subseteq M$，将 V 中所有机器和所有满足 $\mu_j \cap V \neq \varnothing$ 的工件类 J_j 划分出来，并保持原问题中的加工关系就得到子问题 $P_2(V)$。如果存在子问题 $P_2(V)$ 的一个可行解 X_V，使得 $C_{\max}(X_V) \leqslant \mathrm{LB}$，其中 LB 是原问题的一个下界，则可视可行解 X_V 为最优排序的一部分，接下来只需考虑除子问题 $P_2(V)$ 以外的机器和工件类，原问题得以化简。

另外，原问题还可以被分解成两个具有较小规模的问题。

化简方法2 如果机器集合 M 可以被分解为两个不相交的集合 M' 和 M''，使得对每个工件类 $J_j(j=1,2,\cdots,r)$，有 $\mu_j \subseteq M'$ 或者 $\mu_j \subseteq M''$，则原问题可以被分解为两个问题：由 M' 中所有机器和相应的工件类构成的问题 P'；由 M'' 中所有机器和相应的工件类构成的问题 P''。进一步，如果问题 P' 的某个可行解的完工时间小于问题 P'' 的下界 $\mathrm{LB}(P'')$，则问题 P' 的当前可行解即可被视为原问题最优排序的一部分，接下来只需考虑剩余的问题 P''。同时，原问题的下界也被更新为 $\mathrm{LB}(P'')$。

5. 启发式算法

下面给出针对排序问题 $P\mathrm{MPM} \mid M_J, s_j^T, t_i \mid C_{\max}$ 的变量邻域搜索(variable neighborhood search，VNS)算法。在该算法中，首先利用贪婪算法将所有的工件类都分配给相应的机器生成初始排序；然后利用减少总安装时间和平衡机器间工作负荷的原则对当前解进行迭代改进，直至终止条件。与井彩霞(2008)提出的 DAS 算法相比，VNS 算法考虑了机器具有准备时间且安装时间与工件类相关的情况，改进和调整了优化措施和步骤，尤其是增加了改善邻域的步骤，即当目标函数不能被改进时，通过改善搜索邻域来避免陷入局部最优。VNS 算法具体步骤如下。

算法4.4 VNS 算法

步骤1 问题化简。

计算排序问题 $P\mathrm{MPM} \mid M_J, s_j^T, t_i \mid C_{\max}$ 的下界 LB_3，并利用前文提到的方法化简问题。不失一般性，假设化简后的问题有 m 台机器和 r 个工件类。

步骤2 利用贪婪算法生成初始解：

(1) 初始化 $U=J$ 为尚未被分配的工件类集合；

(2) 将所有加工集合中只有一台机器的工件类中所有工件分配到相应的机器上，更新集合 U；

(3) 将剩余工件类按 $s_j^T+p_jN_j$ 从大到小的顺序依次分配给相应的机器。当分配工件类 J_j 时,首先对所有 $M_i\in\mu_j$ 的机器计算最大可能工作负荷

$$W_i=C_i+\sum_{j:M_i\in\mu_j,J_j\in U}(s_j^T+p_jN_j),\tag{4-38}$$

其中 C_i 表示机器 M_i 的当前完工时间,然后寻找机器 M_{i^*},使得 $W_{i^*}=\min\limits_{i:M_i\in\mu_j}W_i$,并把工件类 J_j 中的工件全部分配给 M_{i^*},更新 U。

步骤 2　通过减少关键机器的完工时间改进当前解。

首先确认当前具有最大完工时间的机器为关键机器,然后依次尝试各种方法将关键机器上的工件转移到其他机器上,从而达到改进当前目标函数值的目的。各种改进方法如下:

(1) 判断当前分配给关键机器的工件类中,是否存在一个工件类可以全部转移到已经分配了该类工件的其他机器上,从而在改进当前最大完工时间的同时,减少一个安装时间,示意图如图 4-3 所示。在图 4-3 中,M_5 是关键机器,x_{5j} 表示工件类 J_j 中分配给机器 M_5 的工件数,机器 M_2 和 M_3 上也被分配了工件类 J_j 中的工件,鉴于机器 M_2 的当前完工时间小,从而将机器 M_5 上的 x_{5j} 个工件全部转移到机器 M_2 上,且转移后能够改进当前的目标函数值。

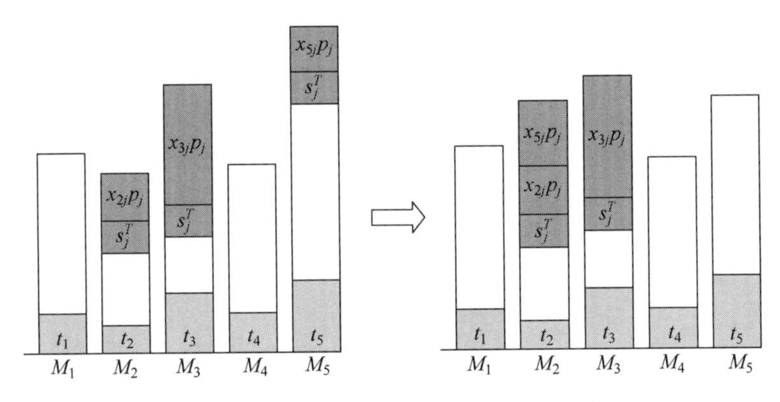

图 4-3　(1)的示意图

(2) 判断是否可将关键机器上的某个工件类全部转移到其加工集合中未被分配该类工件的机器上,从而改进当前的最大完工时间。示意图如图 4-4 所示。

(3) 如果不能像(2)中那样将某个工件类全部转移,可以考虑转移一部分到已经分配了该工件类中工件的机器上,示意图如图 4-5 所示。其中

$$q_1=\lfloor\lceil(C_5-C_3)/p_j\rceil/2\rfloor。\tag{4-39}$$

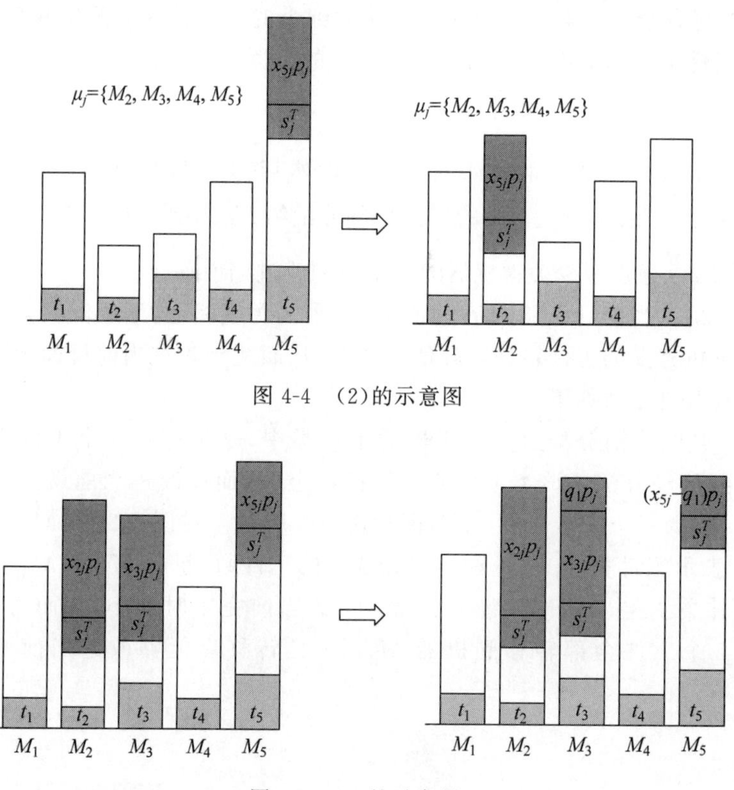

图 4-4 (2)的示意图

图 4-5 (3)的示意图

(4) 考虑是否可将关键机器上的某个工件类与其他机器上的工件类互换，从而改进当前的最大完工时间。互换的情形可以有 4 种，分别如图 4-6～图 4-9 所示。

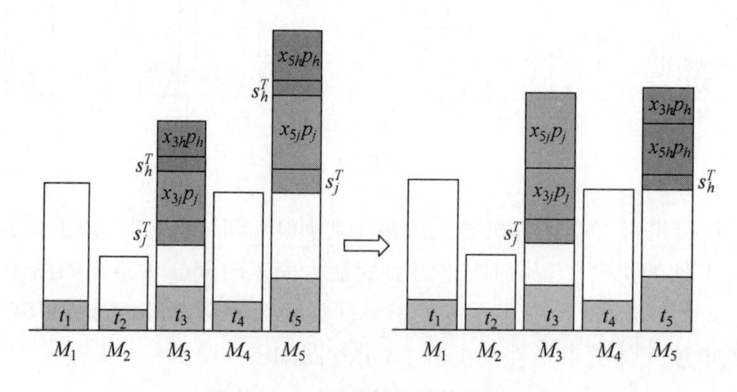

图 4-6 (4)中的第 1 种互换情形

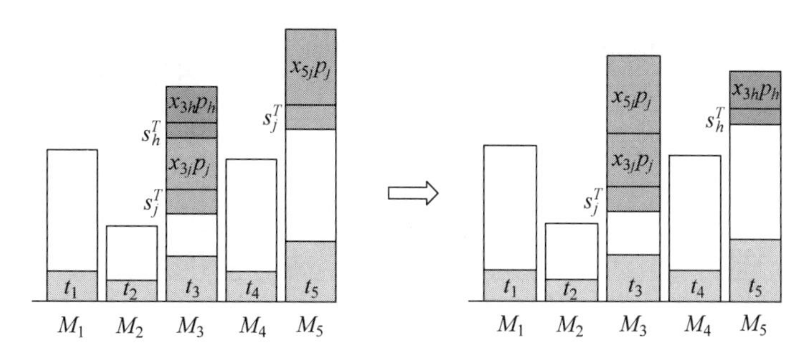

图 4-7　(4)中的第 2 种互换情形

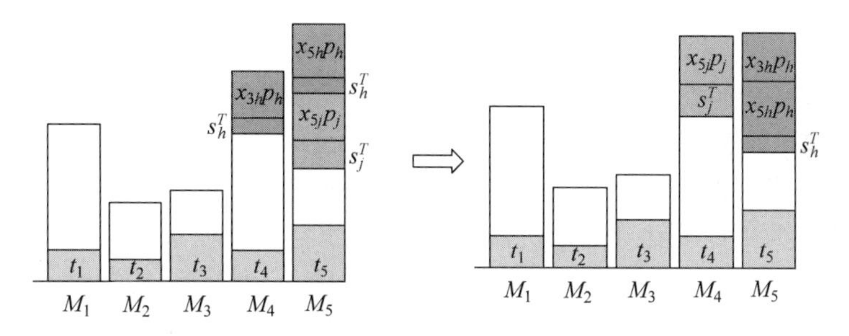

图 4-8　(4)中的第 3 种互换情形

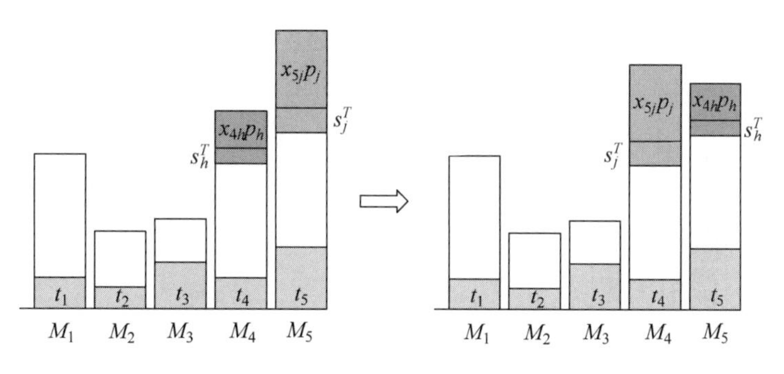

图 4-9　(4)中的第 4 种互换情形

(5) 判断是否可将关键机器上的某个工件类拆分一部分到其加工集合中的其他机器上，且该机器之前未被分配该工件类中的工件。示意图如图 4-10 所示，其中

$$q_2 = \lfloor \lceil (C_5 - C_4 - s_j^T)/p_j \rceil /2 \rfloor \tag{4-40}$$

在(1)～(5)的每个步骤中，以任意顺序逐个判断分配到关键机器上的工件类。对每个工件类，如果不能够通过转移该工件类中的工件到其他机器上而改进当前解，则继续判断下一个工件类；否则将该工件类中的工件转移(一部分或全

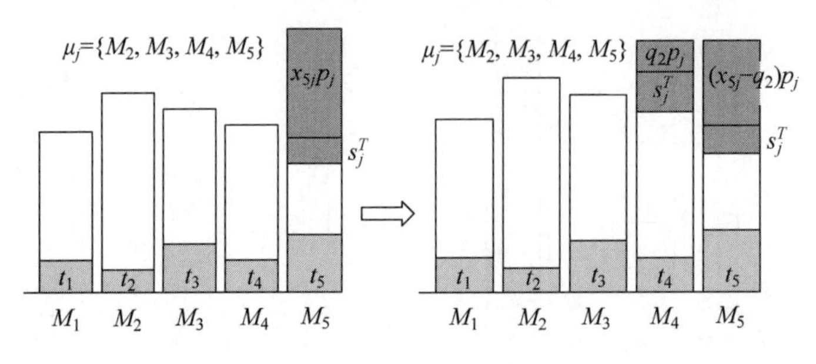

图 4-10　(5)的示意图

部)到加工集合中能够产生最小完工时间的机器上,并转步骤 2 的开始阶段。如果在当前步骤中,关键机器上的所有工件类都不能通过转移工件改进当前解,则转下一个步骤。如果所有(1)～(5)都不能改进当前解,则转步骤 3。

步骤 3　改善邻域以进一步改进当前解。

邻域是指可以加工当前分配给关键机器的工件的机器。改善邻域是指将邻域机器上的工件转移到其他机器上,从而腾出空间以便接收关键机器上的工件。邻域的改善有两种情形,分别如图 4-11 和图 4-12 所示,其中

$$q_3=\min\left\{\left\lfloor\frac{(C_4-C_3)}{p_f}\right\rfloor, x_{5f}\right\},\tag{4-41}$$

$$q_4=\min\left\{\left\lfloor\frac{(C_4-C_3-s_f^T)}{p_f}\right\rfloor, x_{5f}\right\}。\tag{4-42}$$

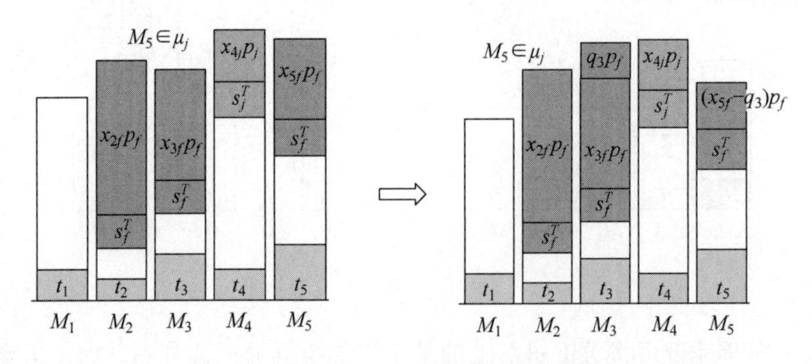

图 4-11　步骤 3 中的第 1 种邻域改善情形

转步骤 2。

算法的终止条件可以为:

(1) 在步骤 3 中,所有邻域都不能再被改善;

(2) 在步骤 2 中,当前解不能再被改进,即使对步骤 3 中所有可能的邻域改善;

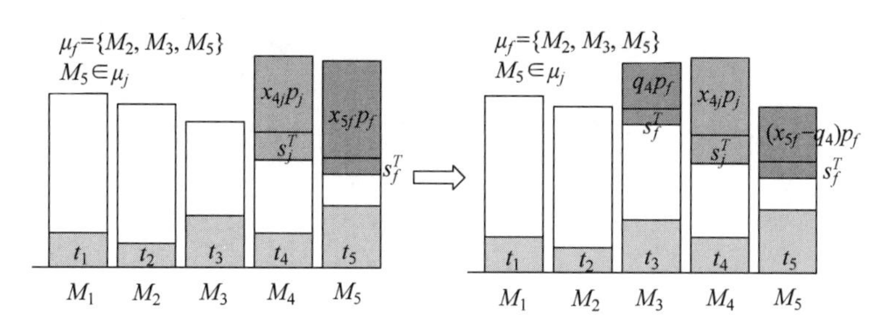

图 4-12　步骤 3 中的第 2 种邻域改善情形

(3) 当前目标函数值足够接近下界值；

(4) 到达已给的限定运行时间。

通过计算实验表明，对不同参数水平组合下随机生成的 1620 个算例，启发式算法所得解的目标函数值与下界的平均百分误差在 0.02%以内，只有一个算例的百分误差大于 3%。对每个随机生成的算例，启发式算法的运行时间在 2s 以内，并且都以上述终止条件(1)或(2)结束。另外，与 CPLEX 软件的对比实验表明，启发式算法相比 CPLEX 软件具有更好的性能，尤其针对大规模的复杂问题。VNS 算法与下界和 CPLEX 对比实验的过程和数据结果见附录 2 中的计算实验 4。

4.5　小结与展望

本章首先分别对多重性排序和平行多功能机排序进行了综述，然后将两个特点结合在一起构成工件具有多重性的平行多功能机排序，并对该问题的已有成果进行了较为系统的介绍。对两台机器的情况，主要分析了问题的复杂性，给出多项式时间可解的情况和相应的多项式时间最优算法；对极小化最大完工时间和安装次数的双目标问题，设计了可以给出一系列启发式帕累托解的启发式算法；对机器具有准备时间和安装时间与工件类相关的一般问题，给出混合整数规划的形式和问题的 3 个下界，并设计了一个有效的启发式算法。

对工件具有多重性的平行多功能机排序问题，目前已有成果中所研究问题的加工时间是任意的、加工集合具有一般结构、安装时间取常数或与工件类相关。在以后的研究工作中，可以考虑：加工时间具有特殊取值，如单位加工时间、加工时间相等或取限定的值等；加工集合符合嵌套结构、包含结构或树状分层结构等；安装时间与顺序相关，即安装时间不仅与紧后工件相关，还取决于紧前工件所在的工件类。不同情况下，问题具有不同的特征，从而可以设计更有针对性的算法。

第5章　相同尺寸工件的并行分批排序

5.1　引言

在第2章中，针对半导体生产调度中的瓶颈——扩散区和成品检验的预烧作业，建立了并行分批排序。一般认为，Ikura等(1986)发表了第一篇关于并行分批排序的文献，在工件加工时间相等且到达时间与交付期一致(agreeable)的情况下，其针对是否存在可行排序的问题，指出存在可行排序，并设计了一个时间复杂性为$O(n^2)$的算法找出具有最小完工时间的可行排序。随后，在20世纪90年代比较有影响力的相关研究分别为Lee C Y等(1992)和Brucker等(1998b)的工作。其中Lee C Y等(1992)较详细地阐述了并行分批排序产生的背景和研究的意义，并给出并行分批排序在单机和平行机环境下一些基本情形的解法。Brucker等(1998b)分别对批容量无限和批容量有限两种情况下的单台机器并行分批排序展开研究，在所有工件具有相同到达时间的假设下，分析了问题在多种目标函数下的复杂性，并给出相应算法。到了21世纪，关于并行分批排序问题的文献如雨后春笋般涌现，这种态势至今有增无减，其中的成果大多来自国内的科研工作者们。

关于并行分批排序问题的综述性内容主要有文献(Webster et al.，1995；Brucker et al.，1998b；Potts et al.，2000；Baptiste，2000；张玉忠，2004a；Mathirajan et al.，2006；张玉忠等，2008；井彩霞等，2020)等。本书中所介绍的内容有很多是参考了上述综述文献，尤其是张玉忠教授的两篇文献。

在并行分批排序中，相同尺寸工件特点是指工件尺寸都是相同的，或工件尺寸都是单位尺寸，机器的固定容量是指其可以同时容纳的工件数。一般在并行分批排序中，如无特别说明，默认工件具有相同的空间尺寸。本章中默认工件具有相同尺寸，不再刻意强调。

本章将以问题为导向，对相同尺寸工件的并行分批排序已有成果进行梳理和介绍。已有成果中相同尺寸工件的并行分批排序问题分类如图5-1所示。

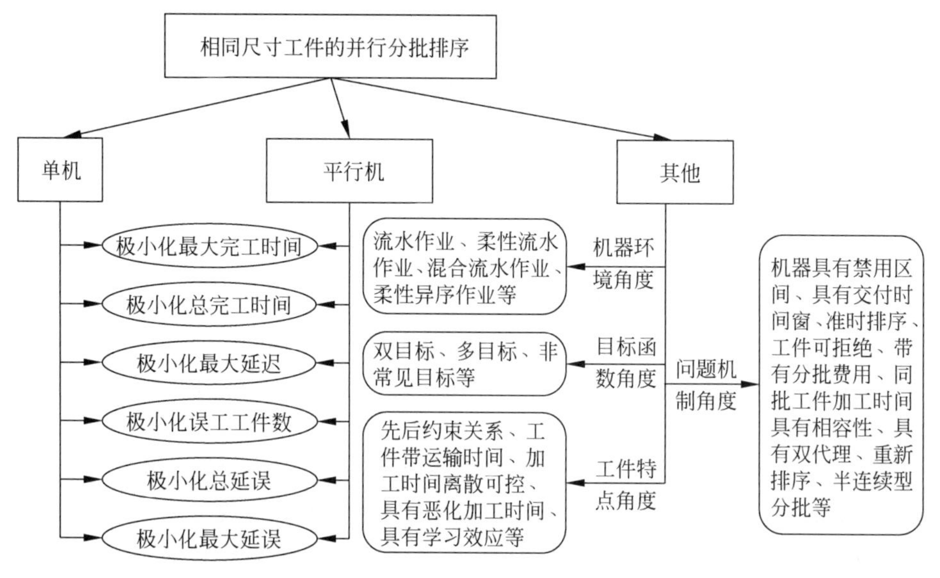

图 5-1　已有成果中相同尺寸工件并行分批排序问题分类示意图

5.2　单机并行分批排序

单机并行分批排序问题的一般描述为：有 n 个工件 $J_1, J_2, \cdots, J_n$ 要在单台机器上加工，记工件 J_j 的加工时间为 p_j，到达时间为 r_j，交付期为 d_j，$j=1,2,\cdots,n$。工件可成批加工，批容量为 B，即机器每次最多可同时加工 B 个工件。同一批中的所有工件同时开始加工，并同时结束，加工时间为批中所有工件的最大加工时间。一旦某批工件开始加工，就不可中断，加工期间也不能增加或减少工件，直至该批加工完成。以极小化最大完工时间的目标函数为例，该问题可用三参数法表示为 $1|B, r_j|C_{\max}$。如果所有工件的到达时间都相等，则可表示为 $1|B|C_{\max}$。

5.2.1　极小化最大完工时间的单机并行分批排序

在极小化最大完工时间的目标函数下，单机并行分批排序问题又可根据批容量是否有限、工件是否同时到达等特点分为很多类，下面主要根据这两个特点进行分类介绍。

1. 批容量无限

批容量无限是指 $B \geqslant n$，也记作 $B=\infty$。这时所有的工件都可放在一批加工。

（1）工件同时到达

对批容量无限、所有工件同时到达的单机并行分批排序问题 $1|B=\infty|C_{\max}$，只需把所有工件放在一批加工即得最优排序。

（2）工件不同时到达

对批容量无限、工件不同时到达的单机并行分批排序问题 $1|B=\infty, r_j|C_{\max}$，Brucker 等（1998b）设计了一个动态规划最优算法，说明问题是多项式时间可解的，并给出如下的定理。

定理 5.1 若记工件不同时到达、目标函数为 $C_{\max}$ 的排序问题为 P1，相应的工件同时到达、目标函数为 $L_{\max}$ 的排序问题为 P2，则 P1 和 P2 可以 $O(n)$ 时间内相互转换。

Lee C Y（1999）也给出了一个时间复杂性为 $O(n^2)$ 的动态规划算法。Poon 等（2004a）设计了一个时间复杂性为 $O(n\log n)$ 的算法，并猜测这是理论上可能的最好算法。Yuan J J 等（2004）指出具有不相容工件簇（incompatible families）的排序问题 $1|B=\infty, r_j|C_{\max}$ 是强 NP-难的，这里"不相容工件簇"是指所有工件分成若干类、不同类的工件不能同批加工，有些文献中也称之为"不相容工件族"或"不相容工件组"。对该 NP-难问题，Yuan J J 等（2004）给出两个时间复杂性分别为 $O(n(n/m+1)^m)$ 和 $O(mk^{k+1}P^{2k-1})$ 的动态规划算法，其中 n 为工件数，m 为工件簇数，k 为工件到达时间的个数，P 为所有工件簇的加工时间和；另外，还给出一个紧界为 2 的启发式算法和一个 PTAS。

2. 批容量有限

批容量有限是指 $B<n$。

1）工件同时到达

对批容量有限、工件同时到达的单机并行分批排序问题 $1|B|C_{\max}$，Bartholdi 在其未发表的一篇手稿中给出了一个时间复杂性为 $O(n\log n)$ 的 FBLPT（full batch longest processing time）算法，具体步骤如下：

算法 5.1 FBLPT 算法

步骤 1 将所有工件按加工时间非增的顺序编号。

步骤 2 从第一号工件开始，每 B 个工件分成一批（最后一批可能不满）。

步骤 3 按任意顺序将分好的批进行加工。

张玉忠（1996）利用调整法证明了 FBLPT 算法的最优性。Brucker 等（1998b）将解决该问题的算法时间复杂性改进为 $\min\left\{O(n\log n), O\left(\frac{n^2}{B}\right)\right\}$。

2）工件不同时到达

对批容量有限、工件不同时到达的单机并行分批排序问题 $1|B,r_j|C_{\max}$，其复杂性可由定理 5.1 和 Brucker 等（1998b）给出的另一个定理（定理 5.2）推出。

定理 5.2　对具有交付期的批容量有限的单机并行分批排序问题，判断其是否存在可行排序是强 NP-难的，即使 $B=2$。

由定理 5.2 可知，排序问题 $1|B|L_{\max}$，$1|B|f_{\max}$，$1|B|\sum U_j$，$1|B|\sum w_j U_j$，$1|B|T_j$ 和 $1|B|\sum w_j T_j$ 都是强 NP-难的。再由定理 5.1 可知，排序问题 $1|B,r_j|C_{\max}$ 也是强 NP-难的。

Liu Z H 等（2000）证明了即使只有两个到达时间，该问题也是 NP-难的，给出针对具有常数个到达时间情况的伪多项式时间算法，并给出了一个紧界为 2 的贪婪算法。张玉忠（1996）对任意常数个到达时间的情况，设计了伪多项式时间的动态规划算法。Lee C Y（1999）对只有两个到达时间的情形，给出一个时间复杂性为 $O(nB^2TP_{\max})$ 的伪多项式时间动态规划算法，其中 $P_{\max}=\max\limits_{1\leqslant j\leqslant n}p_j$，$T\leqslant\sum\limits_{j=1}^{n}p_j$；对一般情况，设计了几个启发式算法，其中一个的紧界为 2。

此外，对问题的一般情况，Deng X T 等（1999a；2003）给出了 PTAS；孙锦萍等（2004）给出了一个比 Deng X T 等（1999a）给出的时间复杂性更低的 PTAS；Sung C S 等（2000）给出分支定界算法和启发式算法；Li S G 等（2005）在排序问题 $1|B,r_j|C_{\max}$ 的基础上，考虑工件具有不同尺寸的特点，给出一个最坏性能比为 $2+\varepsilon$ 的近似算法，并指出该算法在解工件具有相同尺寸的问题时，会成为一个近似方案（approximation scheme），并且时间复杂性低于 Deng X T 等（1999a）给出的算法；李曙光等（2006a）给出一个总运行时间为 $O(n\log n+Cn)$ 的 PTAS，其中 C 仅与精度 ε 有关，改进了 Deng X T 等（1999a）给出的 PTAS。

Poon 等（2004a）对到达时间个数确定和输入为整数的情况，设计了一个时间复杂性为 $O(n(BR_{\max})^{m-1}(2/m)^{m-3})$ 的算法，其中 m 为到达时间的个数，$R_{\max}$ 为最晚到达时间与最早到达时间之差；并对到达时间个数和加工时间个数都确定的情况，设计了一个时间复杂性为 $O(n\log m+k^{k+2}B^{k+1}m^2\log m)$ 的算法，其中 k 为加工时间的个数。姜冠成（2005）建立了排序问题 $1|B,r_j|C_{\max}$ 的 0-1 整数规划模型，并利用软件进行数值求解，得出能够获得最优解的问题规模。

另外，对排序问题 $1|B,r_j|C_{\max}$，井彩霞等（2009）研究了工件成批到达的情况，这与工件到达时间个数为常数的情况是等价的。井彩霞等（2009）分别给

出针对只有两批工件情况和一般情况的启发式算法。

当只有两批工件时，Lee C Y(1999)给出了一个优势性质。设两批工件的批到达时间分别为 r_0 和 r_1，N_0 表示在 r_0 和 r_1 之间开始加工的工件集合，N_1 表示在 r_1 时刻或之后开始加工的工件集合。另外，如果一批中工件的个数等于机器的批容量 B，则称此批为满批，否则称为非满批。则存在一个最优排序使得 N_0 和 N_1 中的工件满足以下条件：

① 满足 FBLPT 分批规则，并且除最后一批可能是非满批外，其余全是满批。

② 分好的各批按加工时间非增的顺序逐个加工。

基于 Lee C Y(1999)给出的优势性质和 FBLPT 算法，井彩霞等(2009)给出了针对两批工件情况的启发式算法——统筹算法。其基本思想就是首先看 r_0 时刻到达的所有工件能否按 FBLPT 规则在 r_1 时刻加工完，如果能加工完，则安排 r_0 时刻到达的所有工件从 r_0 时刻开始按 FBLPT 规则进行加工，而 r_1 时刻到达的所有工件从 r_1 时刻开始按 FBLPT 规则进行加工。如果不能在 r_1 时刻加工完，则将 r_0 和 r_1 时刻到达的所有工件按加工时间从大到小的顺序排序，如果最大工件是在 r_1 时刻到达的，则把前 B 个工件放在 r_1 时刻后加工，如果最大工件是在 r_0 时刻到达的，则在 r_0 时刻开始加工已经到达的前 B 个最大工件，然后用同样的方法对剩余工件进行组批，直至所有工件都安排完。也就是统筹全局、综合考虑 r_0 和 r_1 时刻到达的所有工件，统一进行安排。具体实现步骤如下：

算法 5.2 统筹算法

步骤 1 记第 i 批到达的工件数为 $n_i(i=0,1)$，$n_0+n_1=n$；并记第 i 批的第 j 个工件为 J_{ij}，相应的加工时间为 $p_{ij}(i=0,1;\ j=1,2,\cdots,n_i)$；

步骤 2 令 $S_0=\{J_{ij}\mid i=0\}$，$S_1=\{J_{ij}\mid i=1\}$，$C'_{\max}=\infty$；

步骤 3 将 S_0 中工件用 FBLPT 算法得最大完工时间 C_{r_0}，如果 $r_0+C_{r_0}\leqslant r_1$，转步骤 4，否则，转步骤 5；

步骤 4 将 S_1 中工件用 FBLPT 算法得最大完工时间 C_{r_1}，令 $C_{\max}=r_1+C_{r_1}$，转步骤 9；

步骤 5 令 $S=S_0\cup S_1$，将 S 中工件按加工时间从大到小的顺序排序，得 $p_{ij}^{(1)}\geqslant p_{ij}^{(2)}\geqslant\cdots\geqslant p_{ij}^{(n)}$，如果 $J_{ij}^{(1)}\in S_1$，转步骤 6，否则转步骤 7；

步骤 6 令 $p_{\max}=p_{ij}^{(1)}$，$B'=\min\{B,n\}$，$S'=\{J_{ij}^{(1)},J_{ij}^{(2)},\cdots,J_{ij}^{(B')}\}$，$r_0=r_0+p_{\max}$，$r_1=r_1+p_{\max}$，$S_0=S_0-S'$，$S_1=S_1-S'$，转步骤 3；

步骤 7 将 S_0 中工件按加工时间从大到小的顺序排序得 $p_{0j}^{(1)}\geqslant p_{0j}^{(2)}\geqslant\cdots\geqslant p_{0j}^{(n_0)}$，令 $p_{\max}=p_{0j}^{(1)}$，$B'=\min\{B,n_0\}$，$S'=\{J_{0j}^{(1)},J_{0j}^{(2)},\cdots,J_{0j}^{(B')}\}$，如果 r_0+

$p_{\max} \leqslant r_1$，则令 $r_0 = r_0 + p_{\max}$，$S_0 = S_0 - S'$，转步骤 3，否则，转步骤 8；

步骤 8　令 $S_0 = S_0 - \{J_{0j}^{(1)}\}$，$S_1 = S_1 \cup \{J_{0j}^{(1)}\}$，$S = S_0 \cup S_1 - S'$，将 S 中工件用 FBLPT 算法得最大完工时间 C_m，令 $C_n = r_0 + p_{\max} + C_m$，$C'_{\max} = \min\{C'_{\max}, C_n\}$，转步骤 3；

步骤 9　令 $C_{\max}^* = \min\{C'_{\max}, C_{\max}\}$，输出 $C_{\max}^*$ 的值为算法所得排序的最大完工时间。

统筹算法的计算时间复杂性为 $O(n\log n)$。

当工件到达的批数大于等于 3 时，井彩霞等(2009)给出了一个启发式算法——局部统筹算法。该算法的基本思想就是对相邻的两个到达时间使用统筹算法，达到局部统筹，可视为统筹算法的一个扩展。具体步骤如下。

算法 5.3　局部统筹算法

步骤 1　记第 i 批到达的工件数为 $n_i(i=0,1,\cdots,m)$，$\sum_{i=0}^{m} n_i = n$；并记第 i 批的第 j 个工件为 J_{ij}，相应的加工时间为 $p_{ij}(i=0,1,\cdots,m;\ j=1,2,\cdots,n_i)$；

步骤 2　令 $S_c = \varnothing$，$S_s = \{2,3,\cdots,m\}$，$S_i = \{J_{ij} \mid j=1,2,\cdots,n_i\}(i=0,1,\cdots,m)$；

步骤 3　记 $n' = n_0 + n_1$，将 S_0 中工件用 FBLPT 算法得最大完工时间 C_{r_0}，如果 $r_0 + C_{r_0} \leqslant r_1$，转步骤 4，否则，转步骤 5；

步骤 4　令 $j = \min\limits_{i \in S_s} i$，$r_0 = r_1$，$r_1 = r_j$，$S_0 = S_1 \cup S_c$，$S_1 = S_j$，$S_s = S_s - \{j\}$，$S_c = \varnothing$，如果 $j = m$，则调用统筹算法，得算法所得排序的最大完工时间 $C_{\max}^*$，输出，否则转步骤 3；

步骤 5　令 $S = S_0 \cup S_1$，将 S 中工件按加工时间从大到小的顺序排序，得 $p_{ij}^{(1)} \geqslant p_{ij}^{(2)} \geqslant \cdots \geqslant p_{ij}^{(n')}$，如果 $J_{ij}^{(1)} \in S_1$，转步骤 6，否则转步骤 7；

步骤 6　令 $B' = \min\{B, n'\}$，$S' = \{J_{ij}^{(1)}, J_{ij}^{(2)}, \cdots, J_{ij}^{(B')}\}$，$S_0 = S_0 - S'$，$S_1 = S_1 - S'$，$S_c = S_c + S'$，转步骤 3；

步骤 7　将 S_0 中工件按加工时间从大到小的顺序排序得 $p_{0j}^{(1)} \geqslant p_{0j}^{(2)} \geqslant \cdots \geqslant p_{0j}^{(n_0)}$，令 $p_{\max} = p_{0j}^{(1)}$，$B' = \min\{B, n_0\}$，$S' = \{J_{0j}^{(1)}, J_{0j}^{(2)}, \cdots, J_{0j}^{(B')}\}$，如果 $r_0 + p_{\max} > r_1$，则令 $S_0 = S_0 - \{J_{0j}^{(1)}\}$，$S_1 = S_1 \cup \{J_{0j}^{(1)}\}$，转步骤 3，否则，转步骤 8；

步骤 8　如果 $r_0 + p_{\max} < r_1$，则令 $r_0 = r_0 + p_{\max}$，$S_0 = S_0 - S'$，转步骤 3，否则，转步骤 9；

步骤 9　令 $j = \min\limits_{i \in S_s} i$，$r_0 = r_1$，$r_1 = r_j$，$S_0 = (S_1 \cup S_0 - S') \cup S_c$，$S_1 = S_j$，$S_c = \varnothing$，$S_s = S_s - \{j\}$，如果 $j = m$，则调用统筹算法，得算法所得排序的最大完工时间 $C_{\max}^*$，输出，否则转步骤 3。

局部统筹算法的计算时间复杂性为 $O(mn\log n)$。

井彩霞等(2009)的计算实验表明,统筹算法在所有参数取值组合下相对于下界的平均百分误差在13%以内,最大百分误差在22%以内;局部统筹算法在所有参数取值组合下相对于下界的平均百分误差在59%以内,最大百分误差在78%以内。

5.2.2 极小化总完工时间的单机并行分批排序

对极小化总完工时间的单机并行分批排序问题,本章同样也根据批容量是否有限和工件是否同时到达这两个特点分类介绍。

1. 批容量无限

1) 工件同时到达

对批容量无限、所有工件同时到达的单机并行分批排序问题 $1 \mid B=\infty \mid \sum w_j C_j$,Brucker 等(1998b)指出该问题是多项式时间可解的,并给出一个时间复杂性为 $O(n\log n)$ 的动态规划算法。Brucker 等(1998b)首先给出了一个关于最优解性质的引理如下。

引理 5.1 对批容量无限、所有工件同时到达的单机并行分批排序问题,当极小化的目标函数正则时,工件按 SPT(shortest processing time first)序编号,即 $p_1 \leqslant p_2 \leqslant \cdots \leqslant p_n$,则存在最优排序使得每一批工件的编号都是连续的,而且前一批的编号均小于后一批的编号。

证明 考虑任一最优排序 $\sigma=(B_1,\cdots,B_l,\cdots,B_q,\cdots,B_r)$,其中 $1 \leqslant l < q \leqslant r$,工件 $J_k \in B_l$,工件 $J_f \in B_q$,且 $p_k > p_f$。现考虑将排序 σ 中的工件 J_f 从批 B_q 中移到批 B_l 中,得到排序 $\sigma'=(B_1,\cdots,B_l \cup \{J_f\},\cdots,B_q \setminus \{J_f\},\cdots,B_r)$。鉴于 $p_k > p_f$,有批加工时间 $p(B_l \cup \{J_f\})=p(B_l)$,$p(B_q \setminus \{J_f\}) \leqslant p(B_q)$,从而工件 J_f 的完工时间从 $C(B_q)$ 降到 $C(B_l)$,而其他工件的完工时间没有增加,再由目标函数的正则性可知,排序 σ' 也是一个最优排序。经过上述步骤的有限次重复,即可得到符合引理中形式的最优排序。证毕。

由引理5.1可知,在所有工件的 SPT 序基础上,某个最优排序可通过标记每批中的第一个工件得到。这里记这样的最优排序为 SPT-批排序。基于引理5.1,Brucker 等(1998b)设计了一个针对排序问题 $1 \mid B=\infty \mid \sum w_j C_j$ 的逆向动态规划算法如下。

算法 5.4 逆向动态规划算法 1

考虑所有工件的 SPT 序中,由最后 $n-k+1$ 个工件 $J_k,\cdots,J_n$ 所构成的部分 SPT-批排序,记该部分批排序的极小化总加权完工时间为 F_k。假设部分批排序的第一批工件在 0 时刻开始加工。显然，当有新的工件批加到现有部分批排序的开始时，现有部分批排序中的所有批的加工都会产生相应的延迟。假设把工件批$\{J_j,\cdots,J_{k-1}\}$插到由工件 $J_k,\cdots,J_n$ 所构成的部分 SPT-批排序前面加工，则由工件 $J_k,\cdots,J_n$ 构成的部分 SPT- 批排序的总加权完工时间增加了 $p_{k-1}\sum_{i=k}^{n}w_i$，而工件 $J_j,\cdots,J_{k-1}$ 的总加权完工时间为 $p_{k-1}\sum_{i=j}^{k-1}w_i$，这里 p_{k-1} 为工件批$\{J_j,\cdots,J_{k-1}\}$的加工时间。因此，插入工件批$\{J_j,\cdots,J_{k-1}\}$后一共增加的目标函数值为 $p_{k-1}\sum_{i=j}^{n}w_i$。从而有递推方程

$$
\begin{aligned}
&F_{n+1}=0,\\
&F_j=\min_{j<k\leqslant n+1}\left\{F_k+p_{k-1}\sum_{i=j}^{n}w_i\right\},\quad j=n,n-1,\cdots,1。
\end{aligned}
\tag{5-1}
$$

问题的最优目标函数值为 F_1，最优排序可由逆推得到。

该动态规划算法的时间复杂性为 $O(n^2)$，应用几何技术可将该时间复杂性降到 $O(n\log n)$。

显然，排序问题 $1\mid B=\infty\mid\sum C_j$ 也是多项式时间可解的。曹国梅(2009)考虑具有不相容工件簇的排序问题 $1\mid B=\infty\mid\sum w_jC_j$，并给出多项式时间最优算法。

2）工件不同时到达

对批容量无限、工件不同时到达的单机并行分批排序问题 $1\mid B=\infty,r_j\mid\sum w_jC_j$，Deng X T 等(1999b)首先证明了该问题是 NP-难的。Deng X T 等(2004)指出目标函数 $\sum w_j(C_j-r_j)/\sum w_j$，$\sum w_j(C_j-r_j)$ 和 $\sum w_jC_j$ 是等价的，然后给出了问题在目标函数 $\sum w_jC_j$ 下的复杂性定理及证明。

定理 5.3　目标函数为极小化加权总完工时间的单机并行分批排序问题 $1\mid B=\infty,r_j\mid\sum w_jC_j$ 是 NP- 难的。

证明　通过将已知 NP- 难的二划分问题多项式归约到单机并行分批排序问题 $1\mid B=\infty,r_j\mid\sum w_jC_j$，从而证明排序问题 $1\mid B=\infty,r_j\mid\sum w_jC_j$ 是 NP- 难的。

首先给出二划分问题的一个实例：给定正整数 $a_1,a_2,\cdots,a_m$，问是否存在一个子集 $S\subset H=\{1,2,\cdots,m\}$ 使得 $\sum_{j\in S}a_j=\sum_{j\in H-S}a_j=A$?(不失一般性，这里令 $a_j\geqslant 4$；$j=1,2,\cdots,m$。)

构造排序问题 $1 \mid B=\infty, r_j \mid \sum w_j C_j$ 的一个实例：令总工件数 $n=2m+1$；对工件 J_j 有 $p_j=jm^2A^4+a_j$，$r_j=\frac{1}{2}j(j-1)m^2A^4$，$w_j=a_j((j+1)m^2A^4)^{-1}(j=1,2,\cdots,m)$；对工件 J_{m+j} 有 $p_{m+j}=jm^2A^4$，$r_{m+j}=\frac{1}{2}j(j-1)m^2A^4$，$w_{m+j}=a_j((j+1)m^2A^3)^{-1}(j=1,2,\cdots,m)$，可以注意到，$r_{m+j}=r_j$；对最后一个工件 J_{2m+1}，令 $r_{2m+1}=\frac{1}{2}m^3(m+1)A^4+A$，权重 w_{2m+1} 为一充分大的正数 M，加工时间 p_{2m+1} 为一充分小的 $\varepsilon>0$，为简单起见，这里令 $p_{2m+1}=0$。显然该构造过程是多项式时间的。

在上述排序问题实例中，由于工件 J_{2m+1} 的权重非常大，所以其应该在到达时刻即开始加工；因为工件 J_{m+j} 的权重比工件 J_j 的权重大很多，$j=1,2,\cdots,m$，所以虽然工件 J_j 和工件 J_{m+j} 同时到达，但应将工件 $J_{m+1},J_{m+2},\cdots,J_{2m}$ 分别放入批 $B_1,B_2,\cdots,B_m$ 中依次加工，工件 J_j 可以和工件 J_{m+j} 同批加工或放入下一批与工件 J_{m+j+1} 同批加工；又因工件 J_j 的加工时间比工件 J_{m+j+1} 的加工时间短，所以不宜把工件 J_j 的加工延误至工件 J_{m+j+1} 所在批的后面。

下面证明二划分问题有解当且仅当相应排序问题实例的最优排序满足

$$\sum_{j=1}^{n} w_j C_j \leqslant \sum_{j=1}^{n} w_j (r_j+p_j)+A+\frac{1}{m^2A}。\tag{5-2}$$

① 必要性证明。假设二划分问题的实例有解 S。定义排序如下：将工件 J_{m+j} 放入批 B_j 中加工，$j=1,2,\cdots,m$；不失一般性，假设 $m\in S$，对 $j=1,2,\cdots,m$，如果 $j\in S$，则将工件 J_j 放入批 B_j 中与工件 J_{m+j} 一起加工；如果 $j\in H-S$，则将工件 J_j 放入批 B_{j+1} 中与工件 J_{m+j+1} 一起加工；加工时间为 0 的工件 J_{2m+1} 单独放在一批加工，并且开始加工时间即为其到达时间。下面证明该排序满足式(5-2)。

这里令 $s_j=\{1,2,\cdots,j\}$，如果 $s_j\cap S=\varnothing$，则对 $i\leqslant j$，批 B_i 中具有最长加工时间的为工件 J_{m+i}，而工件 J_{m+i-1} 的完工时间与工件 J_{m+i} 的到达时间相同。一般地，$s_j\cap S\neq\varnothing$，工件 J_{m+j} 的完工时间为 $C_{m+j}=r_j+\sum_{i\in S\cap s_j}a_i+p_{m+j}$。定义 $v_j=C_j-(r_j+p_j)$，则对工件 $J_{m+j}(j=1,2,\cdots,m)$，有

$$v_{m+j}=C_{m+j}-(r_{m+j}+p_{m+j})=\sum_{i\in S\cap s_j}a_i,\tag{5-3}$$

从而

$$w_{m+j}v_{m+j}=\frac{a_j\sum_{i\in S\cap s_j}a_i}{(j+1)m^2A^3}\leqslant\frac{a_j}{(j+1)m^2A^2};\tag{5-4}$$

对 $j\in S$，工件 J_j 和工件 J_{m+j} 同批，有

$$v_j=C_j-(r_j+p_j)=\sum_{i\in S\cap s_{j-1}}a_i,\tag{5-5}$$

从而

$$w_jv_j=\frac{a_j\sum_{i\in S\cap s_{j-1}}a_i}{(j+1)m^2A^4}\leqslant\frac{a_j}{(j+1)m^2A^3};\tag{5-6}$$

对 $j\in H-S$，工件 J_j 和工件 J_{m+j+1} 同批，这时

$$\begin{aligned}C_j&=C_{m+j+1}\\&=r_{j+1}+\sum_{i\in S\cap s_{j+1}}a_i+p_{m+j+1}\\&=r_j+(r_{j+1}-r_j)+\sum_{i\in S\cap s_{j+1}}a_i+p_j+(p_{m+j+1}-p_j)\\&=r_j+jm^2A^4+\sum_{i\in S\cap s_{j+1}}a_i+p_j+(m^2A^4-a_j),\end{aligned}\tag{5-7}$$

则有

$$v_j=C_j-(r_j+p_j)=(j+1)m^2A^4+\sum_{i\in S\cap s_{j+1}}a_i-a_j,\tag{5-8}$$

从而

$$w_jv_j=a_j+\frac{a_j(\sum_{i\in S\cap s_{j+1}}a_i-a_j)}{(j+1)m^2A^4}\leqslant a_j+\frac{a_j}{(j+1)m^2A^3};\tag{5-9}$$

综上，有

$$\begin{aligned}\sum_{j=1}^{n}w_jv_j&=\sum_{j\in S}\frac{a_j}{(j+1)m^2A^3}+\sum_{j\in H-S}\left(a_j+\frac{a_j}{(j+1)m^2A^3}\right)+\sum_{j\in H}\frac{a_j}{(j+1)m^2A^2}\\&=\sum_{j\in H-S}a_j+\sum_{j\in H}\frac{a_j}{(j+1)m^2A^3}+\sum_{j\in H}\frac{a_j}{(j+1)m^2A^2}\\&\leqslant\sum_{j\in H-S}a_j+\frac{1}{m^2A}。\end{aligned}\tag{5-10}$$

② 充分性证明。假设排序问题的实例存在一个最优排序满足式(5-2)，记 $S=\{j\mid j\in H=\{1,2,\cdots,m\}$，工件 J_j 和工件 J_{m+j} 同批加工$\}$，则有：

首先，所有工件 $J_{m+j}(j=1,2,\cdots,m)$，都会放在批 B_j 中加工，而不会被延误到批 B_{j+1} 中或更晚。事实上，工件 J_{m+j} 的开始加工时间不能大于或等于

r_{j+1}，即批 B_{j+1} 最早可能开始加工的时间，因为如果工件 J_{m+j} 的开始加工时间大于或等于 r_{j+1}，就有 $v_j = C_j - (r_j + p_j) \geqslant r_{j+1} - r_j = jm^2A^4$，从而 $w_jv_j \geqslant a_j((j+1)m^2A^3)^{-1}jm^2A^4 = ja_jA/(j+1)$，再由 $a_j \geqslant 4$，得 $ja_jA/(j+1) \geqslant 4jA/(j+1)$，这与由式(5-2)所得的事实 $w_jv_j \leqslant \sum_{k=1}^{n} w_kv_k \leqslant A + 1/(m^2A)$ 相反。

其次，通过给最后一个工件 J_{2m+1} 赋予一个足够大的权重，使其在到达时刻即开始加工。因此工件 J_{2m} 必须在时刻 $\frac{1}{2}m^3(m+1)A^4 + A$ 前完工。再由工件 J_{2m} 的完工时间为

$$\sum_{j=1}^{m} p_{m+j} + \sum_{j \in S} a_j = \frac{1}{2}m^3(m+1)A^4 + \sum_{j \in S} a_j, \tag{5-11}$$

就有

$$\sum_{j \in S} a_j \leqslant A。\tag{5-12}$$

最后，对 $j \in H - S$，工件 J_j 将会被放入批 B_{j+1} 中加工，与工件 J_{m+j+1} 同批，因工件 J_j 的加工时间比工件 J_{m+j+1} 的加工时间短，则有

$$v_j = C_j - (r_j + p_j) = (j+1)m^2A^4 + \sum_{i \in S \cap s_{j+1}} a_i - a_j,$$

从而

$$\begin{aligned} w_jv_j &= a_j + \frac{a_j\left(\sum_{i \in S \cap s_{j+1}} a_i - a_j\right)}{(j+1)m^2A^4} \\ &\geqslant a_j - \frac{a_j^2}{(j+1)m^2A^4} \\ &\geqslant a_j - \frac{1}{(j+1)m^2A^2}, \end{aligned} \tag{5-13}$$

所以有

$$\sum_{j \in H-S} w_jv_j \geqslant \sum_{j \in H-S} a_j - \frac{1}{mA^2}, \tag{5-14}$$

结合式(5-2)，有

$$\begin{aligned} \sum_{j \in H-S} a_j &\leqslant \sum_{j \in H-S} w_jv_j + \frac{1}{mA^2} \\ &\leqslant \sum_{j=1}^{n} w_jv_j + \frac{1}{mA^2} \end{aligned}$$

$$\leqslant A+\frac{1}{m^2A}+\frac{1}{mA^2}, \tag{5-15}$$

再由 $a_j(j=1,2,\cdots,m)$，为整数，就有

$$\sum_{j\in H-S} a_j \leqslant A。 \tag{5-16}$$

综合式(5-12)、式(5-16) 和 $\sum_{j\in H} a_j =2A$，可得二划分问题的实例有解。定理得证。

对 NP- 难的排序问题 $1\mid B=\infty,r_j\mid \sum w_jC_j$，Deng X T 等(2004)给出问题在工件加工时间的取值个数为常数时的多项式时间最优算法；并为排序问题 $1\mid B=\infty,r_j\mid \sum C_j$ 设计了一个 PTAS。Li S G 等(2004a) 为排序问题 $1\mid B=\infty, r_j\mid \sum w_jC_j$ 设计了一个 PTAS，随后 Liu Z H 等(2005)设计了一个 FPTAS。曹国梅(2009) 考虑具有不相容工件簇的排序问题 $1\mid B=\infty,r_j\in\{r_1,r_2,\cdots,r_k\}\mid \sum w_jC_j$，并给出一个时间复杂性为 $O(2^{k-1}n\log n)$ 的启发式算法。Liu L L 等(2010a) 指出排序问题 $1\mid B=\infty,r_j\mid \sum C_j$ 在多重性编码(id-encoding) 下是 NP- 难的。

2. 批容量有限

1）工件同时到达

对批容量有限、所有工件同时到达的单机并行分批排序问题 $1\mid B\mid \sum C_j$，Chandru 等(1993a)设计了一个分支定界算法和两个启发式算法。Brucker 等(1998b)给出了时间复杂性为 $O(n^{B(B-1)})$ 的动态规划算法，这说明当 B 为常数时，该问题是多项式时间可解的。当 B 为变量时，Poon 等(2004b)针对充分大的 B，设计了时间复杂性为 $O(n^{6B})$ 的算法。Cai M C 等(2002)设计了一个 PTAS。

Chandru 等(1993b) 考虑工件具有多重性的分批排序问题 $1\mid B\mid \sum C_j$，给出一个时间复杂性为 $O(r^3B^{r+1})$ 的动态规划算法，其中 r 为工件类型数。Hochbaum 等(1997)将该时间复杂性改进为 $O(r^2 3^r)$，并对工件类型数 r 不确定的情况，设计了一个 2-近似算法。

对排序问题 $1\mid B\mid \sum w_jC_j$，Uzsoy 等(1997) 给出分支定界算法；Azizoglu 等(2001)也给出一个分支定界算法；Liu L L 等(2004)给出分支定界算法和启发式算法；张召生等(2003)建立该问题的数学规划形式，并用对偶理论证明了 SPT 序是 $B=1$ 特殊情况下的最优解。苗翠霞等(2005)对所有工件

加工时间都相等的特殊情况，给出最优算法。张玲玲等(2006)给出问题在两种特殊情况下的多项式时间最优算法：一种情况是工件到达时间为正整数和具有单位加工时间；另一种情况是工件到达时间个数为常数和加工时间相等。

2）工件不同时到达

由排序问题 $1|r_j|\sum C_j$ 是强 NP-难的结论(Lenstra et al.,1977)和张玉忠等(2004b)给出的定理(定理5.4)可知，排序问题 $1|B,r_j|\sum C_j$ 是强 NP-难的。

定理 5.4 若某个排序问题是 NP-难的，则其相应的并行分批排序问题也是 NP-难的，即使批容量 B 为常数。

丁际环等(2000)证明了排序问题 $1|B,r_j\in\{0,r\}|\sum C_j$ 是 NP-完备的，并给出了一个最坏性能比为 2 的近似算法。对排序问题 $1|B,r_j|\sum C_j$，Chang P C 等(2005)利用约束规划给出分支定界算法。Deng X T 等(2005)针对 B 为常数的情况，给出 PTAS。Liu Z H 等(2005)针对 B 为变量的情况，给出 PTAS。

Baptiste(2000)对排序问题 $1|B,p_j=p,r_j|\sum w_jC_j$ 给出多项式时间最优算法。任建锋等(2004)对排序问题 $1|B,r_j|\sum w_jC_j$ 给出一个 PTAS。苗翠霞等(2008)证明了排序问题 $1|B,r_j\in\{0,r\}|\sum w_jC_j$ 是 NP-完备的。

5.2.3 极小化最大延迟的单机并行分批排序

对极小化最大延迟的单机并行分批排序问题，根据批容量是否有限和工件是否同时到达这两个特点分类介绍如下。

1. 批容量无限

1）工件同时到达

在批容量无限和工件同时到达的情况下，当目标函数为极小化最大完工时间时，把所有工件放在一批加工即得最优排序，但对其他的目标函数来说却不一定。当目标函数为极小化最大延迟时，Brucker 等(1998b)基于引理 5.1 对排序问题 $1|B=\infty|L_{\max}$ 给出了一个逆向动态规划算法如下。

算法 5.5 逆向动态规划算法 2

与算法 5.4 中类似，考虑所有工件的 SPT 序中，由最后 $n-k+1$ 个工件 $J_k,\cdots,J_n$ 所构成的部分 SPT-批排序，记该部分批排序的极小化最大延迟为 F_k。假设部分批排序的第一批工件在 0 时刻开始加工。假设把工件批

$\{J_j,\cdots,J_{k-1}\}$插到由工件$J_k,\cdots,J_n$所构成的部分SPT-批排序前面加工，则由工件$J_k,\cdots,J_n$构成的部分SPT-批排序的最大延迟增加了p_{k-1}，而工件$J_j,\cdots,J_{k-1}$的最大延迟为$\max\limits_{j\leqslant i\leqslant k-1}\{p_{k-1}-d_i\}$，这里$p_{k-1}$为工件批$\{J_j,\cdots,J_{k-1}\}$的加工时间，$d_i$为工件$J_i$的交付期。从而递推方程如下：

$$F_{n+1}=-\infty,$$

$$F_j=\min_{j<k\leqslant n+1}\{\max\{F_k+p_{k-1},\max_{j\leqslant i\leqslant k-1}\{p_{k-1}-d_i\}\}\},\quad j=n,n-1,\cdots,1。\tag{5-17}$$

问题的最优目标函数值为F_1，最优排序可由逆推得到。

该动态规划算法的时间复杂性为$O(n^2)$，同时也说明排序问题$1|B=\infty|L_{\max}$是多项式时间可解的。

2）工件不同时到达

对批容量无限和工件不同时到达的排序问题$1|B=\infty,r_j|L_{\max}$，Cheng T C E等(2001)证明该问题是NP-难的，并对几种特殊情况给出多项式时间算法。

2. 批容量有限

1）工件同时到达

由定理4.2可知，批容量有限、工件同时到达的排序问题$1|B|L_{\max}$是强NP-难的。Uzsoy(1995)研究了具有不相容工件簇的情况，并给出多项式时间最优算法。李文华等(2007)讨论了问题存在只分一批为最优解的充分条件。Cabo等(2015)设计邻域搜索方法对排序问题$1|B|L_{\max}$进行求解。

2）工件不同时到达

显然，批容量有限、工件不同时到达的排序问题$1|B,r_j|L_{\max}$也是强NP-难的。Wang C S等(2002)首先给出一个动态规划(DP1)算法，判断给定序列的所有工件是否都可在交付期前完工；针对不能按期完工的情况设计了一个启发式算法(HDP)来极小化最大延迟；然后以HDP算法为适应度函数设计了一个遗传算法(GA)；最后又将遗传算法和二分搜索(bisection search)相结合，给出了二分搜索遗传算法(BSGA)。各算法的具体步骤如下。

算法5.6　DP1算法

假设给定的工件序列为$J_1,J_2,\cdots,J_j,\cdots,J_n$，以极小化最大完工时间为目标，令$f(j)$表示前$j$个工件组成的部分序的最大完工时间，$f_i(j)$表示由工件序列中从$J_i$到$J_j$的所有工件构成的批的完工时间，并令

$$f_i(j)=\begin{cases}C_i(j), & C_i(j)\leqslant\min\limits_{i\leqslant k\leqslant j}\{d_k\},\\ \infty, & 其他。\end{cases}\tag{5-18}$$

其中

$$C_i(j)=\max\{f(i-1),\max_{i\leqslant k\leqslant j}\{r_k\}\}+\max_{i\leqslant k\leqslant j}\{p_k\}。\tag{5-19}$$

递推方程为

$$\begin{aligned}&f(0)=0,\\&f(j)=\min_{\max\{1,j-B+1\}\leqslant i\leqslant j}f_i(j),\quad j=1,2,\cdots,n。\end{aligned}\tag{5-20}$$

问题的最优目标函数值为 $f(n)$。

虽然 DP1 算法没有极小化最大延迟，但它可以确定给定工件序列是否存在最大延迟 $L_{\max}\leqslant 0$ 的排序。可以注意到，如果给定排序的最大延迟 $L_{\max}=c$，则可以通过将所有的交付期加上 c 而得到最大延迟 $L_{\max}=0$ 的排序。那么，如果能给出极小化最大延迟的上界 UB，则利用二分法在区间 $(0,UB)$ 内搜索不同的 c 值就可找到最优的 $L_{\max}$ 值。

算法 5.7 HDP 算法

步骤 1 首先利用 DP1 算法进行判断。如果存在可行排序，即 $f(n)<\infty$，则停止并计算所得排序的最大延迟 $L_{\max}$；如果不存在可行排序，即存在某个 $j\leqslant n$，$f(j)=\infty$，则转步骤 2。

步骤 2 对工件 J_j，令

$$C_i(j)=\max\{C(i-1),\max_{i\leqslant k\leqslant j}\{r_k\}\}+\max_{i\leqslant k\leqslant j}\{p_k\}\tag{5-21}$$

为由工件序列中从 $J_i\sim J_j$ 的所有工件构成的批的完工时间；

$$L_i(j)=C_i(j)-\min_{i\leqslant k\leqslant j}\{d_k\}\tag{5-22}$$

为该批的延迟，这个延迟定义为批中所有工件的最大延迟时间。找到指标 k，满足

$$L(j)=\min_{\max\{1,j-B+1\}\leqslant i\leqslant j}L_i(j)=L_k(j),\tag{5-23}$$

并令 $C(j)=C_k(j)$。

步骤 3 $j\leftarrow j+1$，如果 $j\leqslant n$，转步骤 2；否则终止，从 $L(n)$ 开始逆推可构造近似解。

由此可见，HDP 算法只是在不可行工件出现的时候，极小化每个批的最大延迟，并没有考虑对后续工件的影响，但该算法可以作为适应度函数来评价遗传算法中的特定工件序列。在给出遗传算法的具体步骤之前，先介绍不同的工件序列生成方式与 HDP 算法相结合生成的不同的启发式算法。

算法 5.8 FCFS-HDP 算法

步骤 1 将工件按到达时间非减的顺序进行排序；

步骤 2 应用 HDP 算法对所得工件序列进行求解。

算法 5.9 EDD-HDP 算法

步骤1 将工件按交付期非减的顺序进行排序；

步骤2 应用HDP算法对所得工件序列进行求解。

算法5.10 PULL-HDP算法

步骤1 将工件按到达时间 r_j 非减的顺序进行排序；

步骤2 应用DP1算法对所得工件序列进行判断；

步骤3 如果存在某个工件 J_j，满足 $f(j)=\infty$，则搜索排在工件 J_j 之前的工件中是否存在工件 J_k，满足 $r_k<r_j$ 且 $d_k>d_j$。如果存在，则将工件 J_k 排在紧接工件 J_j 之后的位置加工，并转步骤2；否则应用HDP算法对剩余工件序列进行求解。

算法5.11 GA算法

步骤1 运行算法FCFS-HDP、EDD-HDP和PULL-HDP，并将这些算法所得的解存入第一代种群，随机生成其余种群个体。利用HDP算法来评价每个个体，以所得的极小化 $L_{\max}$ 值作为适应度函数值。如果找到可行解，则立即退出。

步骤2 将当前代中适应度值排在前20%的个体存入下一代种群，通过交叉操作产生70%的种群个体，再通过移民策略(immigration)随机产生10%的个体。

步骤3 如果已经运行200代或者连续100代没有找到更好的解，则停止；否则，转步骤2。

算法5.12 BSGA算法

步骤1 找到极小化最大延迟 $L_{\max}$ 的下界LB和上界UB。

步骤2 令 $L=(\mathrm{LB}+\mathrm{UB})/2$，将工件 J_j 的交付期设置为 $d'_j=d_j+L, j=1,2,\cdots,n$。

步骤3 对重新设置后的问题实例运行GA算法。如果能找到可行解，则令 $L^*=L$，$\mathrm{UB}=L-1$；否则，令 $\mathrm{LB}=L+1$。

步骤4 如果LB>UB，转步骤5；否则转步骤2。

步骤5 输出 L^* 为最优的 $L_{\max}$ 值。

计算实验表明，BSGA算法的性能不仅优于GA算法，而且与启发式算法HDP、FCFS-HDP、EDD-HDP和PULL-HDP所获得的最好解相比，平均性能高25%，而且这个差距会随着问题规模变大而变大。

Zhang S Q等(2006)对排序问题 $1|B,r_j|L_{\max}$ 给出了一个PTAS。Uzsoy(1995)研究了具有不相容工件簇的情况，并设计了启发式算法。

5.2.4 极小化误工工件数的单机并行分批排序

对极小化误工工件数的单机并行分批排序问题，根据批容量是否有限和工件是否同时到达这两个特点分类介绍如下。

1. 批容量无限

1) 工件同时到达

当批容量无限，且工件同时到达时，Brucker等(1998b)证明了排序问题$1|B=\infty|\sum U_j$是多项式时间可解的，并给出一个时间复杂性为$O(n^3)$的顺向动态规划算法如下。

算法5.13 顺向动态规划算法1

定义包含工件$J_1,\cdots,J_j$的部分序的状态为(j,u,k)，其中j为部分序中最后一个工件的编号，u为部分序中误工的工件数，k表示部分序中最后一个工件批将要扩充到工件J_k为止。显然，工件$J_j,\cdots,J_k$属于同一个工件批，批加工时间为p_k。现记状态为(j,u,k)的部分SPT-批排序的极小化最大完工时间为$F_j(u,k)$，如果通过每次增加一个工件对部分SPT-批排序进行顺向构造的话，则该状态可通过如下方式转移得到：

(1) 当前考虑增加的工件J_j与工件J_{j-1}属于同一批。这时包括工件J_j和工件J_{j-1}在内的最后一个工件批的加工时间为p_k，并且在计算前一状态的最大完工时间时，需要加上p_k。如此，前一状态的其中两个参数可确定为$j-1$和k，而u的取值取决于工件J_j是否误工，若$F_{j-1}(u,k)\leqslant d_j$，工件$J_j$不误工，则前一状态为$(j-1,u,k)$；若$F_{j-1}(u,k)>d_j$，工件$J_j$误工，则前一状态为$(j-1,u-1,k)$。

(2) 当前考虑增加的工件J_j开始一个新的批。这时前一批到工件J_{j-1}为止，新批的加工时间为p_k。如此，前一状态的其中两个参数可确定为$j-1$和$j-1$，而u的取值取决于工件J_j是否误工，若$F_{j-1}(u,j-1)+p_k\leqslant d_j$，工件$J_j$不误工，则前一状态为$(j-1,u,j-1)$；若$F_{j-1}(u-1,j-1)+p_k>d_j$，工件$J_j$误工，则前一状态为$(j-1,u-1,j-1)$。

递推方程如下：

$$F_0(u,k)=\begin{cases}0, & u=0,k=0,\\ \infty, & \text{其他。}\end{cases} \tag{5-24}$$

对$j=1,2,\cdots,n$；$u=0,1,\cdots,j$和$k=j,\cdots,n$，有

$$F_j(u,k)=\min\begin{cases}F_{j-1}(u,k), & F_{j-1}(u,k)\leqslant d_j\\ F_{j-1}(u-1,k), & F_{j-1}(u-1,k)>d_j,\\ F_{j-1}(u,j-1)+p_k, & F_{j-1}(u,j-1)+p_k\leqslant d_j,\\ F_{j-1}(u-1,j-1)+p_k, & F_{j-1}(u-1,j-1)+p_k>d_j,\\ \infty, & \text{其他。}\end{cases} \tag{5-25}$$

问题的最优目标函数值为使 $F_n(u,n)<\infty$ 的最小 u 值，最优排序可通过相应的递推得到。

当目标函数为极小化加权误工工件数时，Brucker 等(1998b)给出了关于问题复杂性的定理和证明。

定理 5.5　目标函数为极小化加权误工工件数的单机并行分批排序问题 $1\mid B=\infty\mid\sum w_jU_j$ 是 NP-难的。

证明　通过将已知 NP-难的二划分问题多项式归约到单机并行分批排序问题 $1\mid B=\infty\mid\sum w_jU_j$，从而证明排序问题 $1\mid B=\infty\mid\sum w_jU_j$ 是 NP-难的。

首先给出二划分问题的一个实例：给定正整数 $a_1,a_2,\cdots,a_m$，问是否存在一个子集 $S\subset H=\{1,2,\cdots,m\}$ 使得 $\sum_{j\in S}a_j=\sum_{j\in H-S}a_j=A$？

构造排序问题 $1\mid B=\infty\mid\sum w_jU_j$ 的一个实例：令总工件数 $n=2m$，批容量 $B=n$；对工件 J_j 有 $p_j=2jA+a_j$，$w_j=a_j$，$d_j=(j^2+j+1)A\,(j=1,2,\cdots,m)$，并称这样的工件为"轻"工件；对工件 J_{m+j} 有 $p_{m+j}=2jA$，$w_{m+j}=A+1$，$d_{m+j}=(j^2+j+1)A\,(j=1,2,\cdots,m)$，并称这样的工件为"重"工件。可以注意到，对 $j=1,2,\cdots,m$，工件 J_j 和工件 J_{m+j} 具有相同的交付期。

上述构造过程是多项式时间的，下面证明二划分问题有解当且仅当相应排序问题实例存在一个排序使得 $\sum_{j=1}^{n}w_jU_j\leqslant A$。

首先假设 $S\subset H$ 是二划分问题的一个解。考虑构造一个具有 $m+1$ 个工件批的排序如下：对"轻"工件 $J_j\,(j=1,2,\cdots,m)$，如果 $j\in S$，则将其放入批 B_j 中加工，否则将其放入到批 B_{m+1} 中加工；对"重"工件，分别将工件 J_{m+1}，J_{m+2}，$\cdots$，J_{2m} 放入相应的批 $B_1,B_2,\cdots,B_m$ 中加工。如此，批 $B_j\,(j=1,2,\cdots,m)$ 的加工时间为 $2jA+a_j$ 或 $2jA$，取决于是否 $j\in S$。这时对 $j=1,2,\cdots,m$，有

$$C(B_j)\leqslant\sum_{i=1}^{j}2iA+\sum_{i\in S}a_i=d_j=d_{m+j},\tag{5-26}$$

即所有的"重"工件和满足 $j\in S$ 的"轻"工件 J_j，都可在交付期前完工，从而有

$$\sum_{j=1}^{n}w_jU_j\leqslant\sum_{j\in H-S}w_j=A。\tag{5-27}$$

反过来，假设排序问题的实例存在一个排序使得 $\sum_{j=1}^{n}w_jU_j\leqslant A$，则在该排序中，所有的"重"工件都必须在交付期前完工，即不能误工。因此，工件 J_{m+1}

要放在批 B_1 中加工，并且对 $j>1$ 的任何工件 J_j 或 J_{m+j}，都不能与工件 J_{m+1} 一起放在批 B_1 中加工。相应地，工件 J_{m+2} 放在批 B_2 中加工，并可在批 B_1 的最早可能完工时间 $2A$ 之后开工。鉴于工件 J_{m+2} 需要在交付期 $7A$ 前完工，因此对 $j>2$ 的任何工件 J_j 或 J_{m+j}，都不能与工件 J_{m+2} 一起放在批 B_2 中加工。进一步，批 B_2 的最早完工时间为 $6A$，所以如果将工件 J_1 放到批 B_2 中加工，就会误工。按上述推理路线可得，对 $j=1,2,\cdots,m$，所有的"重"工件 J_{m+j} 和按期交付的"轻"工件 J_j，都放在批 B_j 中加工。另外，不失一般性，假设所有误工的"轻"工件都放在批 B_{m+1} 中加工。

如果工件 J_j 被放在批 B_j 中加工，则批加工时间 $p(B_j)=2jA+a_j$；否则 $p(B_j)=2jA$。令 $S=\{j \mid j\in H=\{1,2,\cdots,m\},J_j\in B_j\}$。如果要保证工件 J_{2m} 按期交付，需要

$$C(B_m)\leqslant \sum_{j=1}^{m}2jA+\sum_{j\in S}a_j\leqslant (m^2+m+1)A, \tag{5-28}$$

即有 $\sum_{j\in S}a_j\leqslant A$；而另一方面由假设条件 $\sum_{j=1}^{n}w_jU_j\leqslant A$，有 $\sum_{j\in H-S}a_j\leqslant A$，或等价地有 $\sum_{j\in S}a_j\geqslant A$。综上，有 $\sum_{j\in S}a_j=A$，这表明 $S\subset H$ 是二划分问题的一个解。定理得证。

对 NP- 难的排序问题 $1\mid B=\infty\mid \sum w_jU_j$，Brucker 等(1998b) 给出了一个时间复杂性为 $O\left(n^2\sum_{j=1}^{n}w_j\right)$ 的动态规划算法。

2) 工件不同时到达

Liu Z H 等(2003) 对排序问题 $1\mid B=\infty,r_j\mid \sum f_j$ 给出了伪多项式时间的动态规划算法，其中 $f_j=f_j(C_j)$ 为工件 J_j 完工时间 C_j 的非减函数，它可以为 $\sum U_j$，$\sum w_jU_j$，$\sum T_j$，$\sum w_jT_j$，$\sum C_j$ 或 $\sum w_jC_j$ 等。

2. 批容量有限

1) 工件同时到达

当批容量有限，且工件同时到达时，由定理 5.2 可知，排序问题 $1\mid B\mid \sum U_j$ 和 $1\mid B\mid \sum w_jU_j$ 都是强 NP- 难的。Jolai(2005) 考虑具有不相容工件簇的排序问题 $1\mid B\mid \sum U_j$，并指出当工件簇数和批容量任意时，该问题是 NP- 难的，并给出一个动态规划算法。Li S S 等(2014)研究工件分组，同组工件交付期相同的排序问题 $1\mid B\mid \sum w_jU_j$，给出了伪多项式时间算法和一个

FPTAS,并分别对权重相等和加工时间相等两种特殊情况给出多项式时间最优算法。王春香等(2014) 对交付期相等的排序问题 $1 \mid B, d_j = d \mid \sum U_j$ 给出时间复杂性为 $O(n^3 \log n)$ 的最优算法。刘丽丽等(2017)对相同问题给出时间复杂性为 $O(n \log n)$的最优算法。

2) 工件不同时到达

当工件具有到达时间时，Lee C Y 等(1992) 指出排序问题 $1 \mid B, r_j \mid \sum U_j$ 是 NP-难的，并对工件到达时间和交付期一致的排序问题 $1 \mid B, p_j = p, r_j \mid \sum U_j$ 给出时间复杂性为 $O(n^2 B)$ 的动态规划算法。Li C L 等(1997) 指出工件到达时间和交付期一致的排序问题 $1 \mid B, r_j \mid \sum U_j$ 是强 NP-难的，并研究了工件到达时间、交付期和加工时间都一致的情况。Baptiste(2000) 指出排序问题 $1 \mid B, p_j = p, r_j \mid \sum w_j U_j$ 是多项式时间可解的。

5.2.5　极小化总延误的单机并行分批排序

对极小化总延误的单机并行分批排序问题，根据批容量是否有限和工件是否同时到达这两个特点分类介绍如下。

1. 批容量无限

1) 工件同时到达

在批容量无限和工件同时到达的条件下，Brucker 等(1998b)给出了延误加权情况下关于问题复杂性的定理和证明。

定理 5.6　目标函数为极小化加权总延误的单机并行分批排序问题 $1 \mid B = \infty \mid \sum w_j T_j$ 是 NP-难的。

证明　该证明与定理 5.5 的证明类似。通过将已知 NP-难的二划分问题多项式归约到单机并行分批排序问题 $1 \mid B = \infty \mid \sum w_j T_j$，从而证明排序问题 $1 \mid B = \infty \mid \sum w_j T_j$ 是 NP-难的。为了表述的方便，在构造问题时，用分数形式表示权重，将所有权重都乘以适当的数后，即可得到只有整数参数的证明过程。

首先给出二划分问题的一个实例，具体可参照定理 5.5 证明。

构造排序问题 $1 \mid B = \infty \mid \sum w_j T_j$ 的一个实例：令总工件数 $n = 2m$，批容量 $B = n$；对工件 J_j 有 $p_j = 2jmA^2 + a_j$，$w_j = a_j / (2(j+1)mA^2)$，$d_j = A + j(j+1)mA^2 (j = 1, 2, \cdots, m)$，并称这样的工件为“轻”工件；对工件 J_{m+j} 有

$p_{m+j}=2jmA^2, w_{m+j}=A+1, d_{m+j}=A+j(j+1)mA^2 (j=1,2,\cdots,m)$，并称这样的工件为“重”工件。可以注意到，对 $j=1,2,\cdots,m$，工件 J_j 和工件 J_{m+j} 具有相同的交付期。

上述构造过程是多项式时间的，下面证明二划分问题有解当且仅当相应排序问题实例存在一个排序使得 $\sum_{j=1}^{n} w_j T_j \leqslant A$。

首先假设 $S \subset H$ 是二划分问题的一个解。不失一般性，假设 $m \in S$。考虑构造一个具有 m 个工件批的排序如下：对“轻”工件 $J_j (j=1,2,\cdots,m)$，如果 $j \in S$，则将其放入批 B_j 中加工，否则将其放入到批 B_{j+1} 中加工；对“重”工件，分别将工件 $J_{m+1}, J_{m+2}, \cdots, J_{2m}$ 放入相应的批 $B_1, B_2, \cdots, B_m$ 中加工。如此，批 $B_j (j=1,2,\cdots,m)$ 的加工时间为 $2jmA^2+a_j$ 或 $2jmA^2$，取决于是否 $j \in S$。这时对 $j=1,2,\cdots,m$，有

$$C(B_j) \leqslant \sum_{i=1}^{j} 2imA^2 + \sum_{i \in S} a_i = d_j = d_{m+j}, \tag{5-29}$$

即所有的“重”工件和满足 $j \in S$ 的“轻”工件 J_j，都可在交付期前完工。另外，对满足 $j \in H-S$ 的“轻”工件 J_j，完工时间为 $C_j = C(B_{j+1})$，而

$$C(B_{j+1}) \geqslant \sum_{i=1}^{j+1} 2imA^2 > d_j, \tag{5-30}$$

因而不能按期交付，再由

$$C_j \leqslant \sum_{i=1}^{j+1} 2imA^2 + \sum_{i \in S} a_i = d_{j+1}, \tag{5-31}$$

就有

$$\begin{aligned}\sum_{j=1}^{n} w_j T_j &\leqslant \sum_{j \in H-S} w_j (d_{j+1} - d_j) \\ &= \sum_{j \in H-S} w_j (2j+2) mA^2 \\ &= \sum_{j \in H-S} a_j = A。\end{aligned} \tag{5-32}$$

反过来，假设排序问题的实例存在一个排序使得 $\sum_{j=1}^{n} w_j T_j \leqslant A$，则在该排序中，所有的“重”工件都必须在交付期前完工，即不能误工。用与定理 5.5 中相同的推理思路，即可得对 $j=1,2,\cdots,m$ 的所有的“重”工件 J_{m+j} 和按期交付的“轻”工件 J_j，都放在批 B_j 中加工，而每个误工的“轻”工件都放在批 B_{j+1}，$B_{j+2}, \cdots, B_{m+1}$ 中的某批中加工，这里 B_{m+1} 是最后一个工件批，其只含有误工工件。

如果工件 J_j 被放在批 B_j 中加工，则批加工时间 $p(B_j)=2jmA^2+a_j$；否则 $p(B_j)=2jmA^2$。令 $S=\{j\mid j\in H=\{1,2,\cdots,m\},J_j\in B_j\}$。如果要保证工件 J_{2m} 按期交付，需要

$$C(B_m)=\sum_{j=1}^{m}2jmA^2+\sum_{j\in S}a_j\leqslant A+m^2(m+1)A^2, \tag{5-33}$$

即有 $\sum_{j\in S}a_j\leqslant A$。

而另一方面，鉴于每个误工的"轻"工件都放在批 $B_{j+1},B_{j+2},\cdots,B_{m+1}$ 中的某批中加工，因此对 $j\in H-S$，有

$$C_j\geqslant\sum_{i=1}^{j+1}2imA^2, \tag{5-34}$$

$$T_j\geqslant 2(j+1)mA^2-A, \tag{5-35}$$

$$w_jT_j\geqslant a_j-\frac{a_j}{(2j+2)mA}>a_j-\frac{1}{2m}, \tag{5-36}$$

从而

$$\sum_{j=1}^{n}w_jT_j>\sum_{j\in H-S}\left(a_j-\frac{1}{2m}\right)>\sum_{j\in H-S}a_j-1。 \tag{5-37}$$

由于 $a_j(j=1,2,\cdots,m)$ 是整数，并且 $\sum_{j=1}^{n}w_jT_j\leqslant A$，于是就有 $\sum_{j\in H-S}a_j\leqslant A$，或等价地 $\sum_{j\in S}a_j\geqslant A$。综上，有 $\sum_{j\in S}a_j=A$，这表明 $S\subset H$ 是二划分问题的一个解。定理得证。

对 NP-难的排序问题 $1\mid B=\infty\mid\sum w_jT_j$，Brucker 等(1998b) 给出了一个时间复杂性为 $O\left(n^2\sum_{j=1}^{n}p_j\right)$ 的动态规划算法。

之后，Liu Z H 等(2003) 又证明了排序问题 $1\mid B=\infty\mid\sum T_j$ 也是 NP-难的。其证明思路与证明定理 5.5 和定理 5.6 的思路相同，即通过将已知 NP-难的二划分问题多项式归约到单机并行分批排序问题 $1\mid B=\infty\mid\sum T_j$，从而证明排序问题 $1\mid B=\infty\mid\sum T_j$ 是 NP-难的。鉴于该证明过程比较复杂，篇幅也较长，这里只列出关键部分如下。

(1) 排序问题实例的构造

在给定二划分问题实例(如定理 5.5 证明中所示)的基础上，构造排序问题 $1\mid B=\infty\mid\sum T_j$ 的一个实例。

首先定义 $3m+1$ 个整数,分别为

$$M_m=\sum_{j=1}^{m}(m-j)a_j+8A, \tag{5-38}$$

$$M_k=2\sum_{j=k+1}^{m}M_j+\sum_{j=1}^{m}(m-j)a_j+8A,\quad k=m-1,m-2,\cdots,1, \tag{5-39}$$

$$L_1=7\sum_{j=1}^{m}M_j+\sum_{j=1}^{m}(m-j)a_j+4A, \tag{5-40}$$

$$L_k=2\sum_{j=1}^{k-1}L_j+7\sum_{j=1}^{m}M_j+\sum_{j=1}^{m}(m-j)a_j+4A,\quad k=2,3,\cdots,2m+1。 \tag{5-41}$$

显然,这些整数满足

$$2B\ll M_m\ll M_{m-1}\ll\cdots\ll M_1\ll L_1\ll L_2\ll\cdots\ll L_{2m+1}。 \tag{5-42}$$

然后构造排序问题 $1\mid B=\infty\mid\sum T_j$ 的一个实例: 令总工件数为 $10m+3$,这些工件可分为 $2m+1$ 类,第 $2k-1(1\leqslant k\leqslant m)$类包含 5 个工件,分别为 J_{2k-1}^1,J_{2k-1}^1,J_{2k-1}^1,J_{2k-1}^2,J_{2k-1}^3,其中前 3 个工件相同,这些工件的加工时间和交付期分别为

$$p_{2k-1}^1=L_{2k-1}, \tag{5-43}$$

$$p_{2k-1}^2=L_{2k-1}+M_k, \tag{5-44}$$

$$p_{2k-1}^3=L_{2k-1}+2M_k, \tag{5-45}$$

$$d_{2k-1}^1=2\sum_{j=1}^{2k-2}L_j+5\sum_{j=1}^{k-1}M_j+L_{2k-1}+M_k+2B, \tag{5-46}$$

$$d_{2k-1}^2=2\sum_{j=1}^{2k-1}L_j+5\sum_{j=1}^{k-1}M_j, \tag{5-47}$$

$$d_{2k-1}^3=2\sum_{j=1}^{2k-1}L_j+5\sum_{j=1}^{m}M_j+2B; \tag{5-48}$$

第 $2k(1\leqslant k\leqslant m)$类同样也包含 5 个工件,分别为 J_{2k}^1,J_{2k}^1,J_{2k}^1,J_{2k}^2,J_{2k}^3,其中前 3 个工件相同,这些工件的加工时间和交付期分别为

$$p_{2k}^1=L_{2k}, \tag{5-49}$$

$$p_{2k}^2=L_{2k}+M_k+a_k, \tag{5-50}$$

$$p_{2k}^3=L_{2k}+2M_k, \tag{5-51}$$

$$d_{2k}^1=2\sum_{j=1}^{2k-1}L_j+5\sum_{j=1}^{k-1}M_j+L_{2k}+3M_k+2B, \tag{5-52}$$

$$d_{2k}^{2}=2\sum_{j=1}^{2k}L_j+5\sum_{j=1}^{k-1}M_j+3M_k-(m-k+1)a_k, \tag{5-53}$$

$$d_{2k}^{3}=2\sum_{j=1}^{2k}L_j+5\sum_{j=1}^{m}M_j+2B; \tag{5-54}$$

第 $2m+1$ 类包含 3 个相同的工件 J_{2m+1}^{1}，其加工时间 $p_{2m+1}^{1}=L_{2m+1}$，交付期

$$d_{2m+1}^{1}=L_{2m+1}+2\sum_{j=1}^{2m}L_j+5\sum_{j=1}^{m}M_j+B; \tag{5-55}$$

设阈值

$$T^{*}=2\sum_{j=1}^{m}M_j+\sum_{j=1}^{m}(m-j)a_j+B, \tag{5-56}$$

问是否存在以上所构造排序问题实例的一个排序 σ，使得 $T(\sigma)\leqslant T^{*}$，这里 $T(\sigma)$ 表示排序 σ 的总延迟。显然该构造过程是多项式时间的。

(2) 对排序问题实例，满足 $T(\sigma)\leqslant T^{*}$ 的排序 σ 的 4 个性质

将排序问题实例中的所有工件按加工时间从小到大排序可得 SPT 序

$$(J_1^1,J_1^2,J_1^3,J_2^1,J_2^2,J_2^3,\cdots,J_{2m}^1,J_{2m}^2,J_{2m}^3,J_{2m+1}^1)。$$

设满足 $T(\sigma)\leqslant T^{*}$ 的排序 $\sigma=(B_1,B_2,\cdots,B_r)$，这里 $B_i(i=1,2,\cdots,r)$ 为工件批，记其加工时间为 $p(B_i)$，则 σ 具有以下性质：

① 如果将所有工件按 SPT 序编号，则在批 $B_i(i=1,2,\cdots,r)$ 中，所有工件的编号都是连续的，而且前一批的编号均小于后一批的编号。

对不满足性质①的排序，可在不增加 $T(\sigma)$ 的条件下，调整为满足性质①的排序，具体步骤详见引理 5.1 的证明。

② 对每个 $k(1\leqslant k\leqslant 2m+1)$，所有的 J_k^1 放在同一批中加工。

③ 每个工件批只包含一类工件。

④ 对每个 $k(1\leqslant k\leqslant m)$，第 $2k-1$ 类和第 $2k$ 类的工件分成 4 批加工，分别为 $\{J_{2k-1}^1,J_{2k-1}^2\}$，$\{J_{2k-1}^3\}$，$\{J_{2k}^1\}$ 和 $\{J_{2k}^2,J_{2k}^3\}$（记为 2112 型），总加工时间为 $2(L_{2k-1}+L_{2k})+5M_k$；或者 $\{J_{2k-1}^1\}$，$\{J_{2k-1}^2,J_{2k-1}^3\}$，$\{J_{2k}^1,J_{2k}^2\}$ 和 $\{J_{2k}^3\}$（记为 1221 型），总加工时间为 $2(L_{2k-1}+L_{2k})+5M_k+a_k$。

(3) 两个引理

当第 $2k-1$ 类和第 $2k$ 类的 4 批工件形式为 2112 型时，记 $k\to 2112$，$k=1,2,\cdots,m$。令 $S=\{k\mid k\in H=\{1,2,\cdots,m\},k\to 2112\}$。具备性质①②③④的排序 σ 具有如下形式的 $4m+1$ 个工件批：

$$(B_{4k-3},B_{4k-2},B_{4k-1},B_{4k})$$

$$=\begin{cases}(\{J_{2k-1}^1,J_{2k-1}^2\},\{J_{2k-1}^3\},\{J_{2k}^1\},\{J_{2k}^2,J_{2k}^3\}), & k\in S,\\ (\{J_{2k-1}^1\},\{J_{2k-1}^2,J_{2k-1}^3\},\{J_{2k}^1,J_{2k}^2\},\{J_{2k}^3\}), & k\in H-S,\end{cases}$$

$$B_{4m+1}=\{J_{2m+1}^{1}\}。$$

排序 σ 中第 $1,2,\cdots,2m$ 类的每个工件的延误由引理 5.2 给出。

引理 5.2　对每个 $k\in S$，工件 J_{2k}^{2} 是批 $B_{4k-3},B_{4k-2},B_{4k-1}$ 和 B_{4k} 中唯一的延误工件，延误时长为 $2M_k+(m-k+1)a_k+\sum\{a_j\mid j<k,j\in S\}$；对每个 $k\in H-S$，工件 J_{2k-1}^{2} 是批 $B_{4k-3},B_{4k-2},B_{4k-1}$ 和 B_{4k} 中唯一的延误工件，延误时长为 $2M_k+\sum\{a_j\mid j<k,j\in H-S\}$。

引理 5.3　令 σ 为具有性质①②③④的一个排序，则 $T(\sigma)\leqslant T^*$ 当且仅当 $\sum\limits_{j\in S}a_j=\sum\limits_{j\in H-S}a_j=A$。

王曦峰等(2014) 对交付期相等的排序问题 $1\mid B=\infty,d_j=d\mid\sum w_jT_j$ 给出多项式时间最优算法。

2) 工件不同时到达

Liu Z H 等(2003) 对排序问题 $1\mid B=\infty,r_j\mid\sum f_j$ 给出了伪多项式时间的动态规划算法，其中 $f_j=f_j(C_j)$，为工件 J_j 完工时间 C_j 的非减函数，它可以为 $\sum T_j,\sum w_jT_j,\sum U_j,\sum w_jU_j,\sum C_j$ 或 $\sum w_jC_j$ 等。

2. 批容量有限

1) 工件同时到达

当批容量有限，工件同时到达时，由定理 5.2 可知，排序问题 $1\mid B\mid\sum T_j$ 和 $1\mid B\mid\sum w_jT_j$ 都是强 NP-难的。Mehta 等(1998) 考虑具有不相容工件簇的排序问题 $1\mid B\mid\sum T_j$，指出当工件簇数和批容量为任意数时该问题是强 NP-难的，并给出动态规划算法和启发式算法。刘丽丽等(2017) 对交付期相等的排序问题 $1\mid B,d_j=d\mid\sum T_j$ 给出时间复杂性为 $O(B^2dn^{B^2-B+2})$ 的伪多项式时间最优算法。

2) 工件不同时到达

当工件具有到达时间时，同样由定理 5.2 可知，排序问题 $1\mid B,r_j\mid\sum T_j$ 是强 NP-难的。Baptiste(2000) 指出排序问题 $1\mid B,p_j=p,r_j\mid\sum T_j$ 是多项式时间可解的。

5.2.6　极小化最大延误的单机并行分批排序

当目标函数为极小化最大延误时，鉴于排序问题 $1|r_j|T_{\max}$ 是强 NP-难

的,由定理4.4可知,排序问题 $1|B,r_j|T_{max}$ 也是NP-难的。Ikura等(1986)研究了工件到达时间与交付期一致的情况。Lee C Y等(1992)给出优于Ikura等(1986)中算法的动态规划算法,并研究了加工时间和交付期一致,以及所有工件加工时间相等的情况。Li C L等(1997)指出工件到达时间和交付期一致的排序问题 $1|B,r_j|T_{max}$ 是强NP-难的,并研究了工件到达时间、交付期和加工时间都一致的情况。Baptiste(2000)指出排序问题 $1|B,p_j=p,r_j|T_{max}$ 是多项式时间可解的。

5.3 平行机并行分批排序

在平行机环境下,并行分批排序问题一般可描述为:有 n 个工件 $J_1,J_2,\cdots,J_n$ 要在 m 台平行机上加工,记工件 J_j 的到达时间为 r_j,交付期为 d_j,在机器 M_i 上的加工时间为 $p_{ij}(j=1,2,\cdots,n;\ i=1,2,\cdots,m)$。工件在每台机器上都可成批加工,批容量为 B,即机器每次最多可同时加工 B 个工件。同一批中的所有工件同时开始加工,并同时结束,加工时间为批中所有工件的最大加工时间。一旦某批工件开始加工,就不可中断,加工期间也不能增加或减少工件,直至该批加工完成。以同型平行机和极小化最大完工时间的目标函数为例,该问题可用三参数法表示为 $P|B,r_j|C_{max}$。如果所有工件的到达时间都相等,则可表示为 $P|B|C_{max}$。下面本章按目标函数的不同对平行机并行分批排序问题进行分类介绍。

1. 极小化最大完工时间

在极小化最大完工时间的目标函数下,Lee C Y等(1992)指出并行分批排序问题 $P|B|C_{max}$ 是强NP-难的,并给出最坏性能比为 $\frac{4}{3}-\frac{m}{3}$ 的算法,其中 m 为机器数。张玉忠等(2002)利用转换引理对排序问题 $P|B|C_{max}$ 给出最坏性能比为 $2-\frac{1}{m}$ 的算法,并指出该界是紧的,同时对排序问题 $Q|B|C_{max}$ 给出了近似算法。刘丽丽等(2013)为排序问题 $Pm|B=\infty,r_j|C_{max}$ 设计了一个伪多项式时间的动态规划算法和一个FPTAS。Li S G(2017a)研究了平行多功能机环境下加工集合具有嵌套结构的并行分批排序问题 P MPM$|B,r_j|C_{max}$,给出一个近似比为 $4-\frac{1}{m}$ 的快速算法和一个PTAS,并对工件具有相同到达时间的特殊情况给出一个近似比为 $3-\frac{1}{m}$ 的快速算法。

2. 极小化总完工时间

在极小化总完工时间的目标函数下，Chandru 等(1993a) 对排序问题 $P \mid B \mid \sum C_j$，给出两个启发式算法。任建锋等(2004) 对排序问题 $Pm \mid B, r_j \mid \sum C_j$ 给出批容量 B 和机器数 m 为常数情况下的 PTAS。Li S G 等(2006) 对排序问题 $P \mid B=\infty, r_j \mid \sum w_j C_j$ 给出一个 PTAS。李曙光等(2006b) 对排序问题 $P \mid B, r_j \mid \sum C_j$ 也给出了一个 PTAS。苗翠霞等(2008) 对排序问题 $P2 \mid B \mid \sum w_j C_j$ 给出了关于复杂性的定理及证明。

定理 5.7 平行机并行分批排序问题 $P2 \mid B \mid \sum w_j C_j$ 是 NP-完备的。

证明 通过将已知 NP- 完备的整数背包问题的特例子集和问题多项式归约到平行机并行分批排序问题 $P2 \mid B \mid \sum w_j C_j$，从而证明排序问题 $P2 \mid B \mid \sum w_j C_j$ 是 NP-完备的。

首先给出子集和问题的一个实例：给定正整数 $a_1, a_2, \cdots, a_m, b$，有 $\sum_{j=1}^{m} a_j = A$，问是否存在一个子集 $S \subset H = \{1,2,\cdots,m\}$ 使得 $\sum_{j \in S} a_j = b$？

构造排序问题 $P2 \mid B \mid \sum w_j C_j$ 的一个实例：令总工件数 $n = Bm + 2$；对工件 $J_j (j=1,2,\cdots,m)$，有 $p_j = w_j = a_j$，且同样的工件有 B 个；另外的两个工件 J_0 满足 $p_0 = w_0 = b-1$，J_{m+1} 满足 $p_{m+1} = w_{m+1} = A-b-1$；定义参数 $T_0 = (B-1)(A-1)(2A-3)+(A-1)^2$。显然该构造过程是多项式时间的。

下面证明子集和问题有解当且仅当相应排序问题实例存在一个排序使得

$$\sum_{j=1}^{n} w_j C_j \leqslant B\left(\sum_{j=0}^{m+1} \sum_{i=0}^{j} w_i w_j\right) - T_0。 \tag{5-57}$$

(1) 充分性证明。假设 $S \subset H$ 是子集和问题的一个解，不妨设 $S = \{1,2,\cdots,m_1\} (m_1 < m)$，这时有 $\sum_{j=1}^{m_1} a_j = b$。对上述排序问题实例，考虑构造一个排序如下：

对 $j \in S$ 的所有工件，令所有同样的工件同批，如此可得工件批 $B_1, B_2, \cdots, B_{m_1}$，且均为满批。这时可将每一批工件视为一个工件，由 $p_j / w_j = 1 (j=1,2,\cdots,m_1)$，可知按任意顺序加工各批都不会影响目标函数值。不失一般性，将各批按下标递增的顺序安排在某一台机器(M_1)上的[0,b]这段时间内，则恰好加工完。然后在 b 时刻安排工件 J_{m+1} 单独作为一批加工，工件

J_{m+1} 即机器 M_1 的完工时间为 $A-1$。

对 $j \in H-S$ 的所有工件，也令所有同样的工件同批，并将各批安排在另一台机器(M_2)上的$[0, A-b]$这段时间内，则恰好加工完。然后在 $A-b$ 时刻安排工件 J_0 单独作为一批加工，工件 J_0 即机器 M_2 的完工时间也为 $A-1$。

则在该排序下有

$$
\begin{aligned}
\sum_{j=1}^{n} w_j C_j = {} & Bw_1 C_1 + Bw_2 C_2 + \cdots + Bw_{m_1} C_{m_1} + w_{m+1} C_{m+1} + \\
& Bw_{m_1+1} C_{m_1+1} + \cdots + Bw_m C_m + w_0 C_0 \\
= {} & Bw_1 p_1 + Bw_2 (p_1 + p_2) + \cdots + Bw_{m_1} (p_1 + p_2 + \cdots + p_{m_1}) + \\
& w_{m+1} (p_1 + p_2 + \cdots + p_{m_1} + p_{m+1}) + Bw_{m_1+1} C_{m_1+1} + \cdots + \\
& Bw_m (p_{m_1+1} + p_{m_1+2} + \cdots + p_m) + w_0 (p_{m_1+1} + p_{m_1+2} + \cdots + p_m + p_0) \\
= {} & Bw_1 w_1 + Bw_2 (w_1 + w_2) + \cdots + Bw_{m_1} (w_1 + w_2 + \cdots + w_{m_1}) + \\
& w_{m+1} (w_1 + w_2 + \cdots + w_{m_1} + w_{m+1}) + Bw_{m_1+1} C_{m_1+1} + \cdots + \\
& Bw_m (w_{m_1+1} + w_{m_1+2} + \cdots + w_m) + w_0 (w_{m_1+1} + w_{m_1+2} + \cdots + w_m + w_0) \\
= {} & B\left(\sum_{j=0}^{m+1} \sum_{i=0}^{j} w_i w_j\right) - B(w_1 + w_2 + \cdots + w_{m_1})(w_{m_1+1} + w_{m_1+2} + \cdots + w_m) - \\
& Bw_0 w_{m+1} - Bw_0 (w_1 + w_2 + \cdots + w_{m_1}) - Bw_{m+1} (w_{m_1+1} + \\
& w_{m_1+2} + \cdots + w_m) - (B-1) w_0 (w_{m_1+1} + w_{m_1+2} + \cdots + w_m + w_0) - \\
& (B-1) w_{m+1} (w_1 + w_2 + \cdots + w_{m_1} + w_{m+1}) \\
= {} & B\left(\sum_{j=0}^{m+1} \sum_{i=0}^{j} w_i w_j\right) - Bb(A-b) - B(A-b-1)(b-1) - B(b-1)b - \\
& B(A-b-1)(A-b) - (B-1)(b-1)(A-1) - (B-1)(A-b-1)(A-1) \\
= {} & B\left(\sum_{j=0}^{m+1} \sum_{i=0}^{j} w_i w_j\right) - B(A-1)^2 - (B-1)(A-1)(A-2) \\
= {} & B\left(\sum_{j=0}^{m+1} \sum_{i=0}^{j} w_i w_j\right) - (B-1)(A-1)(2A-3) - (A-1)^2 \\
= {} & B\left(\sum_{j=0}^{m+1} \sum_{i=0}^{j} w_i w_j\right) - T_0。
\end{aligned}
\tag{5-58}
$$

(2) 必要性证明。如果排序问题 $P2 \mid B \mid \sum w_j C_j$ 存在一排序使得

$$
\sum_{j=1}^{n} w_j C_j \leqslant B\left(\sum_{j=0}^{m+1} \sum_{i=0}^{j} w_i w_j\right) - T_0, \tag{5-59}
$$

则该排序必须满足如下条件：

① 所有同样的工件同批，工件 J_0 和工件 J_{m+1} 分别单独成为一批；

② 工件 J_{m+1} 和一部分批在一台机器上加工，工件 J_0 和其余批在另一台机器上加工；

③ 两台机器的最大完工时间都是 $A-1$。

否则上述 3 条中的任意一条不满足，都会导致

$$\sum_{j=1}^{n} w_j C_j > B\left(\sum_{j=0}^{m+1} \sum_{i=0}^{j} w_i w_j\right) - T_0 。 \tag{5-60}$$

因此，必然存在集合 $S \subset H = \{1,2,\cdots,m\}$ 使得 $\sum_{j \in S} p_j = b$，又由 $p_j = a_j$，可得 $\sum_{j \in S} a_j = b$，即子集和问题有解。定理得证。

Miao C X 等(2009) 对排序问题 $Qm \mid B = \infty \mid \sum w_j C_j$ 给出一个时间复杂性为 $O(n^{m+2})$ 的动态规划算法。田乐等(2009) 研究了排序问题 $Pm \mid B = \infty \mid \sum C_j$ 和 $Qm \mid B = \infty \mid \sum C_j$，并给出时间复杂性为 $O(mn^{m+1})$ 的动态规划算法。Liu L L 等(2010a) 指出排序问题 $Pm \mid B = \infty, r_j \mid \sum w_j C_j$ 是强 NP-难的。苗翠霞等(2010) 对加工时间一致的排序问题 $Rm \mid B = \infty \mid \sum C_j$ 设计了多项式时间的动态规划算法；对排序问题 $Rm \mid B, p_{ij} = p_i \mid \sum w_j C_j$ 给出最优算法；并对工件可拒绝的排序问题 $Rm \mid B, p_{ij} = p_i \mid \sum_{j:J_j \in S} w_j C_j + \sum_{j:J_j \in \bar{S}} \omega_j$ 设计了一个拟多项式时间算法，其中 ω_j 为拒绝成本。李海霞等(2011) 分别对机器具有准备时间的排序问题 $Qm \mid B, p_j = p \mid \sum w_j C_j$ 和 $Qm \mid B, p_j = p, r_j \in \{r_1, \cdots, r_k\} \mid \sum w_j C_j$ 给出多项式时间最优算法。

3. 极小化最大延迟

在极小化最大延迟的目标函数下，Lee C Y 等(1992)指出并行分批排序问题 $P|B|L_{\max}$ 是强 NP-难的，并给出了一个列表算法满足不等式

$$\frac{L - L^*}{L^* + d_{\max}} \leqslant \left(\frac{1}{3} - \frac{1}{3m}\right) + \frac{d_{\max}}{L^* + d_{\max}}, \tag{5-61}$$

其中，L 为列表算法所得的目标函数值，L^* 为问题的最优目标函数值，$d_{\max}$ 表示最大交付期。另外，Lee C Y 等(1992)还指出即使在交付期相同且交付期和加工时间一致的情况下，排序问题 $P|B|L_{\max}$ 也是强 NP-难的。张玉忠等(2002)对排序问题 $Q|B|L_{\max}$ 给出了近似算法。Li S G(2004b)对排序问题

$P|B,r_j|L_{\max}$ 给出一个 PTAS。Liu L L 等(2009)指出所有具有到达时间和交付期的批容量无限的平行机并行分批排序问题都是 NP-难的，即使到达时间和交付期是一致的，且 $m=2$；另外还对排序问题 $Pm|B=\infty,r_j|L_{\max}$ 设计了一个 PTAS。

4. 极小化误工工件数

在极小化误工工件数的目标函数下，刘丽丽等(2013)为排序问题 $Pm \mid B=\infty \mid \sum U_j$ 设计了伪多项式时间的顺向动态规划算法，如下所述。

算法 5.14　顺向动态规划算法 2

在排序问题 $Pm \mid B=\infty \mid \sum U_j$ 中，记总工件数为 n，机器数为 m。首先将所有工件按加工时间从小到大的顺序排序，得到 SPT 序，不妨设为 J_1，$J_2,\cdots,J_n$。定义由工件 $J_1,\cdots,J_k$ 所组成的部分 SPT-批排序的状态为$(k,c_1,c_2,\cdots,c_m)$，其中 k 为部分序中最后一个工件的编号；$c_i(i=1,2,\cdots,m)$为部分 SPT-批排序在机器 M_i 上的完工时间。假设部分 SPT-批排序的最后一个工件批由工件 $J_{j+1},\cdots,J_k$ 组成。记状态为$(k,c_1,c_2,\cdots,c_m)$的部分 SPT-批排序的极小化误工工件数为 $U(k,c_1,c_2,\cdots,c_m)$。

递推方程如下：

$$U(k,c_1,c_2,\cdots,c_m)=\begin{cases}0, & k=c_1=c_2=\cdots=c_m=0,\\ +\infty, & \text{其他},\end{cases} \tag{5-62}$$

对 $0\leqslant k\leqslant n$，$0\leqslant c_i\leqslant \sum_{j=1}^{n} p_j (1\leqslant i\leqslant m)$，有

$$U(k,c_1,c_2,\cdots,c_m)$$
$$=\min_{1\leqslant j<k,1\leqslant i\leqslant m}\left\{U(j,c_1,\cdots,c_i-p_k,\cdots,c_m)+\sum_{j<l\leqslant k}\max\left\{\frac{c_i-d_l}{|c_i-d_l|},0\right\}\right\}。 \tag{5-63}$$

问题的最优目标函数值为 $U(n,c_1,c_2,\cdots,c_m)$，最优排序可通过相应的递推得到。

该算法的时间复杂性为 $O\left(mn^3\left(\sum_{j=1}^{n}p_j\right)^m\right)$。

5. 极小化总延误

在极小化总延误的目标函数下，Mönch 等(2005)考虑具有不相容工件簇的排序问题 $Pm \mid B,r_j \mid \sum w_j T_j$，并给出启发式算法。Mönch 等(2009)对具

有不相容工件簇的排序问题 $Pm \mid B \mid \sum w_j T_j$，提出了一个蚂蚁系统，该算法采用了基于批之间工件交换的局部搜索技术，与已有的基于调度规则的方法和遗传算法相比，可以获得稍好的解质量，且运算时间大大减少；另外，该文献还提出了一个最大最小蚂蚁系统与蚂蚁系统进行比较，实验结果表明两者所得解的质量相当，但最大最小蚂蚁系统需要更多的运算时间。Bilyk 等(2014)考虑了具有不相容工件簇且同簇工件具有相同加工时间的排序问题 $Pm \mid B, r_j, \text{prec} \mid \sum w_j T_j$，并设计了启发式算法。

6. 极小化最大延误

在极小化最大延误的目标函数下，刘丽丽等(2013)为排序问题 $Pm \mid B=\infty \mid T_{\max}$ 设计了伪多项式时间的顺向动态规划算法，如下所述。

算法 5.15　顺向动态规划算法 3

与算法 5.14 类似，在排序问题 $Pm \mid B=\infty \mid T_{\max}$ 中，记总工件数为 n，机器数为 m。不失一般性，设所有工件的 SPT 序为 $J_1, J_2, \cdots, J_n$。定义由工件 $J_1, \cdots, J_k$ 所组成的部分 SPT-批排序的状态为 $(k, c_1, c_2, \cdots, c_m)$，其中 k 为部分序中最后一个工件的编号；$c_i (i=1,2,\cdots,m)$ 为部分 SPT-批排序在机器 M_i 上的完工时间。假设部分 SPT-批排序的最后一个工件批由工件 $J_{j+1}, \cdots, J_k$ 组成。记状态为 $(k, c_1, c_2, \cdots, c_m)$ 的部分 SPT-批排序的极小化最大延误为 $T_{\max}(k, c_1, c_2, \cdots, c_m)$。

递推方程如下：

$$T_{\max}(k, c_1, c_2, \cdots, c_m) = \begin{cases} 0, & k = c_1 = c_2 = \cdots = c_m = 0, \\ +\infty, & \text{其他}, \end{cases} \tag{5-64}$$

对 $0 \leqslant k \leqslant n$，$0 \leqslant c_i \leqslant \sum_{j=1}^{n} p_j (1 \leqslant i \leqslant m)$，有

$$T_{\max}(k, c_1, c_2, \cdots, c_m) = \min_{1 \leqslant j < k, 1 \leqslant i \leqslant m} \{\max\{T_{\max}(j, c_1, \cdots, c_i - p_k, \cdots, c_m), \max_{j < l \leqslant k} \{c_i - d_l\}\}\}。 \tag{5-65}$$

问题的最优目标函数值为 $T_{\max}(n, c_1, c_2, \cdots, c_m)$，最优排序可通过相应的递推得到。

该算法的时间复杂性为 $O\left(mn^3 \left(\sum_{j=1}^{n} p_j\right)^m\right)$。

5.4 其他并行分批排序

前文所介绍的并行分批排序问题都是比较经典的问题，随着科学研究的发展和进步，以及新的需求的产生，这些经典问题不断得到扩展，尤其近几年来，出现了很多新特点下的并行分批排序问题。下面我们将从机器环境、目标函数、工件特点和问题机制等角度对已有文献进行梳理。

1. 机器环境角度

除了单机和平行机外，还有文献考虑其他机器环境下的并行分批排序问题，如流水作业(成岗等，2003)、柔性流水作业(Tan Yi et al.，2017)、混合流水作业(Amin-Naseri et al.，2009)和柔性异序作业(flexible job shop)(Ham et al.，2016)等。

2. 目标函数角度

除了单目标函数外，还有很多文献研究双目标或多目标函数下的并行分批排序问题(张召生等，2004；李文华，2006b，2007；He C et al.，2007；焦峰亮等，2007，2008；Liu L L et al.，2010b；李小衬，2013；Geng Z C et al.，2015a，2015b；Zhang R et al.，2017)。除了常见的目标函数外，张玉忠等(2005)研究目标函数为加权延迟工作和的排序问题 $1\mid B=\infty\mid\sum w_jV_j$，其中 $V_j=\min\{T_j,p_j\}$；李文华(2007)讨论了目标函数为极小化完工时间平方之和的单机并行分批排序问题。

3. 工件特点角度

(1) 先后约束关系

Cheng T C E 等(2005)研究了工件具有先后约束且加工时间相等的单机并行分批排序问题。邹娟等(2006)、马冉等(2007)、卜宪敏等(2012)和刘伟(2015)考虑了具有平行链约束的单机并行分批排序问题。

(2) 加工时间特点

在并行分批排序中，工件带运输时间一般指工件在加工前需要从仓储区被运输到加工区，或加工完成后需要从加工区被运输到某目的地或用户手中。对加工前需要运输的情况，Tang L X 等(2009)、朱洪利等(2010)和 Zhu H L 等(2016)考虑了有若干运输车辆、每台车辆每次只能运输一个工件、满车运输时间与所运工件相关、空车返回时间相同的单机并行分批排序问题。对加工完成后需要运输的情况,刘勇等(2007)研究了运输时间和加工时间一致、最大运输时间和最小运输时间的比小于等于$(1+\sqrt{5})/2$的在线模型;在 Lu L F 等(2008)所研究的单机并行分批排序问题中,只有一台运输车辆,且具有最大空间容量限制,每个工件都有尺寸,同时被运输的所有工件尺寸之和不能超过车辆的最大空间容量,运输时间和空车返回时间相同;Li S S 等(2011a)在 Lu L F 等(2008)研究模型的基础上,考虑了工件具有不相容工件簇的情况,即同簇工件具有相同的尺寸、不同簇的工件不能同批加工,也不能同批运输。

柏孟卓等(2006)和王磊等(2008)研究了加工时间离散可控的单机并行分批排序问题。这里加工时间离散可控是指工件具有若干可选的加工时间,每个备选加工时间都对应一个控制费用,一般要使工件在比较短的时间内完工,需要付出比较大的费用,加工时间和费用因素均在目标函数的考虑之中。

在并行分批排序问题中,工件具有恶化加工时间(deteriorating job)是指工件的实际加工时间与开始时间有关,开始加工时间越晚,需要的加工时间越长,一般这种关系用线性函数来表示。在 Qi X L 等(2009)、Miao C X 等(2011)、Li S S 等(2011b)和 Zou J 等(2014)所研究的模型中,工件J_j的实际加工时间为$p_j=b_jt$,其中t为开始加工时间,b_j为恶化率;余英等(2013)考虑了恶化加工时间为$p_j=p(a+bt)$的单机并行分批排序问题,其中p为基本加工时间,a,b为正的常数,t为开始加工时间;在 Miao C X 等(2013)的研究中,恶化加工时间计算公式为$p_j=\alpha_j(A+Dt)$,其中α_j为恶化率,A,D为正的常数,t为开始加工时间。

与工件具有恶化加工时间相反,工件加工时间还可具有学习效应(learning effect)。具有学习效应是指越排在后面加工的工件所需加工时间越短,这是对机器适应以及工人熟练等影响因素的模拟。在韩翔凌(2010)所研究的单机并行分批排序问题中,工件J_j的实际加工时间为$p_{jr}=p_j\left(1-\sum_{k=1}^{r-1}p_k\Big/\sum_{k=1}^{n}p_k\right)^{a_1}r^{a_2}$,其中$r$表示工件$J_j$排在第$r$个位置,$p_j$为基本加工时间,$a_1\geqslant 1$,$a_2<0$为学习因子。在余英等(2015)的研究中,学习效应公式为$p_{jr}=p\theta^{r-1}$,其中r表示工件J_j排在第r个位置,p为基本加工时间,$0<\theta<1$。

4. 问题机制角度

Yuan J J 等(2008)和齐祥来等(2008)考虑了机器具有禁用区间(forbidden interval)的单机并行分批排序问题,这里机器具有禁用区间是指机器在给定的禁用时间区间内不能加工工件,一般出于机器需要定期维护的考虑。Zhao H L

等(2008)、韩国勇等(2012)和赵洪銮等(2012)研究了工件具有交付时间窗(due window)的单机并行分批排序问题。交付时间窗由交付期扩展而来,通常给定交付期为某个时间点,而交付时间窗为某个时间区间,若工件在该时间区间内完工,则是按期完工;如果完工时间早于区间开始时间或晚于区间结束时间,则是提前或延迟完工,会产生惩罚费用。显然,交付时间窗可给予工件完工时间更大的灵活性。如果给定工件交付期,完工时间早于或晚于交付期都会受到惩罚,则为准时(just-in-time)排序问题,李文华等(2013)研究了准时单机分批排序问题。

王珍等(2006)、Cao Z G 等(2009)、Lu L F 等(2009)、翟大伟(2010)、李修倩等(2013)、Zou J 等(2014)和 He C 等(2016)研究了工件可拒绝的单机并行分批排序问题。工件可拒绝是指在加工过程中,可以拒绝加工某些工件,但需要支付一定的拒绝费用。张喆等(2011a; 2011b; 2013; 2014)考虑带有分批费用的单机并行分批排序问题,这里的分批费用是指每分一批就会产生一个固定费用,一般出于对实际生产中可能产生的人工费用或包装费用的考虑。

Bellanger 等(2012)和 Li S S 等(2015)考虑同批工件加工时间具有相容性(job processing time compatibility)的单机并行分批排序问题。在该类问题中,工件 J_j 的实际加工时间取值范围为$[a_j,(1+\alpha)a_j]$,其中 a_j 为基本加工时间,$\alpha>0$ 为某个给定的数;同批工件必须具有相容性,即所有工件的实际加工时间取值范围相交非空;同批工件具有相同的开始加工时间,批加工时间由批中所有工件加工时间范围交集的左端点确定,即 $p(B)=\max\{a_j:J_j\in B\}$。

Feng Q 等(2013)和 Tang L X 等(2017)研究具有双代理的单机并行分批排序问题。在双代理问题中,有两个代理 A 和 B,各自都有自己的工件集合和目标函数,但都在同一台批加工机器上进行分批加工;如果代理 A 和代理 B 相容,则不同代理的工件可同批加工,否则不能同批加工。

郭晓(2011)和 Xu X Y 等(2015)研究了单机并行分批排序的重新排序(rescheduling)问题。重新排序是指原始工件集按目标函数分批排好顺序后,又有新的工件集到来,决策者需要将新工件集中的工件插入到已排好的顺序中,插入的原则为在不过分打扰原工件集中工件顺序的条件下,使新的目标值最优。这里不过分打扰可以具体为限制序列错位量和时间错位量等。

另外,还有一种分批排序问题,既有并行分批的特征又有串行分批的特点,但又不同于这两种形式,称为半连续型(semi-continuous)或连续型分批排序问题。在该类问题中,所有工件可任意分成若干批;分批后,批中所有工件的加工时间就都变为同批中所有工件的最大加工时间;在批加工的过程中,同批中的工件依次匀速进入和离开机器,每个工件都有自己的开始加工时间和完工时间；机器可同时容纳的最大工件数称为机器容量，这里需要说明一下，因工件依次匀速进入和离开，所以有可能存在同一批中有的工件已经完工了，但还有工件没进入机器的情况，所以批中工件数可以大于机器的容量；任一批中所有工件都完工后才可进行下一批的加工。Tang L X 等(2008)分别研究了极小化最大完工时间和极小化总完工时间的单机半连续型分批排序问题，给出最优性质和动态规划算法；赵玉芳(2010)考虑了平行链约束情况下，目标函数为极小化最大完工时间的单机半连续型分批排序问题；吕绪华等(2011)研究极小化加权总完工时间目标函数下的单机半连续型分批排序问题；王松丽等(2012)考虑了工件具有到达时间、目标函数为极小化最大完工时间的情况，并给出动态规划算法。

5.5 小结与展望

本章较系统地介绍了相同尺寸工件的并行分批排序。在单机环境下，分别介绍了极小化最大完工时间、极小化总完工时间、极小化最大延迟、极小化误工工件数、极小化总延误、极小化最大延误 6 个目标函数下已有文献的成果。已有文献中对单机并行分批排序问题的研究和成果最多，尤其是前 3 个目标函数。对已有成果较多的排序问题，本章还根据批容量是否有限和工件是否同时到达对排序问题进行了细分。在平行机环境下，同样基于上述 6 个目标函数对已有文献的成果进行了介绍。最后分别从机器环境、目标函数、工件特点和问题机制等角度对其他相同尺寸工件的并行分批排序进行了介绍和文献梳理。

对相同尺寸工件的并行分批排序问题，虽然到目前为止，已经取得了丰硕的成果，但还是存在很多有待解决和研究的问题。如有些问题的复杂性还没有解决，有些问题的已有算法还可以改进等。另外，5.4 节中提到的很多新型并行分批排序都具有较强的应用背景，对这些问题进行深入研究具有重要的理论意义和现实意义。

除了上述对已有问题的深入和扩展外，还可根据实际应用背景结合新的特点，如在半导体生产中最典型的重入特点、在制品库存目标和加工流平稳目标等。另外，目前已有的成果绝大部分停留在理论研究阶段，如何将理论研究成果转化为切实可用的实践方法是一项具有重大意义的挑战。

第6章　差异尺寸工件的并行分批排序

6.1　引言

随着相关领域设备与技术的不断发展和进步，以及用户需求的不断变化，加工任务也更加多样化，导致出现更加复杂的并行分批排序问题，其中工件或机器在尺寸或容量上出现差异性就是一个典型的新特点。

同样的特点也反映在半导体的生产过程中。半导体在生产过程中通常以批或组(lot)为单位，每个 lot 由一定数目(如 12，24 或 25 等)的集成电路构成，一般在优化调度中将一个 lot 视为一个工件。在预烧作业中，集成电路需要被放到特制的板上，每个板可以装一定数量的集成电路。如此，每个工件(lot)所需要的板的数目就形成工件的尺寸；预烧炉可承载板的数目即为机器的容量(Uzsoy，1994)。

与工件尺寸相同的并行分批排序相比，工件尺寸不相同的并行分批排序中增加了一个机器容量约束，即该类排序中每个批的批中工件的尺寸之和(通常称为批的尺寸)，不能超过加工该批的机器的容量 S。因此，每个批中所包含的工件数量是不同的，而且往往批的尺寸与机器容量之间存在差异，会导致机器中存在一定的空闲空间，从而增大了这类问题的求解难度。

本章将对工件尺寸不同的并行分批排序进行探讨，并对相关研究成果进行梳理。同时为了表述的方便，如无特别说明，本章中默认工件具有差异尺寸。

已有成果中差异尺寸工件的并行分批排序问题分类如图 6-1 所示。图中各符号所表示的意义如下：

S：所有机器的容量相同且均为 S；

S_i：差异机器容量，即机器具有不同容量，且机器 M_i 的容量为 S_i，$i=1,2,\cdots,m$；

s_j：差异尺寸工件，即工件具有不同尺寸，且工件 J_j 的尺寸为 s_j，$j=1,2,\cdots,n$；

ω_j：工件可以被拒绝加工，且工件 J_j 的拒绝成本为 ω_j，$j=1,2,\cdots,n$；

R_{tot}：所有被拒绝工件的拒绝成本总和；

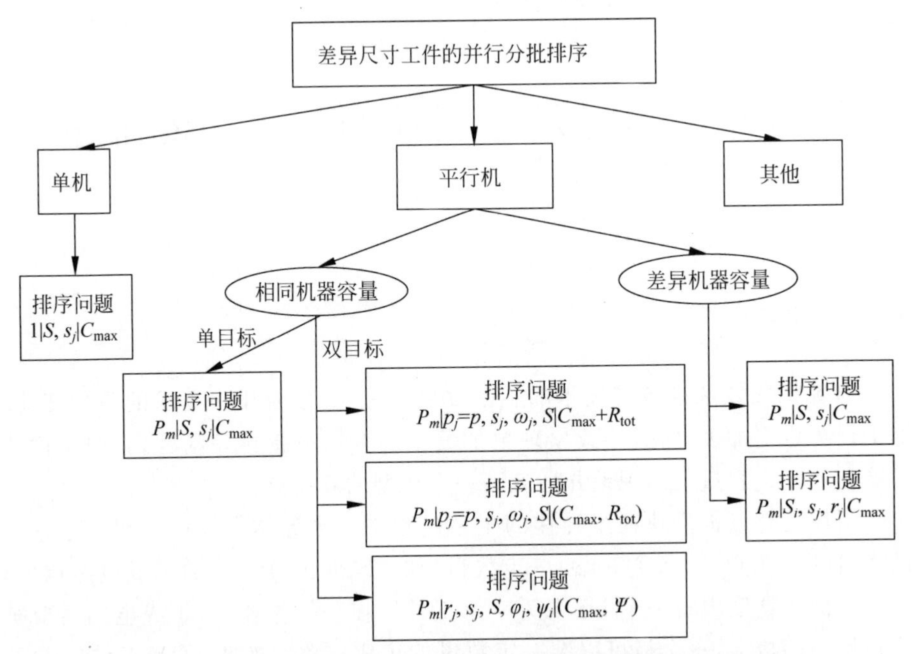

图 6-1 已有成果中差异尺寸工件并行分批排序问题分类示意图

φ_i：机器 M_i 在加工状态下单位时间内的电力消耗；

ψ_i：机器 M_i 在空闲状态下单位时间内的电力消耗；

Ψ：加工完所有工件所有机器的电力消耗总和。

6.2 单机并行分批排序

已有文献中对单机并行分批排序问题的研究主要集中在极小化最大完工时间的目标函数。该目标函数下的差异尺寸工件问题可描述为：有 n 个工件要在单台机器上加工，记 $J=\{J_1, J_2, \cdots, J_n\}$，工件 J_j 的加工时间为 p_j，尺寸为 $s_j(j=1,2,\cdots,n)$。J 中的工件分批后在容量为 S 的批处理机上加工，加工的批次记为 $B_k(k=1,2,\cdots,b)$，其中 b 为批的总数(这里要注意的是，b 的值只有在所有批都构建完成后才能确定)，任一批 B_k 中所有工件的尺寸之和不大于 S，即 $\sum_{j=1}^{|B_k|} s_j \leqslant S$。批的加工不允许中断，在加工期间也不能增加或减少该批中的工件，直至该批加工完成。批 B_k 的加工时间 P_k 等于批中所有工件的最大加工时间，即 $P_k=\max\limits_{j\in B_k}\{p_j\}$。问题的目标函数为极小化最大完工时间，即所有批的加工时间之和。用三参数法表示上述问题为 $1|S, s_j|C_{\max}$。

Jia Z H 等(2014)给出该问题的整数规划模型如下：

$$\min C_{\max} = \sum_{k=1}^{b} P_k \tag{6-1}$$

$$\text{s. t. } \sum_{k=1}^{b} x_{jk} = 1, \quad x_{jk} = \begin{cases} 1, & J_j \in B_k \\ 0, & J_j \notin B_k \end{cases}, \quad j = 1,2,\cdots,n;\ k = 1,2,\cdots,b \tag{6-2}$$

$$\sum_{j=1}^{n} s_j x_{jk} \leqslant S, \quad k = 1,2,\cdots,m \tag{6-3}$$

$$P_k \geqslant p_j x_{jk} \geqslant 0, \quad j = 1,2,\cdots,n;\ k = 1,2,\cdots,b \tag{6-4}$$

$$|B_k| = \sum_{j=1}^{n} x_{jk}, \quad k = 1,2,\cdots,m \tag{6-5}$$

$$\sum_{j=1}^{n} \lceil s_j / B \rceil \leqslant m \leqslant n。 \tag{6-6}$$

式(6-1)表示模型目标是极小化所有批的加工时间之和；式(6-2)表示一个工件只能被分配到一个批中的约束，其中 x_{jk} 是一个布尔变量，表示工件 j 被分配到批 k 中($x_{jk}=1$)还是没有被分配到批 k 中($x_{jk}=0$)；式(6-3)表示批中工件的总尺寸不超过机器容量的约束；式(6-4)表示批加工时间的约束；式(6-5)为批中工件数的计算公式；式(6-6)表示最小批数的约束。

Uzsoy(1994)证明排序问题 $1|S,s_j|C_{\max}$ 是NP-难的，并基于FF(first fit)规则，给出了几种启发式算法，仿真实验表明其中的FFLPT(batch first fit & longest processing time)算法性能较优。FFLPT算法的具体步骤如下。

算法6.1　FFLPT算法

步骤1　将所有工件按加工时间非增的顺序进行排序。

步骤2　从第一个工件开始，将每个工件放入第一个可以放入该工件的批中，如果没有批可以放下该工件，则生成一个新的空批，并将该工件放入该新批。重复该步骤直到所有工件都被放入批中。

步骤3　按任意顺序加工分好的批。

此外，Uzsoy(1994)还给出了一个基于工件尺寸排序的启发式算法，即FFDECR(batch first fit & decreasing order of sizes)算法。算法FFDECR与FFLPT的区别只在于第一步，即FFDECR算法首先对所有工件按尺寸非增的顺序排序，然后采用FFLPT算法中的步骤2和步骤3对工件进行分批。Zhang G C 等(2001)给出第一个关于最坏性能比的理论结果，他们证明FFLPT算法的最坏性能比不超过2，而FFDECR算法的最坏性能比可能任意大，而且在假设尺寸大于1/2的大工件的加工时间不少于尺寸小于1/2的小工件加工时间的情况下，提出了最坏性能比为3/2的启发式算法；而对于一般情况，他们提出了最坏性能比为7/4的启发式算法。

Dupont等(2002)对排序问题$1|S,s_j|C_{\max}$提出了两个启发式算法，分别为BFLPT(best fit & longest processing time)算法和SKP(successive knapsack problem)算法，并证明了BFLPT算法是当时求解该问题的最优启发式算法。算法BFLPT和SKP与FFLPT的区别仅在于第二步。在BFLPT的第二步中，按工件当前顺序从前向后将工件放入有足够剩余空间容纳该工件且剩余空间最小的批中，如果这样的批多于一个，则选择序号最小的批，如果这样的批不存在，则生成一个新批并将该工件放入新批中，重复此过程，直到所有的工件都分批完成。在SKP的第二步中，选择第一个工件建立新批，假设第一个工件为J_j，则可将此新建的批看成一个$p_j \times S$的矩阵，未排序的工件J_h看成$p_h \times s_h$的矩阵块，为构造当前批，需要求解如下0-1背包问题：

$$\max \sum_h (s_h p_h) x_h,$$

$$\text{s.t.} \sum_h s_h x_h \leqslant S - s_j。$$

重复上述过程，直到所有的工件都分批完成。

Kashan等(2009)将文献(Zhang G C et al.,2001)中假设的工件尺寸1/2扩展为$1/m$，其中$m \geqslant 2$为整数，并给出了绝对性能比(absolute worst-case ratio)为3/2、渐进性能比(asymptotic worst-case ratio)为$(m+1)/m$的算法。

还有一些研究者致力于将智能算法应用于该问题的求解。智能算法可以分为基于近邻搜索和基于构建型两种(Dorigo et al.,2004)。近邻搜索智能算法从某些初始解开始，并通过某种局部搜索机制进行迭代地改进以获得问题的最终解。构建型智能算法是从空解开始构建每个解，迭代地向初始空解中增加各部分，直到获得一个可行解，其中蚁群优化算法是一种具有代表性的构建型智能算法。

对排序问题$1|S,s_j|C_{\max}$，近邻搜索智能算法的初始解为工件分批后得到的一个批序列，然而不同解的批的数量不同，因而在初始阶段难以采用基于近邻的智能算法直接对批序列进行编码，而通常是先对工件序列进行编码，然后再采用某种启发式算法构建批(Azizoglu et al.,2000)。由于基于近邻搜索的智能算法性能部分依赖于构建批的启发式算法，因而其优化能力往往受到限制，而且额外的启发式算法必定会增加计算时间，因此构建型智能算法在求解单机并行分批排序问题时较基于近邻搜索的智能算法效率更高。

Melouk等(2004)首先引入模拟退火算法对问题$1|S,s_j|C_{\max}$进行求解，

实验结果表明该模拟退火算法所得解的质量优于商用软件 CPLEX,并提出目前通用的一种基于随机方式生成仿真实验测试算例的方法。Kashan 等(2006)提出两种遗传算法：一种遗传算法基于工件排序,先通过遗传算子生成随机工件序列,然后采用 FF 规则对工件进行分批；另一种遗传算法先采用遗传算子基于工件生成随机批序列,同时利用问题本身的知识通过启发式的过程来保证解的可行性,然后通过启发式规则 PSH(pairwise swapping heuristic)对批进行合并和拆分来完成批序列的构建。Damodaran 等(2006)也采用遗传算法求解了该问题,通过对工件序列进行编码,针对问题包含的加工序列和分批两个方面的约束,对遗传算法的交叉与变异算子进行了新的设计,实验结果表明该算法优于 Melouk 等(2004)提出的模拟退火算法。Cheng B Y 等(2010)提出一种结合 Metropolis 准则的改进型蚁群优化算法求解模糊制造系统下的单机并行分批排序,其中 Metropolis 准则是一种随机选择机制,可以使算法以一定的概率接受差的解从而避免陷入局部最优。Chen H P 等(2011)从聚类的角度给出一个聚类算法,计算实验表明该算法优于 BFLPT 算法和 Damodaran 等(2006)提出的遗传算法。

Jia Z H 等(2014)对排序问题 $1|S,s_j|C_{\max}$ 给出了一个下界,并提出一种改进的最大最小蚁群算法(LOMMAS)。LOMMAS 算法首先利用蚁群构建出可行解,然后基于批的隐性加工时间(recessive processing time,RPT)设计局部优化策略对所得解进一步改进,以提高解的质量。问题下界的计算、相关定义和定理,以及算法的具体步骤如下。

Jia Z H 等(2014)给出问题一个下界的计算方法为：将 n 个工件按照加工时间非增排序,对于每个工件 $J_j(j=1,2,\cdots,n)$,将其看作是 s_j 个加工时间为 p_j 的单位尺寸工件,然后将前面 S 个工件放入第一个批,接下来的 S 个工件放入第二个批,以此类推,直到所有工件都被分批。由此所得排序方案的最大完工时间就是原问题实例最优解的一个下界 LB_1。

针对排序问题 $1|S,s_j|C_{\max}$ 的特征和机制,可得如下定义和定理。

定义 6.1　假设批 B_k 为某可行解的任一批,则批 B_k 的浪费空间 Z_k 定义为

$$Z_k = SP_k - \sum_{j \in B_k} s_j p_j 。\tag{6-7}$$

这里给出一个含有 3 个工件的可行批 B_k 的浪费空间例子如图 6-2 所示,横坐标和纵坐标分别表示时间和尺寸,图中阴影部分为 3 个工件,空白部分表示批中未被占用的空闲空间。

定义 6.2　令 O 为排序问题 $1|S,s_j|C_{\max}$ 的一个可行解,O 的浪费空间 Z^O 定义为 O 中所有批的浪费空间之和,即

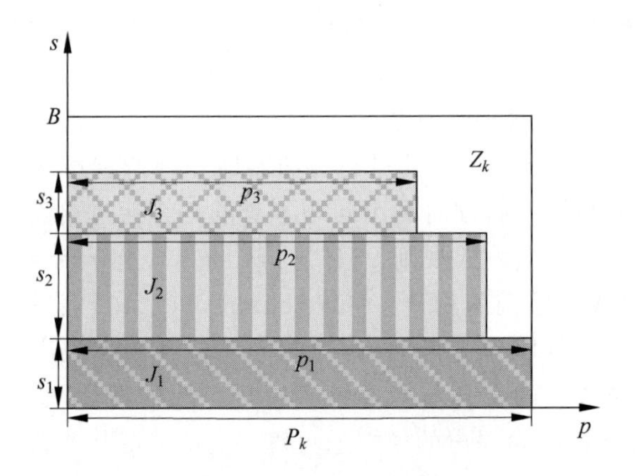

图 6-2 批的浪费空间示意图

$$Z^O = \sum_{k=1}^{m} Z_k 。 \tag{6-8}$$

基于定义 6.1 和定义 6.2,可得定理 6.1 和定理 6.2。

定理 6.1 对排序问题 $1|S, s_j|C_{\max}$,极小化最大完工时间 $C_{\max}$ 等价于极小化解的浪费空间 Z^O。

定理 6.2 假设当前批为 B_k,工件 $J_y \in U$ 且 $s_y \leqslant S - \sum_{j: J_j \in B_k} s_j$,其中 U 为当前待排序的工件集。如果工件 J_y 满足条件

$$s_y t_y > S(\bar{P}_k - P_k), \tag{6-9}$$

其中,

$$\bar{P}_k = \begin{cases} P_k, & p_y \leqslant P_k, \\ P_y, & p_y > P_k, \end{cases}$$

则工件 J_y 加入 B_k,将减少 B_k 的浪费空间。

定义 6.3 当前批 B_k 的候选工件集 E_k 定义为由可减少 B_k 浪费空间的工件组成的集合,即

$$E_k = \left\{ J_y \mid J_y \in U, s_y \leqslant S - \sum_{j \in B_k} s_j, 且\ s_y p_y > S(\bar{P}_k - P_k) \right\}, \tag{6-10}$$

其中,

$$\bar{P}_k = \begin{cases} P_k, & p_y \leqslant P_k, \\ p_y, & p_y > P_k 。\end{cases}$$

定义 6.4 令 B_k 为可行排序解的任一批,隐性加工时间 V_k 定义为已分配至 B_k,但对其加工时间 P_k 没有影响的那些工件的加工时间之和,即

$$V_k = \sum_{j \in B_k} p_j - \max_{j \in B_k} \{p_j\}。 \tag{6-11}$$

定义 6.5　令 O 为排序问题 $1|B,s_j|C_{\max}$ 的一个可行解。O 的隐性加工时间记为 V^O，等于 O 中所有批的隐性加工时间之和，即

$$V^O = \sum_{k=1}^{m} V_k。 \tag{6-12}$$

基于上述定义，可得定理 6.3。

定理 6.3　对排序问题 $1|S,s_j|C_{\max}$，增加一个排序解的隐性加工时间将减少排序解的最大完工时间。

由定理 6.3，针对每个生成的排序解，可设计局部优化算法(RPTLO)进行改进，具体步骤如下。

算法 6.2　RPTLO 算法

步骤 1　flag←1；将解包含的 b 个批存于集合 Y 中。

步骤 2　对 Y 中 b 个批按照加工时间非增排序。

步骤 3　对每个批 $B_k(k=1,2,\cdots,b-1)$，有

(1) $\mu \leftarrow k+1$。

(2) 若 flag$=1$ 且 $u \leqslant b$，则

① 将批 B_k 与批 B_u 中的工件进行合并，并对工件按加工时间非增排序。

② 若前 l 个工件的尺寸之和小于机器容量且剩余工件尺寸和小于机器容量，则将前 l 个工件存入批 B_k，剩下工件存入批 B_u；若批 B_u 中没有工件，则从 Y 中删除 B_u，$b \leftarrow b-1$；否则将 B_u 插入 Y 中，使 Y 中的批依然满足加工时间非增顺序；flag←0。

③ $u \leftarrow u+1$，转(2)。

(3) $k \leftarrow k+1$，转步骤 3。

基于上述讨论，可得 LOMMAS 算法的具体步骤如下。

算法 6.3　LOMMAS 算法

步骤 1　输入相关参数 $J,S,n_d,\rho,\beta,I_{\max},L,Q,\mu$，其中，$J$ 表示工件集；S 为机器容量；n_d 为蚂蚁总数；ρ 为信息素挥发率；β 为启发式信息影响因子；$I_{\max}$ 为最大迭代次数；L 为控制信息素重新初始化的代数；Q 和 μ 为信息素更新的参数。

步骤 2　计算下界 LB。计算 J 中尺寸大于 $S-s_{\min}$ 的工件的加工时间总和，记为 T'，其中 $s_{\min}$ 为 J 中最小的工件尺寸；将 J 中尺寸不大于 $S-s_{\min}$ 的

工件按尺寸单位化松弛后，采用 FFLPT 算法进行排序，所得批的加工时间之和记为 T''；$\mathrm{LB}=T'+T''$。

步骤 3 初始化信息素 $\varepsilon_{xy}(1)\leftarrow((1-\rho)\mathrm{LB})^{-1}$，$1\leqslant x<y\leqslant n$。

步骤 4 $t\leftarrow1$，$l\leftarrow1$，其中 $t=1$，$l=1$ 为当前迭代次数，l 记录全局最好解不发生变化的次数；

步骤 5 当 $t<I_{\max}$，则

(1) 对每只蚂蚁 d，$d=1,2,\cdots,n_d$。

① 当待排序工件集 $U\neq\varnothing$ 时，构建空批 B_k，从 U 中随机选择一个工件加入批 B_k；根据公式(6-10)计算候选工件集；根据概率

$$p_k^y=\begin{cases}\dfrac{\tau_k^y(t)(\eta_k^y)^\beta}{\sum\limits_{i\in E_k}\tau_k^i(t)(\eta_k^i)^\beta}, & y\in E_k,\\ 0, & \text{其他}\end{cases}\tag{6-13}$$

从候选集中选择下一个工件加入当前批，直到候选工件集为空。其中，信息素

$$\tau_k^y(t)=\frac{\sum\limits_{x\in B_k(t)}\varepsilon_{xy}(t)}{|B_k(t)|},$$

反映工件 J_x 和 J_y 分在同一批中的渴望度；启发式信息定义为

$$\eta_k^y=\begin{cases}1-S(\bar{P}_k-P_k)+s_yp_y, & \Delta Z_k^y<0,\\ 1, & \Delta Z_k^y\geqslant0,\end{cases}\tag{6-14}$$

这里

$$\bar{P}_k=\begin{cases}P_k, & p_y\leqslant P_k,\\ p_y, & p_y>P_k\text{。}\end{cases}$$

② 调用 RPTLO 算法对当前代第 d 个解进行改进。

③ 更新当前代最优解与全局最优解 $C_{\max}^{\mathrm{gb}}(t)$。

(2) 若 $t>2$ 且 $C_{\max}^{\mathrm{gb}}(t)=C_{\max}^{\mathrm{gb}}(t-1)$，则 $l\leftarrow l+1$，否则 $l\leftarrow1$。

(3) 按照公式

$$\varepsilon_{xy}(t+1)=(1-\rho)\varepsilon_{xy}(t)+m_{xy}(t)\Delta\varepsilon_{xy}(t)$$

更新信息素，其中 $m_{xy}(t)$ 表示 J_x 和 J_y 在第 t 代所有解中分批在一起的频度，如果在第 t 代所有解中 J_x 和 J_y 都没有被分批在一起，则 $\Delta\varepsilon_{xy}(t)=0$，否则 $\Delta\varepsilon_{xy}(t)\leftarrow Q/C_{\max}^*(t)$，如果 t 为 μ 的倍数，则 $C_{\max}^*(t)$ 为全局最好解的最大完工时间，否则 $C_{\max}^*(t)$ 为当前代最好解的最大完工时间。

(4) 调整信息素

$$\varepsilon_{xy}(t+1)=\begin{cases}\varepsilon_{\min}, & \varepsilon_{xy}(t+1)<\varepsilon_{\min},\\ \varepsilon_{xy}(t+1), & \varepsilon_{\min}\leqslant\varepsilon_{xy}(t+1)\leqslant\varepsilon_{\max},\\ \varepsilon_{\max}, & \varepsilon_{xy}(t+1)>\varepsilon_{\max}。\end{cases} \tag{6-15}$$

其中，

$$\varepsilon_{\max}=((1-\rho)C_{\max}^{gb})^{-1},$$

$$\varepsilon_{\min}=\frac{\varepsilon_{\max}(1-\sqrt[n]{0.05})}{(n/2-1)\sqrt[n]{0.05}};$$

(5) 若 $l>L$，则重新初始化信息素矩阵所有元素为 $\varepsilon_{xy}(t+1)\leftarrow\varepsilon_{\max}$，$l\leftarrow 1$；否则 $\varepsilon_{xy}(t+1)=(1-\rho)\varepsilon_{xy}(t)+m_{xy}(t)\Delta\varepsilon_{xy}(t)$，并按照公式(6-15)调整 $\varepsilon_{xy}(t+1)$。

(6) $t\leftarrow t+1$。

步骤 6　输出全局最优解。

Jia Z H 等(2014)在仿真实验中，基于 4 种工件数和 2 种不同尺寸类型组合随机生成测试算例；参与比较的算法有 Uzsoy(1994)提出的 FFDECR 算法和 FFLPT 算法、Kashan 等(2006)提出的遗传算法和 Chen H P 等(2011)提出的聚类算法等；实验考虑各算法所得解的目标函数值与下界的平均百分误差、运行时间和标准方差三个指标。实验结果表明，对于小尺寸工件的问题，相比于其他比较算法，算法 LOMMAS 所得解与问题下界的距离最小，因而解的质量最好。同时，LOMMAS 算法的平均标准偏差均小于其他智能算法，因而其鲁棒性也是相对最好的。在小规模的小尺寸问题上，遗传算法的运行时间最少，LOMMAS 算法次之，而对于工件数为 100 的小尺寸工件问题，LOMMAS 算法需要的计算时间最少，运行效率最高。对于大尺寸的规模不同的四类问题，LOMMAS 算法所得解的质量均是最好的。对于小规模的大尺寸问题，LOMMAS 算法在解的质量上的优势不太明显，但 LOMMAS 算法的平均标准偏差均为零，表明其鲁棒性较好。在大规模的大尺寸问题上，LOMMAS 算法表现出最好的鲁棒性，而在运行时间方面，算法 LOMMAS 也具有明显的优势。

此外，对排序问题 $1|S,s_j|C_{\max}$，Cheng T C E 等(1995)考虑了工件加工时间随着加工资源数量减少而减小、具有交付期和带有批准备时间的情况，提出了两种动态规划算法极小化最大完工时间。Dupont 等(2002)和 Koh 等(2005)都考虑了工件具有不相容工件簇的情况，其中 Dupont 等(2002)给出一个分支定界算法；Koh 等(2005)给出了一系列的启发式算法和遗传算法，并且除了极小化最大完工时间，还考虑了极小化总完工时间和极小化总加权完工时间的目标函数。程八一等(2008)研究了具有模糊批加工时间和模糊批间隔时间的情

况，并提出一种集成粒子群优化和差异演化的混合算法。

对工件具有到达时间的差异尺寸工件单机并行分批排序问题 $1|S,s_j,r_j|C_{\max}$，Sung 等(2000)提出了性能较好的启发式算法；Li S G 等(2005)给出一个最坏性能比为 $2+\varepsilon$ 的近似算法；Chou 等(2006)给出一个混合遗传算法；Xu R 等(2012)给出混合整数规划模型和下界，并设计了一个启发式算法和一个蚁群优化算法，计算实验表明，所提蚁群优化算法比混合遗传算法具有更好的性能；吴翠连(2005)针对尺寸大于$\frac{1}{2}$的大工件的加工时间不少于尺寸小于$\frac{1}{2}$的小工件加工时间的情况，给出最坏性能比为$\frac{3}{2}+\varepsilon$ 的近似算法；张玉忠等(2006)考虑只有两个到达时间且工件加工时间和尺寸大小一致的情况，并给出最坏性能比不超过$\frac{33}{14}$的算法；马冉等(2006)研究了具有特殊到达时间、工件加工时间相等且具有优先约束的情况，给出最坏性能比不超过 2 的近似算法。

6.3　单目标平行机并行分批排序

差异尺寸工件的平行机并行分批排序问题 $P_m|S,s_j|C_{\max}$ 可描述为：有 n 个工件 $J_1,J_2,\cdots,J_n$ 在 m 台容量相同的平行批处理机上加工。记工件 J_j 的加工时间和尺寸分别为 p_j 和 s_j，$j=1,2,\cdots,n$，机器的容量为 S。工件在每台机器上都可成批加工，批容量有限。记加工的批次为 B_k，$k=1,2,\cdots,b$，其中任一批中所有工件的尺寸之和不大于 S，即 $\sum_{j=1}^{|B_k|} s_j \leqslant S$。同一批中的所有工件同时开始加工，并同时结束。批 B_k 的加工时间 P_k 为批中所有工件的最大加工时间。一旦某批工件开始加工，就不可中断，加工期间也不能增加或减少工件，直至该批加工完成。问题的目标函数为极小化最大完工时间，即所有机器的最大完工时间。

相对于单机并行分批排序问题，平行机并行分批排序问题的求解难度更大。当问题因约束复杂而求解难度增大时，研究者往往采用智能算法对问题进行求解。针对差异尺寸工件的平行机并行分批排序问题 $P_m|S,s_j|C_{\max}$，Chang P Y 等(2004)提出了模拟退火算法，并通过仿真实验验证，所提模拟退火算法的求解性能优于商业软件 CPLEX。Damodaran 等(2008)提出了若干启发式算法，他们将问题分解为工件分批和批分配至机器两个子问题，分别采用了 FFLPT 算法和 BFLPT 算法分批，再利用 LPT 和 Multifit 启发式规则对批进行排序，其中 Multifit 规则本质上是二分法，其通过判断问题目标值上下界的

平均值是否可行来不断减小上界或增大下界，从而逐渐缩小上下界的距离，获得问题的近似解。实验结果表明，Damodaran 等(2008)所提启发式算法在大规模问题上的性能优于 CPLEX，与 Chang P Y 等(2004)所提出的模拟退火算法相当。Shao H 等(2008)将神经网络应用于该问题，通过与 Damodaran 等(2008)所提的启发式算法进行对比，验证了神经网络方法的优越性。Kashan 等(2008)提出一种混合遗传启发式算法，该算法通过遗传算子产生随机批来搜索解空间。在该算法中，对每一个生成的后代染色体，采用一个随机分批过程用于保证其可行性；然后通过 LPT 规则将生成的可行批排序到机器上；最后通过两个局部搜索启发式算法进一步改进算法的求解效果。实验结果表明混合遗传启发式算法优于 Chang P Y 等(2004)提出的模拟退火算法。Damodaran 等(2009)设计遗传算法来求解排序问题 $P_m|S,s_j|C_{\max}$，仿真实验结果表明，所提遗传算法的性能优于模拟退火算法、随机键遗传算法和混合遗传启发式算法。杜冰等(2011)论证了平行机并行分批排序问题 $P_m|S,s_j|C_{\max}$ 实质为一种广义聚类问题，并基于批的空间浪费比，提出批的约束凝聚聚类算法，为分批排序问题的求解提供了一种新的途径。

Jia Z H 等(2015a)基于 MMAS 算法和 Multifit 规则提出一种智能算法 ASM(Ant system based meta-heuristic)求解排序问题 $P_m|S,s_j|C_{\max}$。ASM 算法主要包含两个阶段：首先，利用 LOMMAS 算法对工件进行分批，生成批集合；然后，采用基于 Multifit 规则的方法，将 LOMMAS 算法所得的批排序到机器上。令 LB_2 和 UB_2 分别表示问题目标函数的下界值和上界值，则 ASM 算法的具体步骤如下。

算法 6.4　ASM 算法

步骤 1　采用 LOMMAS 算法对工件进行分批；

步骤 2　按照批的加工时间非增序对所得批进行排序，即 $P_1 \geqslant P_2 \geqslant \cdots \geqslant P_b$；

步骤 3　计算问题的下界 LB_2 和上界 UB_2，其中

$$\mathrm{LB}_2 = \max\left\{\max_{k:B_k \in B}\{P_k\}, \frac{\sum_{k:B_k \in B} P_k}{m}\right\}, \tag{6-16}$$

$$\mathrm{UB}_2 = \max\left\{\max_{k:B_k \in B}\{P_k\}, \frac{2\sum_{k:B_k \in B} P_k}{m}\right\}; \tag{6-17}$$

步骤 4　令 $C_{\max} \leftarrow (\mathrm{LB}_2 + \mathrm{UB}_2)/2$；

步骤 5　在保证最终所得目标值不超过 $C_{\max}$ 的前提下，将批逐个分配到最小索引的机器上加工；如果有一个批不能分配到任一台机器上，则 $\mathrm{LB}_2 \leftarrow C_{\max}$，

否则 $UB_2 \leftarrow C_{max}$；

步骤6 重复步骤4和步骤5共8次或直到 LB_2 近似等于 UB_2。

Jia Z H 等(2015a)的计算实验表明，ASM 算法的性能优于 Damodaran 等(2008)给出的启发式算法和 Kashan 等(2008)所提的混合遗传启发式算法。

另外，对排序问题 $P_m|S,s_j|C_{max}$，张鑫等(2005)研究了工件可以按尺寸拆分的情况，指出该问题是 NP-完备的，并给出一个最坏性能比不超过 $\frac{11}{4}-\frac{1}{m}$ 的近似算法；Chen H P 等(2010)针对工件具有到达时间的情况，分别设计了蚁群优化算法和遗传算法；吴翠连等(2013)考虑工件具有到达时间，且尺寸大于 $\frac{1}{2}$ 的大工件的加工时间不少于尺寸小于 $\frac{1}{2}$ 的小工件加工时间的情况，并设计了一个最坏性能比为 $\frac{3}{2}+\varepsilon$ 的多项式时间近似算法；Zhou S C 等(2017)针对工件具有到达时间的情况，设计了几个有效的启发式算法，通过计算实验表明，与已有的几个启发式算法和智能算法相比，所设计算法在解的质量上占据优势。

Li X L 等(2013)研究了非同类机排序问题 $R_m|S,s_j|C_{max}$，给出了一个下界，并基于 BFLPT 算法设计了几个启发式算法。Arroyo 等(2017a)考虑工件具有到达时间的排序问题 $R_m|S,s_j,r_j|C_{max}$，给出混合整数规划模型和下界，并设计了几个有效的启发式算法。

6.4 考虑拒绝成本的多目标平行机并行分批排序

在实际加工过程中，制造商往往会因为资源有限的原因拒绝加工部分订单，而选择加工那些来自其重要客户或能够带来更多利润的订单。将这类实际问题抽象出来即为考虑拒绝的排序问题。本节讨论带有拒绝的有界平行机并行分批排序双目标优化问题，问题的两个目标函数分别为最大完工时间和被拒绝工件成本总和。

针对该双目标问题，分别采用线性加权和帕累托优化两种不同的多目标优化方法进行求解。生成的两个问题分别用 P1 和 P2 表示。其中问题 P1 的目标函数为最大完工时间与被拒绝工件成本之和的线性组合，问题 P2 的目标是同时优化两个目标，问题的解是一个帕累托解集。

用三参数方法表示问题 P1 与 P2 分别为 $P_m|p_j=p,s_j,\omega_j,S|C_{max}+R_{tot}$ 和 $P_m|p_j=p,s_j,\omega_j,S|(C_{max},R_{tot})$，其中 ω_j 表示被拒绝工件 J_j 的拒绝成本，R_{tot} 表示被拒绝工件的成本总和。这两个问题的基本假设包括：

(1) 记工件集合 $J=\{J_1,J_2,\cdots,J_n\}$,所有工件均可在 0 时刻开始加工。工件 J_j 的加工时间 $p_j=p$,拒绝成本为 ω_j,尺寸为 s_j,$j=1,2,\cdots,n$,每个工件只能被分配到一台机器上的一个批中。

(2) 集合 J 中的工件被分到批 B_k 中,$k=1,2,3,\cdots,b$,当所有的工件都被分批之后才能确定批的数目。

(3) 工件分批之后,批集合被安排到 m 台有相同容量的平行批处理机 M_1,M_2,$\cdots$,M_m 上。该 m 台机器具有相同的容量 S,假定任何工件的尺寸都不超过 S。同时任何 B_k 中所有工件的尺寸之和也不能超过 S。

(4) 批的加工不允许中断,也不能在加工过程中增加或减少任何工件。批 B_k 的加工时间 $P_k=p$。记机器 M_i 的完工时间为 C_i,其等于所有批在机器 M_i 上的加工时间之和。最大完工时间 $C_{\max}=\max\{C_i \mid i=1,2,\cdots,m\}$。为了减小最大完工时间,一些工件可以被拒绝,由此将会产生相应的拒绝成本。总的拒绝成本 R_{tot} 等于被拒绝工件集合 J^R 中所有工件的成本总和。

(5) 问题 P1 的目标是极小化 $C_{\max}$ 与 R_{tot} 的和,问题 P2 的目标是同时极小化 $C_{\max}$ 和 R_{tot}。

当所有工件是单位尺寸时,问题 P1 存在时间复杂性为 $O(n\log n)$的最优算法如下。

算法 6.5 HU 算法

步骤 1 对所有工件按成本非增的顺序进行排序。

步骤 2 将排序后的前 S 个具有最大成本的工件放入一个批中,然后重复将接下来的 S 个工件放入一个批中;依此类推,直到所有的工件都放入批中。

步骤 3 将第 1 组 m 个批(第 $1,2,\cdots,m$ 批)在第 1 个 p 时间段上进行加工,然后安排第 2 组 m 个批(第 $m+1,m+2,\cdots,2m$ 批)在第 2 个 p 时间上进行加工;依此类推,直到加工完所有的批。

步骤 4 针对上述步骤所得到的排序方案,根据不同的拒绝位置可以得到不同的解,在所有可能的解中,选择具有最小目标函数值的解为最终解。

在 HU 算法中,步骤 4 的具体操作如下:记所得排序方案的最大完工时间为 C',则第一个可能的解为加工所有的工件,即不拒绝任何工件,这时 $J^R=\varnothing$,$R_{\text{tot}}=0$,解的目标函数值为 $C'+0=C'$;第二个可能的解是拒绝最后一个 p 时间段上的所有批,在这种情况下,最大完工时间等于 $C'-p$,被拒绝的工件集合 $J^R=\{J_j \mid J_j\in[C'-p,C']\}$,总的拒绝成本 $R_{\text{tot}}=\sum\limits_{j:J_j\in J^R}\omega_j$,目标函数值为 $C'-p+R_{\text{tot}}$;第三个可能的解是拒绝最后两个 p 时间段上的所有批,依此类推,直到所有工件都被拒绝。对单位尺寸工件的问题 P1,总共可以得到的可行解的数量为$\lceil C'/p\rceil+1$,最后选择具有最小目标函数值的解为最终解。

类似地,单位尺寸工件的问题 P2 也可以通过上述过程来求解。主要的不同之处在于,对问题 P2 需要根据帕累托支配关系对$\lceil C'/p \rceil+1$个可行解进行评估,最终得到的是一个帕累托解集。

当工件尺寸任意时,问题 P1 是强 NP-难的。考虑问题 P1 的一种特殊情况:只有一台批处理机;对工件 J_j,有 $p_j=p=1,\omega_j=n+1,j=1,2,\cdots,n$。显然此时加工所有工件的最大完工时间至多为 n。由于拒绝一个工件的惩罚是 $n+1$,所以为了极小化最大完工时间和总的拒绝成本之和,此时拒绝工件的方案是不可取的。因此,问题在该特殊情况下就转化为了加工所有工件以极小化最大完工时间,这等价于装下所有工件以极小化箱子数量的装箱问题。也就是说强 NP-难的装箱问题是问题 P1 的一个特例,因此问题 P1 也是强 NP-难的。

Jia Z H 等(2017a)对问题 P1 给出了一个下界(记为 LB_3)的计算方法。为了便于描述,这里引入如下定义。

定义 6.6 批的级数定义为该批在所加工机器上的序号。例如,每台机器上的第一个批的级数定义为 1,每台机器上的第二个批的级数定义为 2,依此类推。

定义 6.7 解的最大批级数是指该解中所有机器上最后一个批的级数的最大值。

令 h 表示解的最大级数,l 表示 m 台机器上具有最大级数 h 的批数,显然 $1\leqslant l\leqslant m$。用 L 表示拒绝位置的级数索引,即从级数 1 到级数 L 的所有批都被加工,从级数 $L+1$ 到级数 h 的所有批都被拒绝;当 $L=0$ 时,所有的批都被拒绝。

基于以上定义,HU 算法中步骤 4 的操作过程可整理为 REC 拒绝函数以便在计算下界 LB_3 时调用。具体步骤如下。

算法 6.6 REC(h,l,B)函数

步骤 1 初始化当前最小的目标函数值 $F_{\min}=hp$,相应的拒绝位置 $L_{\min}=h$,这种情况下,所有的批都被加工。

步骤 2 $L\leftarrow h-1$。

步骤 3 令当前方案的最大完工时间值 $f_1\leftarrow Lp$,总拒绝成本值 $f_2\leftarrow \sum_{k=L\cdot m+1}^{L\cdot m+l} W_k$,其中 W_k 为批 B_k 的拒绝成本,等于批中所有工件拒绝成本之和。

步骤 4 如果 $F_{\min}>f_1+f_2$,那么 $F_{\min}\leftarrow f_1+f_2,L_{\min}\leftarrow L$。

步骤 5 $L\leftarrow L-1$;如果 $L\geqslant 0$,转步骤 3,否则转步骤 6。

步骤 6 输出 $F_{\min}$。

针对问题 P1 的下界 LB_3 的计算过程如下。

算法 6.7 LB_3 算法

步骤 1　将每个工件 J_j 转化为 s_j 个大小相等的单位尺寸工件，每个单位尺寸工件的拒绝成本为$\frac{\omega_j}{s_j}$，新产生的单位工件的集合 J^u 由 $\sum_{j:J_j \in J} s_j$ 个工件组成；

步骤 2　将集合 J^u 中所有的工件按照拒绝成本进行非增排序；

步骤 3　前 S 个工件分配到第 1 个批中，接下来的 S 个工件分配到第 2 个批中，重复这样的分批操作，直到所有工件都被分批，最后形成的批集合用 B 表示；

步骤 4　用 b 表示批集合 B 中批的数目，则 $b=(h-1)m+l$；

步骤 5　对于批集合 B 中的每个批 $B_k(k=1,2,\cdots,b)$，计算批 B_k 的拒绝成本 W_k；

步骤 6　分配第 1 组 m 个批到第 1 级上，第 2 组 m 个批到第 2 级上，依此类推，直到将批 $B_{(h-2)m+1},\cdots,B_{(h-1)m}$ 分配到第 $h-1$ 级上，最后 l 个批被分配到第 h 级上；

步骤 7　调用拒绝函数 $\mathrm{REC}(h,l,B)$；

步骤 8　令 $\mathrm{LB}_3=F_{\min}$，并输出。

Jia Z H 等(2017a)给出一个求解问题 P1 的启发式算法 H1，该算法类似于下界 LB_3 的计算方法，只是在 H1 算法中不用将工件转化为单位尺寸工件。H1 算法的具体步骤如下。

算法 6.8　H1 算法

步骤 1　将所有工件按拒绝成本非增的顺序排序；

步骤 2　按 best-fit(最佳匹配)规则将工件分批，即将工件放入到剩余空间最小的批中，令形成的批集合为 B'，b' 表示批集合 B' 中批的个数，则有 $b' \leftarrow (h'-1)m+l'$，其中 $1 \leqslant l' \leqslant m$；

步骤 3　对每个批 B'_k，$k=1,2,\cdots,b'$，计算批 B'_k 的拒绝成本 W'_k；

步骤 4　将所有批按拒绝成本非增的顺序排序；

步骤 5　调用 $\mathrm{REC}(h',l',B')$ 函数；

步骤 6　令最优目标函数值 $F^* \leftarrow F_{\min}$，并输出。

Jia Z H 等(2017a)基于蚁群优化分别对问题 P1 给出 LACO(ant colony optimization with local optimziation)算法，对问题 P2 给出 MACO(multi-objective ant colony optimization)算法。在介绍这两个算法之前，先给出在算法中需要用到的 5 个定义、解的构建过程和一个局部优化算法。

(1) 信息素矩阵的定义

针对最大完工时间的目标，定义信息素矩阵

$$\tau_{kj}^1=\frac{\sum \tau_{yj}^1}{|B_k|}\ (J_y \in B_k, J_j \in E_k) \tag{6-18}$$

表示两个工件被分配在同一个批的期望值。其中，τ_{yj}^1 的初始值为 0；$J_y \in B_k$ 表示工件 J_y 已经被分配到批 B_k 中；E_k 是满足批 B_k 容量约束的候选工件集；$J_j \in E_k$ 表示工件 J_j 是添加到候选工件集 E_k 中的工件；$|B_k|$ 代表批 B_k 中包含的工件个数。

针对总拒绝成本的目标，定义信息素矩阵

$$\tau_j^2 = \frac{1}{R_j + 1} \tag{6-19}$$

来记录被拒绝加工的工件的状态。其中，τ_j^2 的初始值为 1；R_j 表示工件 J_j 被拒绝的次数。

(2) 启发式信息的定义

类似于信息素的定义，启发式信息的定义也是面向问题目标的。对最大完工时间的目标，根据工件尺寸与批的剩余容量之间的关系定义启发式信息

$$\eta_{kj}^1 = \frac{1}{\left(S - \sum_{y:J_y \in B_k} s_y\right) - s_j + 1}, \tag{6-20}$$

其中，$S - \sum_{y:J_y \in B_k} s_y$ 表示当前批 B_k 的剩余空间。如果一个工件的尺寸越接近于批 B_k 的剩余空间，则启发式信息 η_{kj}^1 的值将越大，因此，这个工件被分配到批 B_k 的概率就越大。

对总拒绝成本的目标而言，具有较大权重的工件应该优先被加工，因此启发式信息定义为

$$\eta_j^2 = \frac{1}{\max_{y:J_y \in E_k} \{\omega_y\} - \omega_j + 1}, \tag{6-21}$$

其中，$\max_{y:J_y \in E_k} \{\omega_y\}$ 表示候选工件集 E_k 中具有最大权重的工件。

(3) 状态转移概率的定义

状态转移概率 P_k^j 定义为工件 J_j 被加入到批 B_k 中的概率。如果 P_k^j 的值越大，则工件 J_j 被加入到批 B_k 中的概率就越大。P_k^j 的计算公式为

$$P_k^j = \frac{(\tau_{kj}^1 + \tau_j^2)^\alpha (\eta_{kj}^1 \eta_j^2)^\beta}{\sum_{y:J_y \in B_k} (\tau_{ky}^1 + \tau_y^2)^\alpha (\eta_{ky}^1 \eta_y^2)^\beta}, \tag{6-22}$$

其中，τ_{kj}^1、τ_j^2、η_{kj}^1 和 η_j^2 的定义分别见式(6-18)～式(6-21)；α 和 β 分别表示信息素和启发式信息对状态转移概率 P_k^j 影响的相对偏好系数。

(4) 局部信息素更新的定义

针对两个目标的局部信息素的更新公式分别为

$$\tau_{ij}^{1}=(1-\rho_1)\tau_{ij}^{1}+\rho_l\tau_{ij}^{10}, \tag{6-23}$$

$$\tau_{j}^{2}=(1-\rho_1)\tau_{j}^{2}+\rho_l\tau_{j}^{20}。 \tag{6-24}$$

其中,τ_{ij}^{10},τ_{j}^{20} 分别表示τ_{ij}^{1},τ_{j}^{2} 的初始值;参数 ρ_l 的范围在0～1,它用来控制信息素挥发的速度。

(5) 全局信息素更新的定义

在信息素的全局更新中,所有的蚂蚁在经过一次迭代之后,根据其最优解和次优解进行全局信息素更新。针对两个目标的更新公式分别为

$$\tau_{ij}^{1}=(1-\rho_g)\tau_{ij}^{1}+m_{ij}\tau_{ij}^{10}, \tag{6-25}$$

$$\tau_{j}^{2}=(1-\rho_g)\tau_{j}^{2}+\frac{1}{R_j+1}\tau_{j}^{20}, \tag{6-26}$$

其中,m_{ij} 表示工件 J_i 与工件 J_j 放在同一个批中的次数;R_j 表示工件 J_j 被拒绝加工的次数,R_j 的初始值为0;类似于 ρ_l,ρ_g 也是一个随机参数,在0～1取值。

(6) 解的构建过程

基于上述定义,可按照如下过程构建解。

步骤1 某只蚂蚁 a 在机器 M_{i^*} 上构建一个空批 B_k,如果存在很多机器含有相同的最小完工时间,则选择机器索引最小的那个机器;

步骤2 蚂蚁 a 根据公式(6-22)定义的状态转移概率 P_k^j,从 E_k 中选择具有最大概率的工件 J_j,并将其分配到批 B_k 中,重复步骤2,直到 E_k 为空;

步骤3 蚂蚁 a 关闭它的当前批 B_k;

步骤4 重复以上步骤,直到工件集合 J 中的所有工件都被排序。

(7) 局部优化算法

在每个蚂蚁将所有的工件都分配到机器上之后,就得到一个解,可以采用局部优化算法LO1对所得到的解进行局部优化。

LO1算法包含两种优化策略,分别是基于工件的交换和插入策略。由于是从最后一级开始拒绝工件,所以将具有较高拒绝成本的工件从较高级数移动到较低级数会得到更优的解。在基于工件交换的优化策略中,当两个工件同时满足机器容量约束的情况时,将较低级数批中具有较小拒绝成本的工件与较高级数批中具有较大拒绝成本的工件相交换;另外,将较高级数批中的工件移动到较低级数批中的剩余空间,也会得到更优的解;如果两个工件具有相同的拒绝成本,则只有当较高级数中的工件尺寸小于较低级数中的工件尺寸时,才能相互交换。在基于工件插入的优化策略中,将较高级数批中的工件插入较低级数批中从而减少较高级数的批的拒绝成本。

当输入一个解 O 之后,局部优化算法LO1的过程描述如下。

算法 6.9 LO1 算法

步骤 1 对 k_1 从 1 到 $b-1$(b 为总批数),对 k_2 从 k_1+1 到 b,如果工件 $J_s \in B_{k_1}$ 和 $J_t \in B_{k_2}$,满足以下的其中一个条件:

(1) $\omega_s < \omega_t$,$s_t \leqslant S - \sum\limits_{r:J_r \in B_{k_1}} s_r + s_s$,且 $S \geqslant \sum\limits_{q:J_q \in B_{k_2}} s_q - s_t + s_s$;

(2) $\omega_s = \omega_t$,$s_t \leqslant s_s$,且 $S \geqslant \sum\limits_{q:J_q \in B_{k_2}} s_q - s_t + s_s$,

则交换工件 J_s 和 J_t;

步骤 2 对 k_1 从 1 到 $b-1$,对 k_2 从 $\lceil k_1/m \rceil \cdot m+1$ 到 b,如果工件 $J_t \in B_{k_2}$ 满足 $s_t < S - \sum\limits_{r:J_r \in B_{k_1}} s_r$,则将工件 J_t 插入到批 B_{k_1} 中;

步骤 3 输出改进之后的解 O'。

基于上述定义、解的构建和局部优化算法,下面给出 LACO 算法。

LACO 算法引入了两个数组 V_B 和 V_M,其中 V_B 的第 k 个元素 $V_B(k)$ 记录批 B_k 的级数,即在时间段 $[(V_B(k)-1)p, V_B(k)p]$ 内加工批 B_k;V_M 的第 i 个元素 $V_M(i)$ 存储机器 M_i 的当前最大级数。LACO 算法的具体过程描述如下。

算法 6.10 LACO 算法

步骤 1 初始化:两个信息素矩阵;机器的容量 S;工件集合 J;机器集合 M;蚂蚁数量 n_a;最大迭代次数 $I_{\max}$;信息素初始值 τ_{ij}^{10} 和 τ_j^{20};信息素挥发率 ρ_l 和 ρ_g;信息素影响因子 α;启发式信息的影响因子 β;批的级数数组 $V_B=0$;机器的最大级数数组 $V_M=0$;工件 J_j 被拒绝的次数 R_j 为 0;全局最优解 S^*;S^* 的目标值 F^* 为一个很大的整数。

步骤 2 $t \leftarrow 1$,其中 t 表示当前代数。

步骤 3 当 $t \leqslant I_{\max}$ 时

1) $a \leftarrow 1$,其中 a 表示蚂蚁的编号;

2) 当 $a \leqslant n_a$ 时

(1) $k \leftarrow 0$,$U \leftarrow J$,其中 k 表示当前批的索引,U 表示未排序工件集;

(2) 当 $U \neq \varnothing$ 时

① 蚂蚁 a 根据 $i^* = \mathrm{argmin} C_i$,$i \in \{1,2,\cdots,m\}$,选择完工时间最小的机器 M_{i^*},$V_M(i^*) \leftarrow V_M(i^*)+1$,$k \leftarrow k+1$;在机器 M_{i^*} 上构建一个空批 B_k,$V_B(k) \leftarrow V_M(i^*)$;从 U 中随机选择一个工件 J_j 加入批 B_k,并更新 $U \leftarrow U \backslash \{J_j\}$。

② 计算候选工件集

$$E_k=\{J_j \mid J_j \in U_k, s_j \leqslant (S-\sum_{y:J_y \in B_k} s_y)\}。\tag{6-27}$$

③ 当 $E_k \neq \varnothing$ 时，根据式(6-18)～式(6-21)，分别计算 $\tau_{kj}^1,\tau_j^2,\eta_{kj}^1,\eta_j^2$；根据式(6-22)计算状态转移概率 P_k^j；选择一个最大的状态转移概率的工件加入到批 B_k；根据式(6-23)和式(6-24)进行局部信息素更新；更新 $U \leftarrow U \backslash \{J_j\}$，$E_k \leftarrow E_k \backslash \{J_j\}$。

(3) 调用局部优化算法 LO1(O)得到一个优化的解 O'；

(4) $h \leftarrow \max\limits_{i=1,2,\cdots,m}\{V_M(i)\}, l \leftarrow b-(h-1)m$；

(5) 调用拒绝函数 REC(h,l,B')，求出目标值 $F_{\min}$；

(6) 对于批 $\{B_k \mid V_B(k)=L_{\min},\cdots,h\}$ 中的每个工件 J_j：拒绝次数 $R_j \leftarrow R_j+1$，并根据公式(6-24)更新 τ_j^2；

(7) 如果 $F_{\min}<F^*$，则 $F^* \leftarrow F_{\min}, S^* \leftarrow O'$；

(8) $a \leftarrow a+1$；

3) 根据式(6-25)和式(6-26)更新全局信息素；

4) $t \leftarrow t+1$。

步骤4 输出 S^* 和 F^*。

针对问题P2，MACO算法基于帕累托优化同时极小化两个目标。由于MACO算法和LACO算法中的多数步骤都是相同的，因此这里就不再赘述MACO的全部过程，而是只将算法MACO和LACO之间的不同步骤说明一下：

(1) 相对于P1问题的解来说，P2问题的解不是单个解，而是一个帕累托解集。因此，在MACO算法中，用帕累托解集 G^* 代替LACO算法中的最优解 S^* 和相应目标值 F^*，并初始化 G^* 为一个空集。

(2) MACO算法在调用REC函数时，根据帕累托支配关系更新解集 G^*。

Jia Z H等(2017a)通过仿真实验将LACO算法与不带局部优化策略的LACO算法(记为ULACO算法)和H1算法做比较。实验结果表明，LACO算法的整体性能要优于ULACO算法和启发式算法H1，从而验证了LACO算法的效率和有效性。此外，这3个算法在小尺寸工件问题上得到的解的质量优于混合尺寸工件问题上所得解的质量；所得大尺寸工件实例的解质量最差；而且3个算法在混合尺寸工件实例上的运行之间最长，在小尺寸工件实例上的次之，在大尺寸工件实例上花费的计算时间相对最少。另外，局部优化策略在小尺寸和大尺寸工件实例上的效果比在混合尺寸工件实例上的更加明显，然而局部优化策略越有效，算法所需的计算时间就越长。虽然局部优化需要额外的计算时间，但仍然能在合理的时间内得到有效的解。

MACO算法所得的是一个帕累托解集，在前面1.2.6节中提到过，这类解的目标函数值不适合比较大小，所以基于目标函数值大小比较的评价方法对MACO算法不适用，需要用其他的评价指标来检验算法的性能。这里给出几种常用的针对双目标问题智能算法的性能评价指标。

以极小化问题 $1\|(\gamma_1,\gamma_2)$ 为例，用智能算法求解该问题，算法性能评价指标可以为：

(1) 帕累托解集规模(number of pareto solutions, NPS)

该指标描述的是算法得到的帕累托解的个数，这是衡量解的质量的一个很直观的指标。算法找到的帕累托解越多，给决策者的选择余地就越大，表明算法的性能就越好。

(2) 覆盖率(coverage, C)

该指标用于对比两个帕累托解集的质量。假设有两个帕累托解集 E 和 F，$C(E,F)$ 的值表示集合 F 中被集合 E 中至少一个元素支配(dominate)的解占集合中元素总数的比例，计算公式为

$$C(E,F)=\frac{|\{f \mid f\in F,\text{且 }\exists e\in E: e\succ f\}|}{|F|},$$

其中 $e\succ f$ 表示解 e 支配解 f。$C(E,F)$ 的取值在[0,1]之间。$C(E,F)$ 的值越接近1，表示集合 F 中有越多元素被 E 中某个解支配，从而解集 E 相对解集 F 就越优，同时说明解集 E 对应的算法相比解集 F 对应的算法性能就越好。但是该指标通常是非对称的，即通常 $C(E,F)+C(F,E)\neq 1$，所以比较解集 E 与解集 F 的优劣不仅需要看 $C(E,F)$ 的值，也要参考 $C(F,E)$ 的值。

(3) 超体积(hypervolume, H)

这是衡量一个帕累托解集与帕累托最优解集近似程度的指标。帕累托最优解集是指整个可行决策空间的帕累托解集。该指标被证明具有帕累托可满足性，即对解集 E 和解集 F 来说，若 E 支配 F，则必有 $H(E)\geqslant H(F)$，其中 $H(E)$ 及 $H(F)$ 表示解集 E 或 F 的超体积指标值，其值越高，表明解集 E 与帕累托最优解集越接近，相应算法性能越好。

对某帕累托解集 Ω，在计算超体积指标 $H(\Omega)$ 之前需要先选定一个参考点 $X^*=(x_1^*,x_2^*)$，该参考点必须被所有的帕累托解支配，可以通过如下公式来确定：

$$x_1^*=\max_{\sigma\in\Omega}\gamma_1^\sigma+\varnothing(\max_{\sigma\in\Omega}\gamma_1^\sigma-\min_{\sigma\in\Omega}\gamma_1^\sigma),$$

$$x_2^*=\max_{\sigma\in\Omega}\gamma_2^\sigma+\varnothing(\max_{\sigma\in\Omega}\gamma_2^\sigma-\min_{\sigma\in\Omega}\gamma_2^\sigma),$$

其中 $\gamma_i^\sigma(i=1,2)$ 表示目标函数 γ_i 在帕累托解 σ 下的目标函数值，$\varnothing=0.1$。

帕累托解集 Ω 的超体积指标 $H(\Omega)$的计算公式为

$$H(\Omega)=\sum_{\sigma\in\Omega}(x_1^*-\gamma_1^\sigma)(x_2^*-\gamma_2^\sigma)。$$

(4) 多样性(diversity,DVR)

该指标表示帕累托解集中的解所覆盖区域的面积,计算公式为

$$\mathrm{DVR}_\Omega=(\max_{\sigma\in\Omega}\gamma_1^\sigma-\min_{\sigma\in\Omega}\gamma_1^\sigma)(\max_{\sigma\in\Omega}\gamma_2^\sigma-\min_{\sigma\in\Omega}\gamma_2^\sigma),$$

其中 Ω 表示算法所得帕累托解集。DVR 的值越大表明对应算法得到的解质量越好。

(5) 解间距(spacing,SPC)

该指标描述的是帕累托解集映射在目标空间上的点的分布情况。解间距计算公式为

$$\mathrm{SPC}_\Omega=\frac{\left[\frac{1}{|\Omega|}\sum_{\sigma\in\Omega}(d_\sigma-\bar{d})^2\right]^{1/2}}{\bar{d}},$$

其中$|\Omega|$表示帕累托解集 Ω 中解的数量,d_σ 表示在目标空间中,解 σ 的映射点与其距离最近点的欧氏距离,$\bar{d}=\frac{1}{|\Omega|}\sum_{\sigma\in\Omega}d_\sigma$。SPC 的值越大表明对应算法得到的解质量越好。

(6) 与下界的距离(distance to lower bound,DLB)

该指标反映所得帕累托解集在目标空间的映射与问题下界的接近程度,计算公式为

$$\mathrm{DLB}_\Omega=\frac{\sum_{\sigma\in\Omega}\min\left\{\frac{\gamma_1^\sigma-\gamma_1^{\mathrm{LB}}}{\gamma_1^{\mathrm{LB}}},\frac{\gamma_2^\sigma-\gamma_2^{\mathrm{LB}}}{\gamma_2^{\mathrm{LB}}}\right\}}{|\Omega|},$$

其中 γ_1^{LB} 和 γ_2^{LB} 分别表示两个目标的下界。DLB 的值越小表明对应算法得到的解质量越好。

(7) 计算时间(calculation time,T)

该指标用于比较不同智能算法在相同问题规模及相同的迭代次数下的运行时间。T 的值越小表明对应算法获得解的计算时间越少,算法的性能越好。

在检验 MACO 算法的性能时,Jia Z H 等(2017a)分别利用 MACO 算法、DACO(Du's ant colony optimization)算法(Du B et al.,2011)和 NSGA-Ⅱ算法(Deb et al.,2002)对测试算例进行计算,并采用超体积指标和覆盖率指标对算法性能进行对比分析。这里 DACO 算法是另外一种蚁群算法,NSGA-Ⅱ算法为经典的多目标优化算法,由于 DACO 算法和 NSGA-Ⅱ算法在其来源文献中的目标问题并不是排序问题 $P_m|p_j=p,s_j,\omega_j,S|(C_{\max},R_{\mathrm{tot}})$,所以在实验时

需要做适当处理。实验结果表明,MACO 算法得到解的质量比另外两个算法的解的质量更好,MACO 算法的超体积指标和覆盖率指标平均值均优于 DACO 算法和 NSGA-Ⅱ算法,但对小尺寸工件和大尺寸工件实例,MACO 算法的运行时间更长。原因是在 MACO 算法中同时考虑构建批和批排序过程,蚂蚁在一个更大的搜索空间中进行搜索,因而花费了很多时间;另外,信息素路径更新和局部优化也需要花费额外的计算时间。

6.5 节能双目标平行机并行分批排序

近年来,生产制造中的环境保护和能源消耗问题日益引发人们的关注。考虑节能环保的绿色制造模式成为现代制造企业适应日趋激烈的市场竞争、实现可持续发展的有效途径。由于生产调度是先进制造系统的关键问题,也是生产管理过程中最重要的环节(杨培颖等,2013),因而面向绿色制造的高效生产调度过程可以有效提高生产效率,降低生产成本,提高企业效益,增强企业竞争力。现代制造型企业只有通过节能的生产调度,走资源节约型、环境友好型的发展道路,才能实现可持续内涵式发展(王峻峰等,2013)。从能源效率影响因素及其节能策略的角度,生产调度能耗管理可分为机器相关的能耗管理和分时电价相关的能耗管理,而电力需求的快速增长使得提高能源效率和节省电力成为影响经济可持续发展的重要课题之一(APERC,2013)。

实时电价政策是一种已经被很多国家如中国、美国、加拿大和法国采取的节能策略,它旨在通过控制价格来提高峰值负载调节能力,促进高峰期和非高峰期之间的电力需求平衡,从而满足高峰期的电力需求。在半导体制造、钢铁制造、航空制造等工业领域,电费占产品成本的 10%～50%(Hadera et al.,2013),因此对于这类企业通过降低生产能耗、提高能源效率可以大大提高竞争力。

在生产调度中考虑能源效率即得节能排序问题。已有考虑节能的并行分批排序文献多数都是针对单机环境的。在单机环境下:Mouzon 等(2008)研究同时极小化总能耗和总延迟时间的问题;Yildirim 等(2012)研究了同时优化能源消耗和总完工时间的问题,并提出了一个多目标的遗传算法;Shrouf 等(2014)建立了一个极小化能源消耗成本的数学规划模型;Liu C G 等(2014)考虑了到达时间确定的双目标问题,目标分别为总完工时间和总二氧化碳排放量;Che A D 等(2016)研究了极小化总电力成本的并行分批排序问题,并给出启发式算法;Cheng J H 等(2016)研究了实时电价下的并行分批排序问题,同时极小化最大完工时间和总的电力成本,给出混合整数规划模型并证明该问题是NP-难的；Wang S J等(2016)考虑实时电价下具有不同的能源消耗功率，且工件有不同尺寸的双目标问题，目标函数为极小化最大完工时间和总能源成本。

在混合流水作业环境下，Luo H等(2013)研究同时极小化最大完工时间和电力成本的并行分批排序问题，并提出一种基于蚁群的智能算法。在非同类机环境下，Moon等(2013)研究了同时极小化最大完工时间和电力成本的并行分批排序问题，并提出一种混合的遗传算法。

在同型机环境下，Jia Z H等(2017b)研究了节能双目标排序问题$P_m|r_j,s_j,S,\varphi_i,\psi_i|(C_{\max},\Psi)$，其中$\varphi_i$表示机器$M_i$在加工状态下单位时间内的电力消耗，$\psi_i$表示机器$M_i$在空闲状态下单位时间内的电力消耗。该问题同时考虑极小化最大完工时间和总电力成本两个目标，假设如下：

(1) 一个工件集合J中所有的n个工件要被安排到m台平行机上进行加工，机器集合为M。

(2) 集合J中的每个工件$J_j(j=1,2,\cdots,n)$都有不同的到达时间r_j，加工时间p_j以及工件尺寸s_j。

(3) 每台机器$M_i(i=1,2,\cdots,m)$都有相同的机器容量S。机器在加工过程中存在两种状态，加工状态和空闲状态，记机器在加工和空闲状态下的单位时间电力消耗分别为φ_i和ψ_i。所有的机器都是在0时刻可用并且加工不能被中断。在同一批中的工件同时加工。

(4) B_{ki}是在机器M_i上加工的第k个批(为了便于描述，本节在表示批时加上了加工该批的机器号)。R_{ki}是批B_{ki}的到达时间，等于批中最迟到达工件的到达时间，即$R_{ki}=\max\{r_j|J_j\in B_{ki}\}$。批$B_{ki}$的加工时间记为$P_{ki}$，等于批中工件最长的加工时间，即$P_{ki}=\max\{p_j|J_j\in B_{ki}\}$。批尺寸$S_{ki}$是批中所有工件尺寸之和，即$S_{ki}=\sum\limits_{j:J_j\in B_{ki}}s_j$。每个批的尺寸不得超过机器容量$B$，即$S_{ki}\leqslant S$。在一个可行解$O$构建完成之后，机器$M_i$上的批$B_{ki}$的开始加工时间和完工时间才能确定，分别记为$A_{ki}$和$C_{ki}$。$A_{ki}=\max\{R_{ki},C_{(k-1)i}\}$，$C_{ki}=A_{ki}+P_{ki}$，其中$C_{(k-1)i}$是批$B_{ki}$的前一个批$B_{(k-1)i}$在机器$M_i$上的完工时间，$C_{0i}=0$。

(5) 问题的第一个优化目标$C_{\max}$是可行解O中所有批的最大完工时间，即$C_{\max}=\max\limits_{ki:B_{ki}\in O}\{C_{ki}\}$。第二个优化的目标总电力成本记为$\Psi$，即从0时刻到$C_{\max}$时刻所有机器的加工时间电力消耗和空闲时间电力消耗的总和。记t时刻的电力消耗为$f(t)$。

如果定义上述问题的决策变量分别为Y_{ki}，X_{jki}和z_i^t，其中

$$Y_{ki}=\begin{cases}1, & \text{如果批 } B_{ki} \text{ 在机器 } M_i \text{ 上加工；}\\ 0, & \text{否则 。}\end{cases} \tag{6-28}$$

$$X_{jki}=\begin{cases}1, & \text{如果工件 } J_j \text{ 在批 } B_{ki} \text{ 中；}\\ 0, & \text{否则 。}\end{cases} \tag{6-29}$$

$$z_i^t=\begin{cases}1, & \text{如果机器 } M_i \text{ 在时刻 } t \text{ 处于工作状态；}\\ 0, & \text{否则。}\end{cases} \tag{6-30}$$

则该问题的整数规划模型为

$$\text{Min } C_{\max} \tag{6-31}$$

$$\text{Min } \Psi=\int_0^{C_{\max}} f(t)\sum_{i=1}^{m}(\varphi_i z_i^t+\psi_i(1-z_i^t))\,\mathrm{d}t \tag{6-32}$$

$$\text{s.t.}\quad X_{jki}\leqslant Y_{ki},\quad i=1,2,\cdots,m;\ j=1,2,\cdots,n;\ k=1,2,\cdots,n \tag{6-33}$$

$$\sum_{i=1}^{m}\sum_{k=1}^{n}X_{jki}=1,\quad j=1,2,\cdots,n \tag{6-34}$$

$$\sum_{j=1}^{n}s_j X_{jki}\leqslant S,\quad i=1,2,\cdots,m;\ k=1,2,\cdots,n \tag{6-35}$$

$$P_{ki}\geqslant p_j X_{jki},\quad i=1,2,\cdots,m;\ j=1,2,\cdots,n;\ k=1,2,\cdots,n \tag{6-36}$$

$$A_{ki}\geqslant r_j X_{jki},\quad i=1,2,\cdots,m;\ j=1,2,\cdots,n;\ k=1,2,\cdots,n \tag{6-37}$$

$$A_{ki}\geqslant A_{(k-1)i}Y_{(k-1)i}+P_{(k-1)i}Y_{(k-1)i},\quad i=1,2,\cdots,m;\ k=2,3,\cdots,n \tag{6-38}$$

$$C_{ki}=A_{ki}Y_{ki}+P_{ki}Y_{ki},\quad i=1,2,\cdots,m;\ k=1,2,\cdots,n \tag{6-39}$$

$$C_{\max}\geqslant C_{ki},\quad i=1,2,\cdots,m;\ k=1,2,\cdots,n \tag{6-40}$$

$$Y_{ki},X_{jki},z_i^t\in\{0,1\},\quad i=1,2,\cdots,m;\ j=1,2,\cdots,n;\ k=1,2,\cdots,n \tag{6-41}$$

$$z_i^t\in\{0,1\},\quad 0\leqslant t\leqslant C_{\max};\ i=1,2,\cdots,m \tag{6-42}$$

其中,式(6-31)是极小化最大完工时间；式(6-32)是极小化总电力成本,其中 $f(t)$为电价函数；式(6-33)保证工件只能被分配到已存在的批中；式(6-34)表示一个工件只能被分配到一台机器上的一个批中进行加工；式(6-35)表示每个批的尺寸不超过机器容量；式(6-36)定义了批 B_{ki} 的加工时间,为批中工件的最大加工时间；式(6-37)保证在批中所有工件都到达之后才能对批进行加工；式(6-38)表示在批的加工过程中不能被中断,只有上一个批加工完成后才能开始加工下一个批；式(6-39)定义了批 B_{ki} 的完工时间；式(6-40)表示批的完工时间不大于 $C_{\max}$；公式(6-41)和式(6-42)定义了决策变量。

Jia Z H 等(2017b)对排序问题 $P_m|r_j,s_j,S,\varphi_i,\psi_i|(C_{\max},\Psi)$ 提出一个基于帕累托优化的双目标蚁群优化算法 PACO(pareto ant colony optimization)。PACO 算法根据候选工件的加入是否会使当前批延迟，采用两种不同的候选工件集 E_1 和 E_2。在解的构建过程中，首先选择候选工件集 E_1 中的工件，当 E_1 为空时，再构建候选工件集 E_2。其中 E_1 定义如下：

$$E_1=\{J_j \mid s_j \leqslant S-S_{ki}, r_j \leqslant A_{ki}\}。\tag{6-43}$$

E_1 中的工件 J_j 的尺寸满足当前批的剩余容量，工件的到达时间不超过当前批的开始加工时间，即不会延误当前批的加工。候选工件集 E_2 定义如下：

$$E_2=\{J_j \mid s_j \leqslant S-S_{ki}, r_j > A_{ki}\}。\tag{6-44}$$

E_2 中的工件也需满足机器容量限制，到达时间均大于当前批 B_{ki} 的开始加工时间。

候选工件集 E_1 中的工件到达时间均小于批的开始加工时间，因此在选择工件时启发式信息只考虑工件的加工时间，相应的启发式信息 η_{jki}^1 定义为

$$\eta_{jki}^1=\frac{1}{|P_{ki}-p_j|+1}。\tag{6-45}$$

当候选工件集 E_1 为空时构建候选工件集 E_2。在选择 E_2 中的工件时，工件的到达时间和加工时间都需要考虑，因此对于 E_2 中的工件，其启发式信息 η_{jki}^2 定义为

$$\eta_{jki}^2=\frac{1}{|P_{ki}-p_j|+1}\cdot\frac{1}{r_j-A_{ki}},\tag{6-46}$$

因此，到达时间小的工件具有优先被选择权，以减小延误时间。

每只蚂蚁在构建可行解的过程中需先根据公式

$$\operatorname{argmin}\{V^1C_{\max}+V^2\Psi\}\tag{6-47}$$

选择一台机器并在该台机器上构建一个新批。其中，V^1 和 V^2 分别是完工时间 $C_{\max}$ 和电力成本 Ψ 对应的权值，并且 $V^1+V^2=1$，V^1 是在[0.8,1]内产生的随机数，该取值范围是由实验确定的。

当批 B_k 不为空时，每只蚂蚁会从候选工件集 E_1 或者 E_2 中按照概率

$$P_{jki}=\begin{cases}\dfrac{(v_1\tau_{jki}^1+v_2\tau_{jki}^2)^\alpha(\eta_{jki}^2)^\beta}{\sum\limits_{x:J_x\in E_1}(v_1\tau_{xki}^1+v_2\tau_{xki}^2)^\alpha(\eta_{xki}^1)^\beta}, & 若\ J_j\in E_1,\\ \dfrac{(v_1\tau_{jki}^1+v_2\tau_{jki}^2)^\alpha(\eta_{jki}^2)^\beta}{\sum\limits_{x:J_x\in E_2}(v_1\tau_{xki}^1+v_2\tau_{xki}^2)^\alpha(\eta_{xki}^2)^\beta}, & 若\ J_j\in E_2,\\ 0, & 其他\end{cases}\tag{6-48}$$

选择工件。其中，v_1 和 v_2 是在(0,1)之间的随机数，分别表示用户对第一个和第二个目标的偏好，$v_1+v_2=1$。

对每只蚂蚁构建的解，分别采用针对最大完工时间目标的 LOM 算法和针对电力成本目标的 LOC 算法进行改进。

在 LOM 算法中，将每台机器上的批按照到达时间先后安排加工。令 Φ_i 表示机器 M_i 上的批集合，$|\Phi_i|$ 表示机器 M_i 上批的个数。LOM 算法具体描述如下。

算法 6.11 LOM 算法

步骤 1 对每台机器 $M_i(i=1,2,\cdots,m)$上的所有批按到达时间进行排序；

步骤 2 对每台机器 $M_i(i=1,2,\cdots,m)$，对每个 $k=1,2,\cdots,|\Phi_i|$，如果 k 等于 1，则 $A_{ki}=R_{ki}$，否则 $A_{ki}=\max\{R_{ki},C_{(k-1)i}\}$，$C_{ki}=A_{ki}+P_{ki}$。

下面是一个利用 LOM 算法求解的例子。表 6-1 是初始解 O_0 中的 5 个批的信息。第 1 行是批的编号，第 2 行和第 3 行分别是批对应的到达时间和加工时间。图 6-3 给出 O_0 的批排序方案。图 6-4 给出经过 LOM 算法调整之后的排序方案 O_1。

表 6-1 初始解中批信息

B_{ki}	B_{11}	B_{21}	B_{31}	B_{12}	B_{22}
R_{ki}	5	2	3	3	12
P_{ki}	4	5	4	7	5

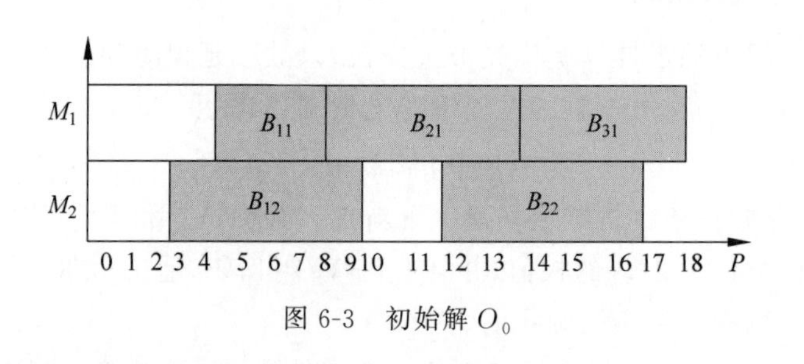

图 6-3 初始解 O_0

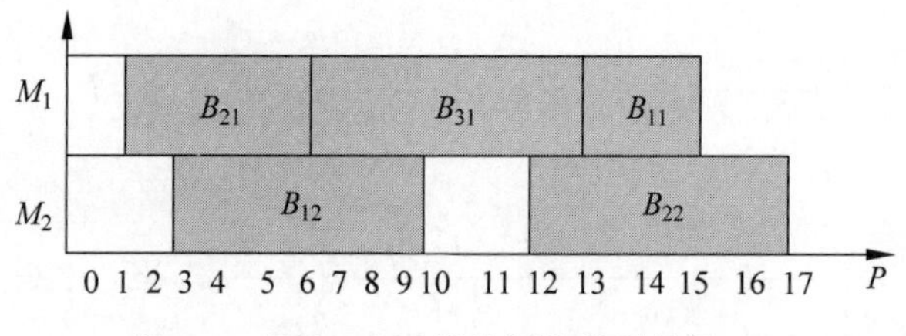

图 6-4 经过 LOM 算法调整得到的解 O_1

定义 6.8　假设在可行解 O 中，B_{ki} 是当前批，A_{ki} 是批 B_{ki} 的开始加工时间，R_{ki} 是批的到达时间（$A_{ki} \geqslant R_{ki}$）。如果 A_{ki} 和 R_{ki} 满足

$$A_{ki}=R_{ki}, \quad \forall B_{ki} \in B, \tag{6-49}$$

则称批 B_{ki} 被按时加工，否则称为延迟加工。

由图 6-3 和图 6-4 可以看出，解 O_0 的 $C_{\max}$ 值是 18，在机器 M_1 上，B_{11} 按时加工，B_{21} 和 B_{31} 分别被延迟了 7 和 11，因此 O_0 总的延迟是 18。由于 B_{11} 的到达时间最晚却被安排在第一位进行加工，因此导致 B_{21} 和 B_{31} 都被延迟加工。如果尽可能早地将早到达的工件提前加工，总的批延迟就会减小，因此，LOM 算法将解 O_0 中的批序列 $B_{11}B_{21}B_{31}$ 调整成解 O_1 中的批序列 $B_{21}B_{31}B_{11}$，调整结果如图 6-4 所示，可以发现调整后，B_{21} 被按时加工，B_{11} 和 B_{31} 分别被延迟了 4 和 6，总的延迟是 10。可以明显得出机器 M_1 上总的批延迟减少了 8，并且机器 M_1 的完工时间也从 18 减小到了 15。机器 M_2 上的批均是按时加工，因此不需要调整。另外，经过 LOM 算法调整之后，$C_{\max}$ 由最初的解 O_0 时的 18 降低到目前的解 O_1 对应的 17。

针对电力成本目标的局部优化算法 LOC 的核心思想是在不增加 $C_{\max}$ 的情况下降低电力成本，也就是尽量将批安排在电价较小的时间段进行加工以减小电力成本。LOC 算法的具体描述如下。

算法 6.12　LOC 算法

步骤 1　对每台机器 $M_i(i=1,2,\cdots,m)$，对每个 $k=|\Phi_i|,|\Phi_i|-1,\cdots,1$。

（1）如果 $k=|\Phi_i|$，则 $t_{\min}=A_{ki}, t_{\max}=\max\{C_{\max}-C_{ki}\}-P_{ki}$；否则 $t_{\min}=A_{ki}, t_{\max}=A_{(k+1)i}-P_{ki}$；

（2）计算

$$A_{ki}=\underset{t_{\min} \leqslant t \leqslant t_{\max}}{\operatorname{argmin}} \int_t^{t+P_{ki}} f(q)\varphi_i \, \mathrm{d}q, \tag{6-50}$$

如果同时有多个 t 使得电力成本相同并且最小，就选择最大的 t；

（3）更新批的完工时间 $C_{ki}=A_{ki}+P_{ki}$。

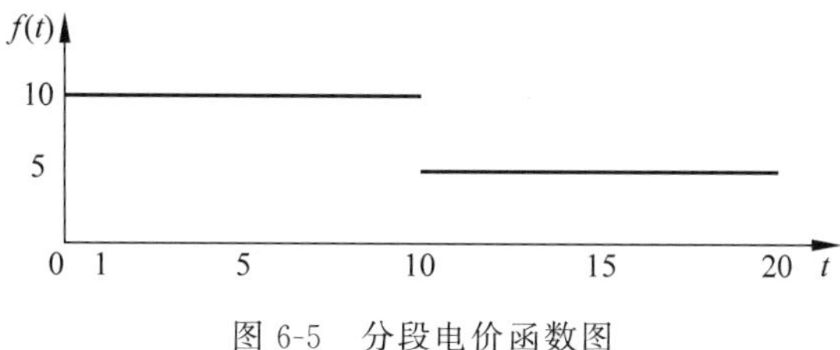

图 6-5　分段电价函数图

对前文利用 LOM 算法求解的例子采用如图 6-5 所示的分段电价函数。从图 6-4 所示的解 O_1 可以看出，机器 M_2 上的批 B_{22} 不能移动，批 B_{12} 目前都处

于高电价阶段加工，而在其后一个批 B_{22} 开始加工之前有一段空闲的时间段[10,12]，这段时间正处于低电价阶段，所以可以将批 B_{12} 往后延迟加工，以减小第二台机器的电力成本。对于机器 M_1，B_{11} 完全是在低电价阶段加工；B_{21} 是在高电价阶段进行加工；在[7,10]之间 B_{31} 处于高电价，在[10,12]之间是处于低电价阶段，在[15,17]，即批 B_{11} 完工和 $C_{\max}$ 之间有空闲的时间段，所以可以将批 B_{11} 往后延迟 2 个单位时间加工，这样虽然没有降低电力成本但是可以给前面的批更大的调整空间；批 B_{11} 调整过后，批 B_{31} 当前完工到批 B_{11} 开始加工之间有一段空闲时间，并且都处于低电价，所以可以将批 B_{31} 延迟到 9 开始进行加工，使得批 B_{31} 大部分都是在低电价阶段进行加工，这样就减小了电力成本；类似地，批 B_{11}、批 B_{21} 也被延迟到 4 开始加工。图 6-6 就是经过 LOC 算法调整后的批排序方案。此时，对应的总电力成本从原先的 1670 减小到 1530。

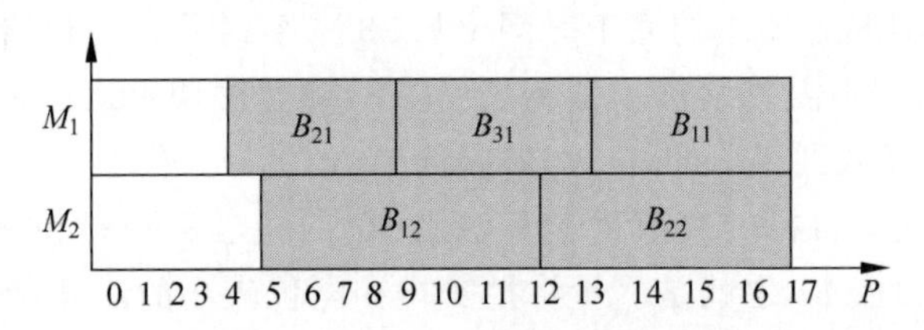

图 6-6 经过 LOC 调整得到的解

在解的构建过程中，引入一个数组 D 记录工件的加工情况。此外，还用一个集合 G^* 来保存搜索过程中得到的帕累托解，初始化 G^* 为 $\varnothing$。PACO 算法的具体步骤如下。

算法 6.13 PACO 算法

步骤 1 初始化：信息素矩阵；工件个数 n；机器数 m；机器容量 S；蚂蚁数量 N_a；最大迭代次数 $I_{\max}$；信息素初值 τ_0；信息素挥发系数 ρ_l 和 ρ_g；信息素 α 和启发式影响因子 β。

步骤 2 令 $t \leftarrow 1$。

步骤 3 如果 $t > I_{\max}$，输出 G^*。

步骤 4 令 $a \leftarrow 1$。

步骤 5 随机产生偏好向量 $V=(v_1, v_2)$；初始化判定表 $D=(1,2,\cdots,n)$。

步骤 6 如果 $D \neq (0,0,\cdots,0)$，转步骤 7；否则转步骤 10。

步骤 7 蚂蚁 a 根据公式(6-47)选择机器 M_i，并在机器 M_i 上构建一个新批 B_{ki}，随机选择一个未排序工件加入到批中，更新 D。

步骤 8 蚂蚁 a 构建候选工件集 E_1 或 E_2。

步骤 9 如果 $E_1 \neq \varnothing$ 或 $E_2 \neq \varnothing$，蚂蚁 a 根据公式(6-48)选择概率最大的工件加入到批中，更新 D，并更新局部信息素

$$\tau_{hj}^{1}=(1-\rho_l)\tau_{hj}^{1}+\rho_l\tau_0, \tag{6-51}$$

$$\tau_{hj}^{2}=(1-\rho_l)\tau_{hj}^{2}+\rho_l\tau_0, \tag{6-52}$$

其中 ρ_l 是局部信息素的挥发系数，其值在(0,1)之间，转步骤8；否则转步骤6。

步骤10　分别调用LOM和LOC算法，将产生的解加入到 G^*，并对 G^* 进行更新。

步骤11　$a \leftarrow a+1$；如果 $a>N_a$，则更新全局信息素

$$\tau_{hj}^{1}=(1-\rho_g)\tau_{hj}^{1}+\rho_g\sum_{\sigma\in G^*}\Delta\tau_{hj}^{1}(\sigma), \tag{6-53}$$

$$\tau_{hj}^{2}=(1-\rho_g)\tau_{hj}^{2}+\rho_g\sum_{\sigma\in G^*}\Delta\tau_{hj}^{2}(\sigma), \tag{6-54}$$

转步骤12；否则转步骤5。

在式(6-53)和式(6-54)中，对解 σ，如果工件 J_h 和 J_j 在同一个批中，则 $\Delta\tau_{hj}^{1}(\sigma)=1/C_{\max}(\sigma)$（$C_{\max}(\sigma)$为解 σ 的最大完工时间），$\Delta\tau_{hj}^{2}(\sigma)=1/\Psi(\sigma)$（$\Psi(\sigma)$为解 σ 的总电力成本）；否则 $\Delta\tau_{hj}^{1}(\sigma)=0$，$\Delta\tau_{hj}^{2}(\sigma)=0$。$\rho_g$ 是(0,1)之间的一个参数。

步骤12　$t \leftarrow t+1$，转步骤3。

Jia Z H等(2017b)对PACO算法的计算时间复杂度进行了分析。PACO算法的运行时间主要由5部分组成，即初始化参数、解的构建、LOM算法、LOC算法和全局信息素的更新，各部分的复杂度分析如下：

(1) 初始化参数时间复杂度主要是由信息素矩阵的初始化决定的，也就是 $O(n^2)$。

(2) 在解构建期间，初始化判定表和选择机器的时间复杂度分别是 $O(n)$ 和 $O(m)$；选择一个未排序工件、构建候选工件集和计算候选工件所对应概率复杂度均是 $O(n)$；更新局部信息素时间复杂度是 $O(1)$，因此这部分总的时间复杂度是 $O(n+mn+n^2)$，又因为 n 要比 m 大得多，因此解构建的时间复杂度为 $O(n^2)$。

(3) 在LOM算法中批排序和计算每个批的开始和完工时间的时间复杂度分别是 $O(mn^2)$ 和 $O(mn)$，因此LOM算法的时间复杂度是 $O(mn^2)$。

(4) LOC算法的运行时间主要是由重新计算批的开始加工时间决定的，该步的时间复杂度是 $O(mn)$，所以LOC算法的时间复杂度是 $O(mn)$。

(5) 全局信息素的更新时间复杂度很明显是 $O(n^2)$。

每只蚂蚁构建完解之后都要调用LOM算法和LOC算法，因此每一次迭代的时间复杂度是 $O(N_a mn^2)$。综上所述，PACO算法的计算时间复杂度为 $O(I_{\max}N_a mn^2)$。

Jia Z H等(2017b)在计算实验中，将PACO算法与已有的三种多目标优化

算法 NSGA-Ⅱ(Deb et al.,2002)、SPEA2(Zitzler et al.,2001)和 DACO(Du Bing et al.,2011)做比较,并采用帕累托解集规模、覆盖率和超体积等评价指标对四种算法的性能进行评价。这里 NSGA-Ⅱ算法和 SPEA2 算法为经典的多目标优化算法,DACO 算法是另外一种蚁群算法,同样由于这 3 个算法在其来源文献中的目标问题并不是排序问题 $P_m|r_j,s_j,S,\varphi_i,\psi_i|(C_{\max},\Psi)$,所以在实验时需要做适当处理。具体的实验过程和数据结果见附录 2 中的计算实验 5。实验结果表明,PACO 算法可在合理的时间内找到质量更好的帕累托解集,在多种测试算例中的综合性能也明显优于其他 3 种算法,且对大尺寸工件的算例,优势更明显。

6.6 差异机器容量平行机并行分批排序

当排序问题 $P_m|S,s_j|C_{\max}$ 中机器容量由相同扩展到不同时,得到机器容量不同且差异尺寸工件的平行机并行分批排序问题,用三参数法可表示为 $P_m|S_i,s_j|C_{\max}$,其中 S_i 表示第 i 台机器 M_i 的容量。具体可描述为:

(1) 工件集合为 $J=\{J_1,J_2,\cdots,J_n\}$,其中工件 J_j 的加工时间为 p_j,尺寸为 s_j。

(2) 机器集合中包含 m 台平行批处理机,即 $M=\{M_1,M_2,\cdots,M_m\}$,机器集合中机器 M_i 的容量为 S_i,工件集合 J 中所有工件均分批加工,分配在机器 M_i 上任一批 B_k 中的所有工件尺寸之和不能超过该机器的容量 S_i,即 $\sum_{j=1}^{|B_k|}\{s_j \mid J_j\in B_k\}\leqslant S_i$。工件集合中只要满足机器容量约束的工件均可放入同一个批中加工;如果某个工件 J_j 的尺寸大于某台机器 M_i 的容量,则工件 J_j 不能在机器 M_i 上加工,从而每个工件的可加工机器集为 M 的一个子集;机器 M_i 的完工时间等于在 M_i 上批序列中最后一个批的完工时间。

(3) 工件分批形成的批集合为 B,批 B_k 的加工时间 P_k 等于该批中工件的最大加工时间,到达时间 R_k 等于该批中所有工件的最晚到达时间,任何批在加工时不允许中断。

(4) 批序列一旦形成,批序列中的每个批均有加工开始时间 A_k 与完工时间 C_k。

(5) 目标函数为极小化最大完工时间。

在排序问题 $P_m|S_i,s_j|C_{\max}$ 中,若工件具有到达时间,就成为排序问题 $P_m|S_i,s_j,r_j|C_{\max}$。下面将分别对这两个问题进行展开介绍。

6.6.1 排序问题 $P_m|S_i,s_j|C_{\max}$

已有研究中,对差异机器容量的并行分批问题涉及的较少。对排序问题

$P_m|S_i,s_j|C_{max}$,Damodaran等(2012)给出了一个粒子群优化算法。Jia Z H等(2015b)设计了两个启发式算法,并通过计算实验表明其性能优于Damodaran等(2012)提出的粒子群优化算法。贾兆红等(2015)给出了一个下界的计算方法,并设计了一个启发式算法和一个蚁群优化算法,具体如下。

1. 问题的下界

对排序问题$P_m|S_i,s_j|C_{max}$,贾兆红等(2015)基于工件松弛的方法给出了一个下界的计算方法,即将工件集合中的工件J_j通过松弛的方法变为p_js_j个单位尺寸且单位加工时间的单元工件,然后将松弛后得到的单元工件集合中的工件按照一定的排序规则分批后再分配在机器集合中的机器上加工,由此所得到的最大完工时间即为原问题的一个下界。

在下界的计算过程中,需要比较工件尺寸和机器容量的大小,这里不妨设有3种不同的机器容量,分别为S^1,S^2,S^3,且$S^1<S^2<S^3$,每种容量的机器集合中机器数分别为m_1,m_2,m_3。对于机器的不同容量数大于3的情况,可以很容易由容量数为3的计算方法扩展得到。

当排序问题$P_m|S_i,s_j|C_{max}$的不同机器容量数为3时,其下界的计算过程描述如下。

算法6.14 LB_4算法

步骤1 根据不同的机器容量将工件分成三个子集,记为J^1,J^2,J^3,即

$$J=J^1\cup J^2\cup J^3, \tag{6-55}$$

其中$J^1=\{J_j|s_j\leqslant S^1\}$,$J^2=\{J_j|S^1<s_j\leqslant S^2\}$,$J^3=\{J_j|S^2<s_j\leqslant S^3\}$。

步骤2 分别计算

$$L_1=\max\{p_j \mid J_j\in J\}, \tag{6-56}$$

$$L_2=\left\lceil\frac{\sum_{j:J_j\in J^3} p_js_j}{m_3S^3}\right\rceil, \tag{6-57}$$

$$L_3=\left\lceil\frac{\sum_{j:J_j\in J^2\cup J^3} p_js_j}{m_2S^2+m_3S^3}\right\rceil, \tag{6-58}$$

$$L_4=\left\lceil\frac{\sum_{j:J_j\in J^1\cup J^2\cup J^3} p_js_j}{m_1S^1+m_2S^2+m_3S^3}\right\rceil, \tag{6-59}$$

$$LB_4=\max\{L_1,L_2,L_3,L_4\}。 \tag{6-60}$$

其中,L_1 表示工件集合 J 中所有工件的最大加工时间；L_2 表示将工件集合 J^3 中所有工件单位化后分配在容量为 S^3 的机器集合上加工得到的最大完工时间；L_3 表示将工件集合 J^2 和 J^3 中所有工件单位化后分配在容量为 S^2 和 S^3 的机器集合上加工所得到的最大完工时间；L_4 表示将工件集合 J 中所有工件单位化后,分配在所有机器集合 M 上加工所得到的最大完工时间。

2. 问题的启发式算法

贾兆红等(2015)基于 Multifit 规则设计了一个启发式算法 H2 来求解排序问题 $P_m|S_i,s_j|C_{\max}$。出于与下界计算中同样的原因,这里依旧假设排序问题 $P_m|S_i,s_j|C_{\max}$ 中所有机器的不同容量数为 3。启发式算法 H2 的流程图如图 6-7 所示。

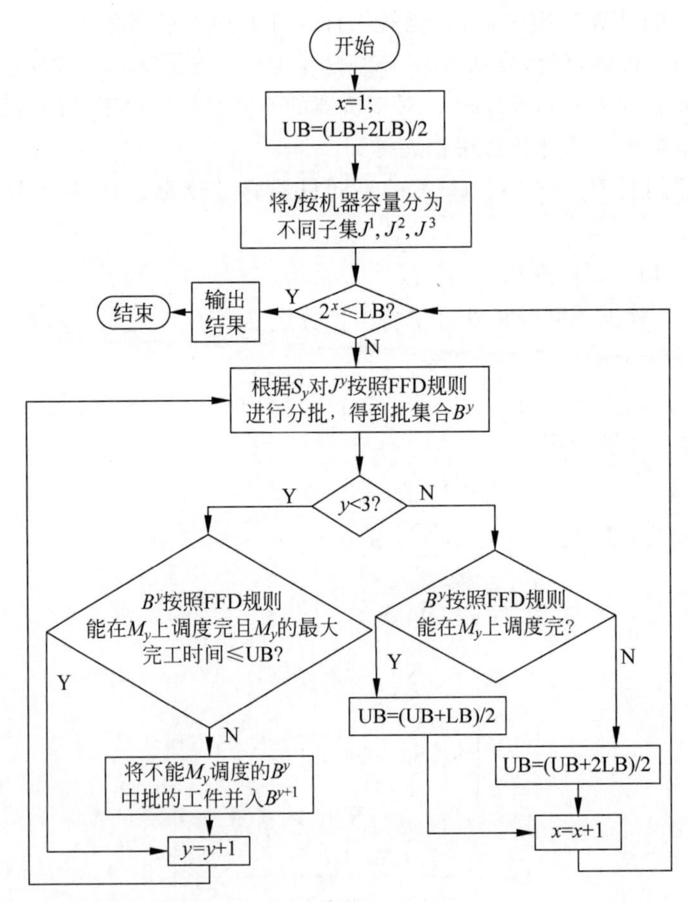

图 6-7　启发式算法 H2 的流程图

3. 问题的智能算法

贾兆红等(2015)给出针对排序问题 $P_m|S_i, s_j|C_{\max}$ 的蚁群优化算法。与该算法相关的定义、分析以及关键步骤等如下。

为了分析极小化最大完工时间问题中解的浪费空间和最大完工时间目标之间的相关性,给出如下浪费空间的定义。

定义 6.9　m 台容量分别为 $S_1, S_2, \cdots, S_m$ 的平行批处理机的浪费空间 Z 由两个部分组成,分别为机器集合中每台机器上批的批内浪费空间和机器集合中机器间完工差异所造成的浪费空间,即

$$Z = C_{\max}\sum_{i=1}^{m} S_i - \sum_{j: J_j \in J} s_j p_j, \tag{6-61}$$

图 6-8 给出两台容量不同的平行批处理机的浪费空间示意图,图中横坐标表示机器的加工时间,纵坐标为尺寸。如图 6-8 所示,容量分别为 S_1 和 S_2 的两台平行批处理机上各有一个批且每个批中有两个工件。图中阴影部分表示工件,白色部分表示平行批处理机的浪费空间,该浪费空间包含三个部分:批内浪费空间 Z_1、Z_2 和机器间完工差异所造成的浪费空间 Z_3,其中批内浪费空间是由批内工件尺寸之和与机器容量的差异引起的;而机器间的浪费空间则是由平行批处理机之间的完工时间差异引起的。

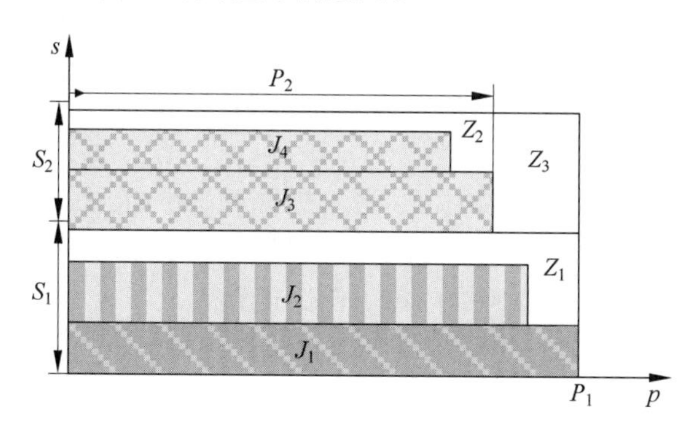

图 6-8　两台不同容量平行批处理机的浪费空间示意图

定理 6.4　对排序问题 $P_m|S_i, s_j|C_{\max}$,解的浪费空间与最大完工时间正相关。

证明　由于工件集合中所有工件的尺寸 s_j、加工时间 p_j 和机器集合中 m 台机器的容量 $S_1, S_2, \cdots, S_m$ 均是预先给定的;而由定义 6.9 可知,解的浪费空间可以由公式(6-59)算得。公式(6-59)右侧的表达式中除了最大完工时间 $C_{\max}$ 外,其余均是常量,所以 Z 与 $C_{\max}$ 是正相关的。定理得证。

由定理6.4可知，减少总的浪费空间有利于得到更好的解，而减少每台机器的浪费空间有助于减少总的浪费空间，所以将工件集合中工件 J_j 分配到机器 M_i 当前批 B_k 的启发式信息定义为该批所在机器浪费空间的变化，即

$$\eta_{ikj}=\begin{cases}S_i(P_k-\max\{p_j,P_k\})+s_jp_j, & Z_i>Z_i^*,\\ 1, & Z_i\leqslant Z_i^*。\end{cases} \tag{6-62}$$

其中，Z_i 表示将工件集合中工件 J_j 分配到机器 M_i 上当前批 B_k 之前该机器的浪费空间。而 Z_i^* 表示将工件集合中工件 J_j 分配到机器 M_i 上当前批 B_k 之后该机器的浪费空间。

鉴于部分工件的尺寸可能会大于部分机器的容量，贾兆红等(2015)在蚁群优化算法中采用了两个候选工件集，分别定义为

$$E_i^1=\{J_j\mid s_j\leqslant S_i\}, \tag{6-63}$$

$$E_{ik}^2=\Big\{J_j\mid s_j\leqslant\Big(S_i-\sum_{l:J_l\in B_k}s_l\Big)\Big\}。 \tag{6-64}$$

每只蚂蚁在构建解时，通过为所有机器构建候选工件集，并从中选择完工时间最小且候选工件集不空的机器，并在该机器上构建空批，从该批对应的候选工件集中按照状态转移概率来选择工件加入批中，直到所有工件均被排序完。

对于每只蚂蚁构建的可行解，采用基于工件交换的局部优化策略进行改进，其过程可以描述为：从解中找出完工时间最大和最小的机器(记为 M_a 和 M_b)，令其完工时间分别为 C_a，C_b，然后对 M_a 上的每个批，如果该批中有且仅有1个加工时间最长的工件(记为 J_k)且满足($p_k+C_b<C_a$ 且 $s_k\leqslant S_b$)，则将工件 J_k 从机器 M_a 移到机器 M_b 上，更新机器 M_a 和 M_b 的完工时间。

贾兆红等(2015)通过计算实验表明，蚁群优化算法性能优于启发式算法H2和Damodaran等(2012)所提的粒子群优化算法。

另外，Zhou S C等(2016)研究了同类机排序问题 $Q_m|S_i,s_j|C_{\max}$，给出混合整数规划模型，并设计了基于差分进化算法的混合算法，计算实验表明该算法在解的质量和鲁棒性方面优于CPLEX商业软件、随机键遗传算法和粒子群优化算法。

6.6.2　排序问题 $P_m|S_i,s_j,r_j|C_{\max}$

对排序问题 $P_m|S_i,s_j,r_j|C_{\max}$，Xu S B等(2007)构建了整数规划模型，提出了基于随机键的遗传算法。Chen H P等(2010)指出排序问题 $P_m|S_i,s_j,r_j|C_{\max}$ 是强NP-难的，分别基于FBLPT算法和机器负载给出了问题的两个下界，并分别设计蚁群优化算法和遗传算法对工件分批问题进行求

解，再采用 ERT-LPT(earliest release time-longest processing time)启发式规则将批分配到平行批处理机上。Wang H M 等(2010)首先分别用模拟退火算法和遗传算法将工件分配到机器上，然后采用多阶段动态规划算法对每台机器上的工件进行分批。Jia Z H 等(2017c)提出了一个下界，并设计了一个启发式算法和一个蚁群算法，具体如下。

1. 问题的下界

由于排序问题 $P_m|S_i,s_j,r_j|C_{\max}$ 是强 NP-难的，Jia Z H et al(2017c)基于松弛的方法提出了一个下界。由第5章可知，利用 FBLPT 算法可得到排序问题 $1|B|C_{\max}$ 的最优排序，因此，排序问题 $P_m|S_i,s_j,r_j|C_{\max}$ 的下界可以通过如下过程求得。

算法 6.15　LB_5 算法

步骤 1　对于 $\forall J_j \in J$，将工件 J_j 转化为 s_j 个加工时间为 p_j 的单位尺寸工件，记将所有工件转化后得到的工件集合为 J^U。

步骤 2　对 J^U 使用 FFLPT 算法分批得到批集合 B^U，则

$$LB_5 = \max\left\{\max_{j:J_j \in J}\{r_j + p_j\},\ \min_{j:J_j \in J} r_j + \left\lceil \sum_{k:B_k \in B^u} P_k/m \right\rceil\right\} \tag{6-65}$$

即为排序问题 $P_m|S_i,s_j,r_j|C_{\max}$ 的一个下界。

2. 问题的启发式算法

Jia Z H 等(2017c)对排序问题 $P_m|S_i,s_j,r_j|C_{\max}$ 提出了一个启发式算法 H3。出于与算法 H2 中同样的原因，这里假设排序问题 $P_m|S_i,s_j,r_j|C_{\max}$ 中所有机器的不同容量数为3，分别为 S^1,S^2,S^3(不妨设 $S^1<S^2<S^3$)，且每种机器容量对应的机器数以及机器集合分别为 m_i 与 $M^s(s=1,2,3)$。针对排序问题 $P_m|S_i,s_j,r_j|C_{\max}$ 的启发式算法 H3 可描述如下。

算法 6.16　H3 算法

步骤 1　根据不同的尺寸将工件分成3个子集，记为 J^1,J^2,J^3，即 $J=J^1 \cup J^2 \cup J^3$，其中 $J^1=\{J_j|s_j \leqslant S^1\}$，$J^2=\{J_j|S^1<s_j \leqslant S^2\}$，$J^3=\{J_j|S^2<s_j \leqslant S^3\}$，并且分别将工件集合 J^1,J^2,J^3 中的工件按 LPT 规则排序。

步骤 2　选择容量为 S^3 的机器集合中当前完工时间最小的机器记为 M_i，将工件集合 J^3 中的工件按 FF 规则分配一个批在机器 M_i 上加工，将机器 M_i 上的批按 ERT 规则排序，得出机器 M_i 的当前完工时间。若工件集合 J^3 中有工件未被排序则返回步骤2。

步骤 3 选择容量为 S^2 和 S^3 的机器集合中当前完工时间最小的机器记为 M_i，将工件集合 J^2 中的工件按 FF 规则生成一个批并安排在机器 M_i 上加工，将机器 M_i 上的批按 ERT 规则排序，得出机器 M_i 当前完工时间。若工件集合 J^2 中有工件未被排序则返回步骤 3。

步骤 4 选择容量为 S^1，S^2 和 S^3 的机器集合中当前完工时间最小的机器记为 M_i，将工件集合 J^1 的工件按 FF 规则分配一个批安排在机器 M_i 上加工，将机器 M_i 上的批按 ERT 规则排序，得出机器 M_i 当前的完工时间。若工件集合 J^1 中有工件未被排序则返回步骤 4，否则输出目标值。

3. 问题的智能算法

为了设计针对排序问题 $P_m|S_i, s_j, r_j|C_{\max}$ 的蚁群算法，这里先给出解的浪费空间的定义。

定义 6.10 m 台容量分别为 $S_1, S_2, \cdots, S_m$ 的平行批处理机的浪费空间由三个部分组成，分别为机器集合中每台机器上批的批内浪费空间、由批延迟导致的浪费空间以及机器集合中机器间完工差异所造成的浪费空间，即

$$Z = C_{\max}\sum_{i=1}^{m} S_i - \sum_{j: J_j \in J} s_j p_j 。\tag{6-66}$$

图 6-9 给出两台容量不同的平行批处理机的浪费空间示意图，图中横坐标表示机器的加工时间，纵坐标为尺寸。如图 6-9 所示，容量为 S_1 和 S_2 的两台平行批处理机上各有一个批且每个批中有两个工件。图中阴影部分为工件，白色部分为平行批处理机的浪费空间，该浪费空间有三个部分：批内浪费空间 Z_1 和 Z_2，批延迟浪费空间 Z_4 和 Z_5，以及机器间的浪费空间 Z_3。其中批内浪费空间 Z_1 和 Z_2 是由批内工件尺寸之和与机器容量的差异引起；批延迟浪费空间 Z_4 和 Z_5 是由批内工件到达时间差异引起的；而机器间的浪费空间 Z_3 则是由

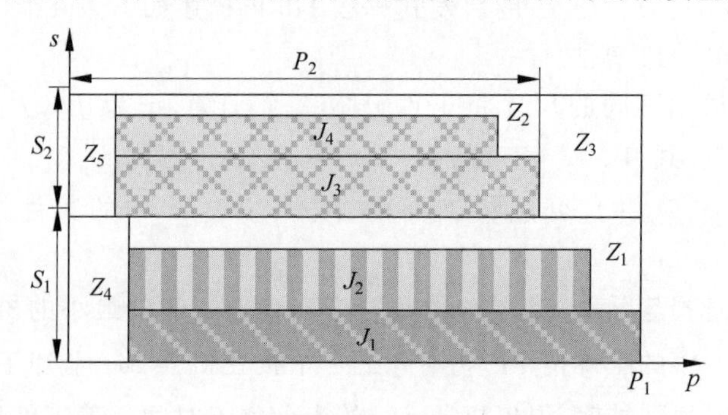

图 6-9 两台不同容量机器的浪费空间示意图

平行批处理机之间的完工时间差异引起的。

容易得出，对机器容量不同的平行机并行分批排序，解的浪费空间与最大完工时间正相关，所以减少解的浪费空间有利于得到更好的解。由定义6.10可知，解的浪费空间由批内浪费空间、批延迟浪费空间和机器间完工时间差异引起的浪费空间这三个部分组成。显然减少每台机器的浪费空间将有助于减少总的浪费空间，而每台机器的浪费空间是由该机器上所有批的浪费空间组成的。因此将工件 J_j 加入机器 M_i 当前批 B_k 之前，机器 M_i 的浪费空间为

$$Z_i = S_i(\max\{C_{k-1}, R_k\} + P_k) - \sum_{l:J_l \in M_i} s_l p_l。 \tag{6-67}$$

将工件 J_j 加入机器 M_i 当前批 B_k 后机器 M_i 的浪费空间为

$$Z_i^* = S_i(\max\{C_{k-1}, \max\{r_j, R_k\}\} + \max\{p_j, P_k\}) - \sum_{l:J_l \in M_i} s_l p_l - s_j p_j \tag{6-68}$$

因而将 J_j 分配到机器 M_i 上的当前批 B_k 的启发式信息定义为该批所在机器浪费空间的变化，即

$$\eta_{ikj}^1 = \begin{cases} S_i(P_k + \max\{C_{k-1}, R_k\} - \max\{C_{k-1}, R_k, r_j\} - \max\{P_k, p_j\}) + s_j p_j, & Z_i > Z_i^*, \\ 1, & Z_i \leqslant Z_i^*, \end{cases} \tag{6-69}$$

其中，Z_i 和 Z_i^* 分别表示 J_j 分配到 M_i 上 B_k 之前和之后 M_i 的浪费空间。

考虑到工件到达时间对解的影响，它将到达时间相近的工件放在同一个批中，则启发式信息定义如下：

$$\eta_{ikj}^2 = \frac{1}{|r_j - R_k| + 1}, \tag{6-70}$$

其中，J_j 为候选表中的工件，R_k 是当前批的到达时间。

为了减小搜索空间，基于机器容量约束与批的剩余空间约束分别定义候选工件集 E_i^1 和 E_{ik}^2，其中 E_i^1 由未排序的工件集合中尺寸小于机器 M_i 容量的候选工件组成，E_{ik}^2 由未排序的工件集合中满足机器 M_i 上当前批 B_k 剩余容量的工件组成。此外对每只蚂蚁所构建的解，采用局部优化算法LO2进行改进。算法LO2可描述如下。

算法6.17 LO2算法

步骤1 找出机器集合 M 中完工时间最小值，记为 $C_{\min}$，对于 M 中每一台机器从最后一个批开始提取工件直到该机器的完工时间小于等于 $C_{\min}$，得到提取的工件集合 J^t。

步骤 2 将 M 中的机器按照当前完工时间非减的顺序排序，为每台机器构建满足机器容量的候选工件集 $E_i, i=1,2,\cdots,m$：

(1) 选择机器序列中第一个 $E_i=\varnothing$ 的机器 M_i；

(2) 将候选表 E_i 中的工件按 LPT 规则排序；

(3) 为机器 M_i 构建一个新批，从候选工件集 E_i 中按照 FF 规则选择工件加入该批。

步骤 3 若工件集合 J^t 中有工件未被排序则转到步骤 2，否则转步骤 4。

步骤 4 将 M 中的每台机器上的批按 ERT 规则排序。

步骤 5 找出解中完工时间最大和最小的机器，分别记为 M_a 和 M_b。

步骤 6 对 M_a 上的每个批，如果该批中只有 1 个加工时间最长的工件(记为 J_h)且机器 M_b 上有一个批可以放入工件 J_h 或在 M_b 上构建新批，并放入 J_h 后 M_a 与 M_b 的完工时间都减小时，则将 J_h 从 M_a 移至 M_b，并更新 M_a 与 M_b 的完工时间，转步骤 5。

步骤 7 输出解，结束。

基于以上讨论，求解问题 $P_m|S_i,s_j,r_j|C_{\max}$ 的蚁群算法 ACO1 可描述如下。

算法 6.18 ACO1 算法

步骤 1 初始化参数；

步骤 2 根据公式(6-63)计算下界 LB_5；

步骤 3 当前代数 $t\leftarrow 1$，初始化信息素；

步骤 4 若当前代数超过最大迭代次数，即 $t>I_{\max}$，则输出全局最优解；

步骤 5 每只蚂蚁构建解，并更新信息素；

步骤 6 对每只蚂蚁构建的解调用局部优化算法 LO2 进行邻域搜索；

步骤 7 利用全局最优解更新信息素；

步骤 8 更新全局最优解；

步骤 9 $t\leftarrow t+1$，转步骤 4。

在 Jia Z H 等(2017c)的计算实验中，将 ACO1 算法与 PSO 算法(Damodaran et al.，2012)、EPSO 算法和 GA 算法(Wang H M et al.，2010)进行了性能对比分析，其中 EPSO 算法是在 PSO 算法的基础上增加一个步骤，即对 PSO 算法得到的每个解，将每台机器上的所有批按到达时间非减的顺序进行排序，以提高 PSO 算法所得解的质量。实验结果表明，相比于 PSO 算法、EPSO 算法和 GA 算法，ACO1 算法具有更好的性能。具体的实验过程和数据结果见附录 2 中的实验 6。

另外，对排序问题 $P_m|S_i,s_j,r_j|C_{\max}$，Li S G(2017c)针对不同批容量数

固定的情况，给出近似比任意接近 2 的算法；Li S G(2017b)针对具有包含关系结构的多功能机环境，设计了一个 PTAS。Arroyo 等(2017b)研究了非同类机排序问题 $R_m|S_i,s_j,r_j|C_{\max}$，给出了下界和混合整数规划模型，并设计了基于迭代贪婪算法的智能算法。

6.7 小结与展望

本章介绍了差异尺寸工件的并行分批排序。在单机环境下，主要考虑了极小化最大完工时间的目标函数，已有文献中对该类问题的研究和成果也最多。在平行机环境下，主要考虑了相同机器容量和差异机器容量两种情况。在相同机器容量下，分别介绍了极小化最大完工时间的单目标问题和两个双目标问题。其中双目标为极小化最大完工时间分别与拒绝工件总成本和总电力成本的组合。在差异机器容量下，分别考虑了工件同时到达问题和工件不同时到达问题。

目前对差异尺寸工件并行分批排序问题的研究已经取得了一定的成果，但还存在很多亟待解决和需要进一步研究的问题，如考虑工件具有到达时间、机器具有准备时间、批加工可中断等更复杂的问题约束；考虑极小化总(加权)完工时间、极小化总(加权)延迟时间和极小化总(加权)误工工件数等其他目标函数；考虑流水作业、异序作业等更加复杂的机器环境等。

这里要指出的是，已有文献中，相比于相同尺寸工件问题，差异尺寸工件问题的研究和成果相对较少，因而相同尺寸工件问题的已有研究框架和未来研究趋势对差异尺寸工件问题的未来研究方向也具有借鉴意义。

参考文献

AHMAD B S,GANI I M. 2014. Clustered absolute bottleneck adjacent matching heuristic for re-entrant flow shop [J]. Applied Mechanics and Materials,465: 1138-1143.

AMIN-NASERI M R, BEHESHTI-NIA M A. 2009. Hybrid flow shop scheduling with parallel batching [J]. International Journal of Production Economics,117(1): 185-196.

AMROUCHE K,BOUDHAR M. 2016b. Two machines flow shop with reentrance and exact time lag [J]. RAIRO-Operations Research,50(2): 223-232.

AMROUCHE K, BOUDHAR M, BENDRAOUCHE M, et al. 2017. Chain-reentrant shop with an exact time lag: new results [J]. International Journal of Production Research, 55(1): 285-295.

AMROUCHE K,BOUDHAR M,YALAOUI F. 2016a. The chain-reentrant shop with the no-wait constraint[J]. IFAC-papers Online,49(12): 414-418.

ARROYO J E C, LEUNG J Y T. 2017a. Scheduling unrelated parallel batch processing machines with non-identical job sizes and unequal ready times [J]. Computers & Operations Research,78: 117-128.

ARROYO J E C,LEUNG J Y T. 2017b. An effective iterated greedy algorithm for scheduling unrelated parallel batch machines with non-identical capacities and unequal ready times [J]. Computers & Industrial Engineering,105: 84-100.

Asia Pacific Energy Research Centre APERC. 2013. Chapter 6: APEC energy demand and supply outlook 5th edition [R]. Asia-Pacific Economic Cooperation,70.

AZIZOGLU M,WEBSTER S. 2000. Scheduling a batch processing machine with non-identical job sizes [J]. International Journal of Production Research,38(10): 2173-2184.

AZIZOGLU M,WEBSTER S. 2001. Scheduling a batch processing machine with incompatible job families [J]. Computers & Industrial Engineering,39(3): 325-335.

BAKER K R,SCUDDER G D. 1989. On the assignment of optimal due dates [J]. Journal of the Operational Research Society,40: 93-95.

BAKER K R, SCUDDER G D. 1990. Sequencing with earliness and tardiness penalties: A review [J]. Operations Research,38: 22-36.

BAKER K R. 1974. Introduction to sequencing and scheduling [M]. New York: Wiley.

BAPTISTE P. 2000. Batching identical jobs [J]. Mathematical Methods of Operations Research,52(3): 355-367.

BECTOR C R,GUPTA Y P,GUPTA M C. 1988. Determination of an optimal common due date and optimal sequence in a single machine job shop [J]. The International Journal of Production Research,26(4): 613-628.

BELLANGER A, JANIAK A, KOVALYOV M Y, et al. 2012. Scheduling an unbounded batching machine with job processing time compatibilities [J]. Discrete Applied Mathematics,160(1): 15-23.

BERNHARD K,VYGEN J. 2012. Combinatorial optimization: theory and algorithms [M].

Berlin: Springer.

BILYK A, MÖNCH L, ALMEDER C. 2014. Scheduling jobs with ready times and precedence constraints on parallel batch machines using metaheuristics [J]. Computers & Industrial Engineering, 78: 175-185.

BIRÓ P, MCDERMID E. 2010. Matching with sizes (or scheduling with processing set restrictions) [J]. Electronic Notes in Discrete Mathematics, 36: 335-342.

BRAUNER N, CRAMA Y, GRIGORIEV A, et al. 2005. A framework for the complexity of high-multiplicity scheduling problems [J]. Journal of Combinatorial Optimization, 9(3): 313-323.

BRAUNER N, CRAMA Y, GRIGORIEV A, et al. 2007. Multiplicity and complexity issues in contemporary production scheduling [J]. Statistica Neerlandica, 61(1): 75-91.

BRUCKER P. 2007. Scheduling algorithms [M]. Berlin: Springer.

BRUCKER P, GLADKY A, HOOGEVEEN H, et al. 1998b. Scheduling a batching machine [J]. Journal of Scheduling, 1(1): 31-54.

BRUCKER P, JURISCH B, KRÄMER A. 1997. Complexity of scheduling problems with multi-purpose machines [J]. Annals of Operations Research, 70: 57-73.

BRUCKER P, KNUST S. 1999. Complexity results for single-machine problems with positive finish-start time-lags [J]. Computing, 63: 299-316.

BRUCKER P, KOVALYOV M Y, SHAFRANSKY Y M, et al. 1998a. Batch scheduling with deadlines on parallel machines [J]. Annals of Operations Research, 83: 23-40.

BRUNO J, COFFMAN JR E G, SETHI R. 1974. Scheduling independent tasks to reduce mean finishing time [J]. Communications of the ACM, 17(7): 382-387.

CABO M, POSSANI E, POTTS C N, et al. 2015. Split-merge: Using exponential neighborhood search for scheduling a batching machine [J]. Computers & Operations Research, 63: 125-135.

CAI M C, DENG X T, FENG H D, et al. 2002. A PTAS for minimizing total completion time of bounded batch scheduling [J]. Lecture Notes in Computer Science, 2337: 304-314.

CAO Z G, YANG X G. 2009. A PTAS for parallel batch scheduling with rejection and dynamic job arrivals [J]. Theoretical Computer Science, 410(27-29): 2732-2745.

CHAKHLEVITCH H, GLASS C A. 2009. Scheduling reentrant jobs on parallel machines with a remote server [J]. Computers and Operations Research, 36(9): 2580-2589.

CHANDRU V, LEE C Y, UZSOY R. 1993a. Minimizing total completion time on batch processing machines [J]. International Journal of Production Research, 31(9): 2097-2121.

CHANDRU V, LEE C Y, UZSOY R. 1993b. Minimizing total completion time on a batch processing machine with job families [J]. Operations Research Letters, 13(2): 61-65.

CHANG P C, CHEN Y S, WANG H M. 2005. Dynamic scheduling problem of batch processing machine in semiconductor burn-in operations [C]//Computational Science and Its Applications-ICCSA 2005. Berlin: Springer, 172-181.

CHANG P Y, DAMODARAN P, MELOUK S. 2004. Minimizing makespan on parallel batch processing machines [J]. International Journal of Production Research, 42 (19), 4211-4220.

CHE A D, ZENG Y Z, LYU K. 2016. An efficient greedy insertion heuristic for energy conscious single machine scheduling problem under time-of-use electricity tariffs [J]. Journal of Cleaner Production, 129: 565-577.

CHEN C L, BULFIN R L. 1993. Complexity of single machine, multi-criteria scheduling problems [J]. European Journal of Operational Research, 70(1): 115-125.

CHEN H P, DU B, HUANG G Q. 2010. Metaheuristics to minimize makespan on parallel batch processing machines with dynamic job arrivals [J]. International Journal of Computer Integrated Manufacturing, 23(10): 942-956.

CHEN H P, DU B, HUANG G Q. 2011. Scheduling a batch processing machine with non-identical job sizes: a clustering perspective [J]. International Journal of Production Research, 49(19): 5755-5778.

CHEN J C, CHEN K H, WU J J, et al. 2008. A study of the flexible job shop scheduling problem with parallel machines and reentrant process [J]. International Journal of Advanced Manufacturing Technology, 39: 344-354.

CHEN J C, WU C C, CHEN C W, et al. 2012. Flexible job shop scheduling with parallel machines using genetic algorithm and grouping genetic algorithm [J]. Expert Systems with Applications, 39(11): 10016-10021.

CHEN J S. 2006. A branch and bound procedure for the reentrant permutation flow shop scheduling problem [J]. The International Journal of Advanced Manufacturing Technology, 29(11): 1186-1193.

CHEN J S, PAN J C H, LIN C M. 2008b. A hybrid genetic algorithm for the re-entrant flow-shop scheduling problem [J]. Expert Systems with Applications, 34(1): 570-577.

CHEN J S, PAN J C H, LIN C M. 2009. Solving the reentrant permutation flow-shop scheduling problem with a hybrid genetic algorithm [J]. International Journal of Industrial Engineering Theory Applications & Practice, 16(1): 23-31.

CHEN J S, PAN J C H, WU C K. 2007. Minimizing makespan in reentrant flow-shops using hybrid tabu search [J]. The International Journal of Advanced Manufacturing Technology, 34(3): 353-361.

CHEN J S, PAN J C H, WU C K. 2008a. Hybrid tabu search for re-entrant permutation flow-shop scheduling problem [J]. Expert Systems with Applications, 34(3): 1924-1930.

CHEN S F, QIAN B, LIU B, et al. 2014. Bayesian statistical inference-based estimation of distribution algorithm for the re-entrant job-shop scheduling problem with sequence-dependent setup times [C]//International Conference on Intelligent Computing. Cham: Springer, 686-696.

CHENG B Y, LI K, CHEN B. 2010. Scheduling a single batch-processing machine with non-identical job sizes in fuzzy environment using an improved ant colony optimization [J]. Journal of Manufacturing Systems, 29(1): 29-34.

CHENG J H, CHU F, CHU C G, et al. 2016. Bi-objective optimization of single-machine batch scheduling under time-of-use electricity prices [J]. RAIRO-Operations Research,50(4): 715-732.

CHENG T C E,KOVALYOV M Y. 1995. Single machine batch scheduling with deadlines and resource dependent processing times [J]. Operations Research Letters, 17(5): 243-249.

CHENG T C E,LIU Z H,YU W C. 2001. Scheduling jobs with release dates and deadlines on a batch processing machine [J]. IIE Transactions,33(8): 685-690.

CHENG T C E,SHAFRANSKY Y,NG C T. 2016. An alternative approach for proving the NP-hardness of optimization problems [J]. European Journal of Operational Research, 248(1): 52-58.

CHENG T C E,YUAN J J,YANG A F. 2005. Scheduling a batch-processing machine subject to precedence constraints,release dates and identical processing times [J]. Computers & Operations Research,32(4): 849-859.

CHO H M,BAE S J,KIM J,et al. 2011. Bi-objective scheduling for reentrant hybrid flow shop using Pareto genetic algorithm [J]. Computers & Industrial Engineering,61(3): 529-541.

CHOI H S,KIM J S,LEE D H. 2011. Real-time scheduling for reentrant hybrid flow shops: A decision tree based mechanism and its application to a TFT-LCD line [J]. Expert Systems with Applications,38(4): 3514-3521.

CHOI S W,KIM Y D. 2007. Minimizing makespan on a two-machine re-entrant flowshop [J]. Journal of the Operational Research Society,58: 972-981.

CHOI S W,KIM Y D. 2008. Minimizing makespan on a m-machine re-entrant flow shop [J]. Computers and Operations Research,35(5): 1684-1696.

CHOI S W,KIM Y D. 2009. Minimizing total tardiness on a two-machine re-entrant flowshop [J]. European Journal of Operational Research,199(2): 375-384.

CHOU F D,CHANG P C,WANG H M. 2006. A hybrid genetic algorithm to minimize makespan for the single batch machine dynamic scheduling problem [J]. International Journal of Advanced Manufacturing Technology,31(3-4): 350-359.

CLIFFORD J J,POSNER M E. 2000. High multiplicity in earliness-tardiness scheduling [J]. Operations Research,48(5): 788-800.

CLIFFORD J J,POSNER M E. 2001. Parallel machine scheduling with high multiplicity [J]. Mathematical Programming,89(3): 359-383.

COFFMAN E G,GRAHAM R L. 1972. Optimal scheduling for two-processor systems [J]. Acta Informatica,1(3): 200-213.

COLORNI A,DORIGO M,MANIEZZO V. 1991. Distributed optimization by ant colonies [C]//Proceedings of the First European Conference on Artificial Life. Paris: Elsevier Publishing,134-142.

CONWAY R W,MAXWELL W L,MILLER L W. 1967. Theory of scheduling [M]. Massachusetts: Addison-Wesley.

COSMADAKIS S S,PAPADIMITRIOU C H. 1984. The traveling salesman problem with many visits to few cities [J]. SIAM Journal on Computing, 13(1): 99-108.

DAMODARAN P, CHANG P Y. 2008. Heuristics to minimize makespan of parallel batch processing machines [J]. International Journal of Advanced Manufacturing Technology, 37(9-10): 1005-1013.

DAMODARAN P, DIYADAWAGAMAGE D A, GHRAYEB O, et al. 2012. A particle swarm optimization algorithm for minimizing makespan of nonidentical parallel batch processing machines [J]. International Journal of Advanced Manufacturing Technology, 58(9-12): 1131-1140.

DAMODARAN P, HIRANI N S, VELEZ-GALLEGO M C. 2009. Scheduling identical parallel batch processing machines to minimise makespan using genetic algorithms [J]. European Journal of Industrial Engineering, 3(2): 187-206.

DAMODARAN P, KUMAR M P, SRIHARI K. 2006. Minimizing makespan on a batch-processing machine with non-identical job sizes using genetic algorithms [J]. International Journal of Production Economics, 103(2): 882-891.

DEB K, PRATAP A, AGARWAL S, et al. 2002. A fast and elitist multiobjective genetic algorithm: NSGA-II [J]. IEEE Transactions on Evolutionary Computation, 6(2): 182-197.

DEHGHANIAN N, HOMAYOUNI S M. 2014. A fuzzy-genetic algorithm for makespan reduction in job shop environments with sequence-dependent setup time and re-entrant work flow [J]. Main Thematic Areas, 10(2): 68.

DEMIRKOL E, UZSOY R. 2000. Decomposition methods for reentrant flow shops with sequence dependent setup times [J]. Journal of Scheduling, 3(3): 155-177.

DENG X T, FENG H D, LI G J, et al. 2005. A PTAS for semiconductor burn-in scheduling [J]. Journal of Combinatorial Optimization, 9(1): 5-17.

DENG X T, FENG H D, ZHANG P X, et al. 2004. Minimizing mean completion time in a batch processing system [J]. Algorithmica, 38(4): 513-528.

DENG X T, POON C K, ZHANG Y Z. 1999a. Approximation algorithms in batch processing [J]. Algorithms and Computation, 153-162.

DENG X T, POON C K, ZHANG Y Z. 2003. Approximation algorithms in batch processing [J]. Journal of Combinatorial Optimization, 7(3): 247-257.

DENG X T, ZHANG Y Z. 1999b. Minimizing mean response time in batch processing system [C]//International Computing and Combinatorics Conference. Berlin, Heidelberg: Springer, 231-240.

DETTI P. 2008. Algorithms for multiprocessor scheduling with two job lengths and allocation restrictions [J]. Journal of Scheduling, 11(3): 205-212.

DORIGO M, STUTZLE T. 2004. Ant colony optimization [M]. Cambridge, Mass.: MIT Press.

DROBOUCHEVITCH I G, STRUSEVICH V A. 1999. A heuristic algorithm for two-machine re-entrant shop scheduling [J]. Annals of Operations Research, 86: 417-439.

DU B, CHEN H P, HUANG G Q, et al. 2011. Multi-objective evolutionary optimisation for product design and manufacturing [M]. London: Springer: 279-304.

DUGARDIN F, YALAOUI F, AMODEO L. 2010. New multi-objective method to solve reentrant hybrid flow shop scheduling problem [J]. European Journal of Operational Research,203(1): 22-31.

DUPONT L, DHAENENS-FLIPO C. 2002. Minimizing the makespan on a batch machine with non-identical job sizes: an exact procedure [J]. Computers & Operations Research, 29(7): 807-819.

EBRAHIMI M,FATEMI GHOMI S M T,KARIMI B. 2014. Hybrid flow shop scheduling with sequence dependent family setup time and uncertain due dates [J]. Applied Mathematical Modelling,38(9): 2490-2504.

EDIS E B,OZKARAHAN I. 2011. A combined integer/constraint programming approach to a resource-constrained parallel machine scheduling problem with machine eligibility restrictions [J]. Engineering Optimization,43(2): 135-157.

ELMI A,SOLIMANPUR M,TOPALOGLU S,et al. 2011. A simulated annealing algorithm for the job shop cell scheduling problem with intercellular moves and reentrant parts [J]. Computers & Industrial Engineering,61(1): 171-178.

EPSTEIN L,LEVIN A. 2011. Scheduling with processing set restrictions: PTAS results for several variants [J]. International Journal of Production Economics,133(2): 586-595.

FENG Q,YUAN J J,LIU H L,et al. 2013. A note on two-agent scheduling on an unbounded parallel-batching machine with makespan and maximum lateness objectives [J]. Applied Mathematical Modelling,37(10): 7071-7076.

FILIPPI C,AGNETIS A. 2005. An asymptotically exact algorithm for the high-multiplicity bin packing problem [J]. Mathematical Programming,104(1): 21-37.

FILIPPI C, ROMANIN-JACUR G. 2009. Exact and approximate algorithms for high-multiplicity parallel machine scheduling [J]. Journal of Scheduling,12(5): 529-541.

FILIPPI C. 2010. An approximate algorithm for a high-multiplicity parallel machine scheduling problem [J]. Operations Research Letters,38(4): 312-317.

FINTA L,LIU Z. 1996. Single machine scheduling subject to precedence delays [J]. Discrete Applied Mathematics,70(3): 247-266.

FRENCH S. 1982. Sequencing and scheduling: an introduction to the mathematics of the job-shop [M]. Chichester: Ellis Horwood.

FRY T D,ARMSTRONG R D,LEWIS H. 1989. A framework for single machine multiple objective sequencing research [J]. Omega,17(6): 595-607.

GABAY M,FINKE G,BRAUNER N. 2011. Identical coupled task scheduling problem: the finite case [C]//2nd International Symposium on Combinatorial Optimization. Athens, Greece,1-13.

GABAY M,GRIGORIEV A,KREUZEN V J C,et al. 2016b. High-multiplicity scheduling with switching costs for few products [C]//Operations Research Proceedings 2014. Heidelberg: Springer International Publishing,437-443.

GABAY M,RAPINE C,BRAUNER N. 2016a. High-multiplicity scheduling on one machine with forbidden start and completion times [J]. Journal of Scheduling, 19(5): 609-616.

GAREY M R, JOHNSON D S, SETHI R. 1976. The complexity of flow shop and job shop scheduling [J]. Mathematics of Operations Research, 1(2): 117-129.

GAREY M R, JOHNSON D S. 1979. Computers and intractability [M]. New York: W. H. Freemann.

GENG Z C, YUAN J J. 2015a. A note on unbounded parallel-batch scheduling [J]. Information Processing Letters, 115(12): 969-974.

GENG Z C, YUAN J J. 2015b. Pareto optimization scheduling of family jobs on a p-batch machine to minimize makespan and maximum lateness [J]. Theoretical Computer Science, 570: 22-29.

GHAZVINI F J, DUPONT L. 1998. Minimizing mean flow times criteria on a single batch processing machine with non-identical jobs sizes [J]. International Journal of Production Economics, 55(3): 273-280.

GHOSH J B, GUPTA J N D. 1997. Batch scheduling to minimize maximum lateness [J]. Operations Research Letters, 21(2): 77-80.

GIFFLER B, THOMPSON G L. 1960. Algorithms for solving production-scheduling problems [J]. Operations research, 8(4): 487-503.

GLASS C A, KELLERER H. 2007. Parallel machine scheduling with job assignment restrictions [J]. Naval Research Logistics, 54: 250-257.

GLASS C A, MILLS H R. 2006. Scheduling unit length jobs with parallel nested machine processing set restrictions [J]. Computers & Operations Research, 33: 620-638.

GLOVER F. 1989. Tabu search-part I [J]. ORSA Journal on Computing, 1(3): 190-206.

GRAHAM R L, LAWLER E L, LENSTRA J K, et al. 1979. Optimization and approximation in deterministic scheduling: a survey [J]. Annals of Discrete Mathematics, 5: 287-326.

GRANOT F, SKORIN-KAPOV J. 1993. On polynomial solvability of the high multiplicity total weighted tardiness problem [J]. Discrete Applied Mathematics, 41(2): 139-146.

GRANOT F, SKORIN-KAPOV J, TAMIR A. 1997. Using quadratic programming to solve high multiplicity scheduling problems on parallel machines [J]. Algorithmica, 17(2): 100-110.

GUAN L, LI J P. 2013. Coordination mechanism for selfish scheduling under a grade of service provision [J]. Information Processing Letters, 113(8): 251-254.

HADERA H, HARJUNKOSKI I. 2013. Continuous-time batch scheduling approach for optimizing electricity consumption cost [M]// KRASLAWSKI A, TURUNEN I (editors). Computer Aided Chemical Engineering. Lappeenranta: Elsevier, 32: 403-408.

HAM A M, CAKICI E. 2016. Flexible job shop scheduling problem with parallel batch processing machines: MIP and CP approaches [J]. Computers & Industrial Engineering, 102: 160-165.

HAMADA T, GLAZEBROOK K D. 1993. A Bayesian sequential single machine scheduling problem to minimize the expected weighted sum of flowtimes of jobs with exponential processing times [J]. Operations Research, 41(5): 924-934.

HARVEY N J A, LADNER R E, LOVÁSZ L, et al. 2006. Semi-matchings for bipartite graphs and load balancing [J]. Journal of Algorithms, 59(1): 53-78.

HE C, LEUNG J Y T, LEE K, et al. 2016. Scheduling a single machine with parallel batching to minimize makespan and total rejection cost [J]. Discrete Applied Mathematics, 204: 150-163.

HE C, LIN Y X, YUAN J J. 2007. Bicriteria scheduling on a batching machine to minimize maximum lateness and makespan [J]. Theoretical Computer Science, 381 (1-3): 234-240.

HEKMATFAR M, FATEMI GHOMI S M T, KARIMI B. 2011. Two stage reentrant hybrid flow shop with setup times and the criterion of minimizing makespan [J]. Applied Soft Computing, 11(8): 4530-4539.

HOCHBAUM D S, LANDY D. 1997. Scheduling semiconductor burn-in operations to minimize total flowtime [J]. Operations Research, 45(6): 874-885.

HOCHBAUM D S, SHAMIR R. 1990. Minimizing the number of tardy job units under release time constraints [J]. Discrete Applied Mathematics, 28(1): 45-57.

HOCHBAUM D S, SHAMIR R. 1991. Strongly polynomial algorithms for the high multiplicity scheduling problem [J]. Operations Research, 39(4): 648-653.

HOLLAND J H. 1992. Adaptation in natural and artificial systems: an introductory analysis with applications to biology, control, and artificial intelligence [M]. Cambridge: MIT press.

HOOGEVEEN J A. 1996. Single-machine scheduling to minimize a function of two or three maximum cost criteria [J]. Journal of Algorithms, 21(2): 415-433.

HORN W A. 1973. Minimizing average flow time with parallel machines [J]. Operations Research, 21: 846-847.

HUANG R H, YU S C, KUO C W. 2014. Reentrant two-stage multiprocessor flow shop scheduling with due windows [J]. International Journal of Advanced Manufacturing Technology, 71(5-8): 1263-1276.

HADERA H, HARJUNKOSKI I. 2013. Continuous-time batch scheduling approach for optimizing electricity consumption cost [J]. Computer Aided Chemical Engineering, 32: 403-408.

HUO Y M, LEUNG J Y T. 2010a. Parallel machine scheduling with nested processing set restrictions [J]. European Journal of Operational Research, 204(2): 229-236.

HUO Y M, LEUNG J Y T. 2010b. Fast approximation algorithms for job scheduling with processing set restrictions [J]. Theoretical Computer Science, 411(44): 3947-3955.

HWANG H C, CHANG S Y, LEE K. 2004. Parallel machine scheduling under a grade of service provision [J]. Computers & Operations Research, 31(12): 2055-2061.

HWANG T K, CHANG S C. 2003. Design of a Lagrangian relaxation-based hierarchical production scheduling environment for semiconductor wafer fabrication [J]. IEEE Transactions on Robotics and Automation, 19(4): 566-578.

IKURA Y, GIMPLE M. 1986. Efficient scheduling algorithms for a single batch processing machine [J]. Operations Research Letters,5(2): 61-65.

IWANO K,STEIGLITZ K. 1987. Testing for cycles in infinite graphs with periodic structure [C]//Proceedings of the Nineteenth Annual ACM Symposium on Theory of Computing. ACM,46-55.

JAFFE J M. 1980. Bounds on the scheduling of typed task systems [J]. SIAM Journal on Computing,9(3): 541-551.

JANSEN K. 1994. Analysis of scheduling problems with typed task systems [J]. Discrete Applied Mathematics,52(3): 223-232.

JEONG B J,KIM Y D. 2014. Minimizing total tardiness in a two-machine re-entrant flowshop with sequence-dependent setup times [J]. Computers & Operations Research,47: 72-80.

JIA Z H,LEUNG J Y T. 2014. An improved meta-heuristic for makespan minimization of a single batch machine with non-identical job sizes [J]. Computers & Operations Research,46: 49-58.

JIA Z H,LEUNG J Y T. 2015a. A meta-heuristic to minimize makespan for parallel batch machines with arbitrary job sizes [J]. European Journal of Operations Research,240(3): 649-665.

JIA Z H, LI K, LEUNG J Y T. 2015b. Effective heuristic for makespan minimization in parallel batch machines with non-identical capacities [J]. International Journal of Production Economics,169: 1-10.

JIA Z H,LI X H,LEUNG J Y T. 2017c. Minimizing makespan for arbitrary size jobs with release times on P-batch machines with arbitrary capacities [J]. Future Generation Computer Systems,67: 22-34.

JIA Z H,PEI M L,LEUNG J Y T. 2017a. Multi-objective ACO algorithms to minimize the makespan and the total rejection cost on BPMs with arbitrary job weights [J]. International Journal of Systems Science,48(16): 3542-3557.

JIA Z H, ZHANG Y L, LEUNG J Y T, et al. 2017b. Bi-criteria ant colony optimization algorithm for minimizing makespan and energy consumption on parallel batch machines [J]. Applied Soft Computing,55: 226-237.

JI M,CHENG T C E. 2008. An FPTAS for parallel-machine scheduling under a grade of service provision to minimize makespan [J]. Information Processing Letters,108(4): 171-174.

JING C X,HUANG W Z,TANG G C. 2011. Minimizing total completion time for re-entrant flow shop scheduling problems [J]. Theoretical Computer Science,412(48): 6712-6719.

JING C X,QIAN X S,TANG G C. 2008a. Single machine scheduling with re-entrance [J]. 运筹学学报(英文版),12 (2): 84-87.

JING C X, QIAN X S, TANG G C. 2008b. Two-machine flow shop scheduling with re-entrance [C]//International Conference on Information Management, Innovation Management and Industrial Engineering 2008 (ICIII 2008),IEEE,2: 528-531.

JING C X,TANG G C,QIAN X S. 2008c. Heuristic algorithms for two machine re-entrant flow shop [J]. Theoretical Computer Science,400(1-3): 137-143.

JOLAI F. 2005. Minimizing number of tardy jobs on a batch processing machine with incompatible job families [J]. European Journal of Operational Research, 162 (1): 184-190.

KAFURA D G, SHEN V Y. 1977. Task scheduling on a multiprocessor system with independent memories [J]. SIAM Journal on Computing,6(1): 167-187.

KASHAN A H, KARIMI B, FATEMI GHOMI S M T. 2009. A note on minimizing makespan on a single batch processing machine with nonidentical job sizes [J]. Theoretical Computer Science,410(27-29): 2754-2758.

KASHAN A H, KARIMI B, JENABI M. 2008. A hybrid genetic heuristic for scheduling parallel batch processing machines with arbitrary job sizes [J]. Computers & Operations Research,35(4),1084-1098.

KASHAN A H, KARIMI B, JOLAI F. 2006. Effective hybrid genetic algorithm for minimizing makespan on a single-batch-processing machine with non-identical job sizes [J]. International Journal of Production Research,44(12): 2337-2360.

KENNEDY J,EBERHART R. 1995. Particle swarm optimization[C]//Proceedings of IEEE International Conference on Neural Networks. IEEE,1942-1948.

KIMBREL T, SVIRIDENKO M. 2008. High-multiplicity cyclic job shop scheduling [J]. Operations Research Letters,36(5): 574-578.

KOH S G,KOO P H,KIM D C,et al. 2005. Scheduling a single batch processing machine with arbitrary job sizes and incompatible job families [J]. International Journal of Production Economics,98(1): 81-96.

KRUSEMAN A C N,GRIGORIEV A. 2003. High multiplicity scheduling problems [D]. Maastricht: Maastricht University.

KUBIAK W,LOU S X C,WANG Y M. 1996. Mean flow time minimization in reentrant job shops with a hub [J]. Operations Research,44(5): 764-776.

KUMAR P R. 1993. Re-entrant lines [J]. Queueing Systems,13: 87-110.

LAWLER E L. 1973. Optimal sequencing a single machine subject to precedence constraints [J]. Management Science,19: 544-546.

LEACHMAN R C. 1994. The competitive semiconductor manufacturing survey: second report on result of the main phase [R]. Competitive Semiconductor Manufacturing Program.

LEACHMAN R C,HODGES D A. 1996. Benchmarking semiconductor manufacturing [J]. IEEE Transactions on Semiconductor Manufacturing,9(2): 158-169.

LEE C Y. 1991. Parallel machines scheduling with nonsimultaneous machine available time [J]. Discrete Applied Mathematics,30(1): 53-61.

LEE C Y. 1999. Minimizing makespan on a single batch processing machine with dynamic job arrivals [J]. International Journal of Production Research,37(1): 219-236.

LEE C Y, UZSOY R, MARTIN-VEGA L A. 1992. Efficient algorithms for scheduling semiconductor burn-in operations [J]. Operations Research,40(4): 764-775.

LEE C Y, VAIRAKTARAKIS G L. 1993. Complexity of single machine hierarchical scheduling: a survey [J]. Complexity in Numerical Optimization,19: 269-298.

LEE K,LEUNG J Y T,PINEDO M L. 2011a. Scheduling jobs with equal processing times subject to machine eligibility constraints [J]. Journal of Scheduling,14(1): 27-38.

LEE K,LEUNG J Y T,PINEDO M L. 2011b. Coordination mechanisms with hybrid local policies [J]. Discrete Optimization,8(4): 513-524.

LENGAUER T. 1987. Efficient algorithms for finding minimum spanning forests of hierarchically defined graphs [J]. Journal of Algorithms,8(2): 260-284.

LENSTRA J K,KAN A H G R,BRUCKER P. 1977. Complexity of machine scheduling problems [J]. Annals of Discrete Mathematics,1: 343-362.

LEUNG J Y T,LI C L. 2008. Scheduling with processing set restrictions: a survey [J]. International Journal of Production Economics,116(2): 251-262.

LEUNG J Y T,LI C L. 2016. Scheduling with processing set restrictions: a literature update [J]. International Journal of Production Economics,175: 1-11.

LEUNG J Y T,NG C T. 2017. Fast approximation algorithms for uniform machine scheduling with processing set restrictions [J]. European Journal of Operational Research,260(2): 507-513.

LEV V,ADIRI I. 1984. V-Shop scheduling [J]. European Journal of Operational Research, 18: 51-56.

LI C L. 2006. Scheduling unit-length jobs with machine eligibility restrictions [J]. European Journal of Operational Research,174(2): 1325-1328.

LI C L,LEE C Y. 1997. Scheduling with agreeable release times and due dates on a batch processing machine [J]. European Journal of Operational Research,96(3): 564-569.

LI C L,LEE K. 2016. A note on scheduling jobs with equal processing times and inclusive processing set restrictions [J]. Journal of the Operational Research Society, 67(1): 83-86.

LI C L,LI Q Y. 2015. Scheduling jobs with release dates,equal processing times,and inclusive processing set restrictions [J]. Journal of the Operational Research Society, 66(3): 516-523.

LI C L, WANG X L. 2010. Scheduling parallel machines with inclusive processing set restrictions and job release times [J]. European Journal of Operational Research,200(3): 702-710.

LI L, QIAO F, WU Q D. 2009. ACO-based multi-objective scheduling of parallel batch processing machines with advanced process control constraints [J]. The International Journal of Advanced Manufacturing Technology,44(9): 985-994.

LI S S,CHEN R X. 2014. Single-machine parallel-batching scheduling with family jobs to minimize weighted number of tardy jobs [J]. Computers & Industrial Engineering,73: 5-10.

LI S S,CHENG T C E,NG C T,et al. 2015. Single-machine batch scheduling with job processing time compatibility [J]. Theoretical Computer Science,583: 57-66.

LI S S,NG C T,CHENG T C E,et al. 2011b. Parallel-batch scheduling of deteriorating jobs with release dates to minimize the makespan [J]. European Journal of Operational Research, 210(3): 482-488.

LI S S, YUAN J J, FAN B Q. 2011a. Unbounded parallel-batch scheduling with family jobs and delivery coordination [J]. Information Processing Letters, 111(12): 575-582.

LI S G. 2017a. Parallel batch scheduling with nested processing set restrictions [J]. Theoretical Computer Science, 689: 117-125.

LI S G. 2017b. Parallel batch scheduling with inclusive processing set restrictions and non-identical capacities to minimize makespan [J]. European Journal of Operational Research, 260(1): 12-20.

LI S G. 2017c. Approximation algorithms for scheduling jobs with release times and arbitrary sizes on batch machines with non-identical capacities [J]. European Journal of Operational Research, 263(3): 815-826.

LI S G, LI G J, WANG X L, et al. 2005. Minimizing makespan on a single batching machine with release times and non-identical job sizes [J]. Operations Research Letters, 33(2): 157-164.

LI S G, LI G J, WANG X H. 2006. Minimizing total weighted completion time on parallel unbounded batch machines [J]. Journal of Software, 17(10): 2063-2068.

LI S G, LI G J, ZHANG S Q. 2004b. Minimizing maximum lateness on identical parallel batch processing machines [J]. Computing and Combinatorics, 229-237.

LI S G, LI G J, ZHAO H. 2004a. A linear time approximation scheme for minimizing total weighted completion time of unbounded batch scheduling [J]. 运筹学学报(英文版), 8(4): 27-32.

LI W D, LI J P, ZHANG T Q. 2012. Two approximation schemes for scheduling on parallel machines under a grade of service provision [J]. Asia-Pacific Journal of Operational Research, 29(5): 1250029.

LI X L, HUANG Y L, TAN Q, et al. 2013. Scheduling unrelated parallel batch processing machines with non-identical job sizes [J]. Computers & Operations Research, 40(12): 2983-2990.

LI Z C, QIAN B, HU R, et al. 2013. A Hybrid Population-Based Incremental Learning Algorithm for M-Machine Reentrant Permutation Flow-Shop Scheduling [C]//Advanced Materials Research. Trans Tech Publications, 655: 1636-1641.

LIN D P, LEE C K M. 2011. A review of the research methodology for the re-entrant scheduling problem [J]. International Journal of Production Research, 49(8): 2221-2242.

LIN D P, LEE C K M, HO W. 2013. Multi-level genetic algorithm for the resource-constrained re-entrant scheduling problem in the flow shop [J]. Engineering Applications of Artificial Intelligence, 26: 1282-1290.

LIU C G, YANG J, LIAN J, et al. 2014. Sustainable performance oriented operational decision-making of single machine systems with deterministic product arrival time [J]. Journal of Cleaner Production, 85: 318-330.

LIU C H. 2010. A genetic algorithm based approach for scheduling of jobs containing multiple orders in a three-machine flowshop [J]. International Journal of Production Research, 48(15): 4379-4396.

LIU L L, NG C T, CHENG T C E. 2009. Scheduling jobs with release dates on parallel batch processing machines [J]. Discrete Applied Mathematics, 157(8): 1825-1830.

LIU L L, NG C T, CHENG T C E. 2010a. On scheduling unbounded batch processing machine(s) [J]. Computers & Industrial Engineering, 58(4): 814-817.

LIU L L, NG C T, CHENG T C E. 2010b. On the complexity of bi-criteria scheduling on a single batch processing machine [J]. Journal of Scheduling, 13(6): 629-638.

LIU L L, TANG G C. 2004. A branch and bound approach and heuristic algorithms for scheduling a batching machine [J]. 运筹学学报(英文版), 8(3): 39-44.

LIU Z H, CHENG T C E. 2005. Approximation schemes for minimizing total (weighted) completion time with release dates on a batch machine [J]. Theoretical computer science, 347(1): 288-298.

LIU Z H, YU W C, CHENG T C E. 1999. Scheduling groups of unit length jobs on two identical parallel machines [J]. Information Processing Letters, 69(6): 275-281.

LIU Z H, YU W C. 2000. Scheduling one batch processor subject to job release dates [J]. Discrete Applied Mathematics, 105(1): 129-136.

LIU Z H, YUAN J J, CHENG T C E. 2003. On scheduling an unbounded batch machine [J]. Operations Research Letters, 31(1): 42-48.

LU L F, CHENG T C E, YUAN J J, et al. 2009. Bounded single-machine parallel-batch scheduling with release dates and rejection [J]. Computers & operations research, 36(10): 2748-2751.

LU L F, YUAN J J. 2008. Unbounded parallel batch scheduling with job delivery to minimize makespan [J]. Operations Research Letters, 36(4): 477-480.

LUO H, DU B, HUANG G Q, et al. 2013. Hybrid flow shop scheduling considering machine electricity consumption cost [J]. International Journal of Production Economics, 146(2): 423-439.

MASIN M, RAVIV T. 2014. Linear programming-based algorithms for the minimum makespan high multiplicity job shop problem [J]. Journal of Scheduling, 17(4): 321-338.

MATHIRAJAN M, SIVAKUMAR A I. 2006. A literature review, classification and simple meta-analysis on scheduling of batch processors in semiconductor [J]. International Journal of Advanced Manufacturing Technology, 29(9-10): 990-1001.

MCCORMICK S T, SMALLWOOD S R, SPIEKSMA F C R. 1993. Polynomial algorithms for multiprocessor scheduling problems with a small number of job lengths [J]. UBC Faculty of Commerce Working Paper.

MEHTA S V, UZSOY R. 1998. Minimizing total tardiness on a batch processing machine with incompatible job families [J]. IIE Transactions, 30(2): 165-178.

MELOUK S, DAMODARAN P, CHANG P Y. 2004. Minimizing makespan for single machine batch processing with non-identical job sizes using simulated annealing [J]. International Journal of Production Economics,87(2): 141-147.

METROPOLIS N,ROSENBLUTH A W,ROSENBLUTH M N,et al. 1953. Equation of state calculations by fast computing machines [J]. The Journal of Chemical Physics,21(6): 1087-1092.

MIAO C X,ZHANG Y Z,REN J F. 2009. Minimizing total weighted completion time on uniform machines with unbounded batch [J]. Lecture Notes in Operations Research,402-408.

MIAO C X,XIA Y J,ZHANG Y Z,et al. 2013. Batch scheduling with deteriorating jobs to minimize the total completion time [J]. Journal of the Operations Research Society of China,1(3): 377-383.

MIAO C X,ZHANG Y Z,CAO Z G. 2011. Bounded parallel-batch scheduling on single and multi machines for deteriorating jobs [J]. Information Processing Letters,111(16): 798-803.

MÖNCH L, ALMEDER C. 2009. Ant colony optimization for scheduling jobs with incompatible families on parallel batch machines [C]//Proceedings 4th Multidisciplinary International Conference on Scheduling: Theory and Applications (MISTA), Dublin, Ireland,106-114.

MÖNCH L,BALASUBRAMANIAN H,FOWLER J W,et al. 2005. Heuristic scheduling of jobs on parallel batch machines with incompatible job families and unequal ready times [J]. Computers & Operations Research,32(11): 2731-2750.

MOON J Y, SHIN K, PARK J. 2013. Optimization of production scheduling with time-dependent and machine-dependent electricity cost for industrial energy efficiency [J]. International Journal of Advanced Manufacturing Technology,68(1): 523-535.

MOUZON G,YILDIRIM M B. 2008. A framework to minimize total energy consumption and total tardiness on a single machine [J]. International Journal of Sustainable Engineering, 1(2): 105-116.

MURATORE G, SCHWARZ U M, WOEGINGER G J. 2010. Parallel machine scheduling with nested job assignment restrictions [J]. Operations Research Letters,38(1): 47-50.

NAWAZ M,ENSCORE JR E E,HAM I. 1983. A heuristic algorithm for the m-machine, n-job flow-shop sequencing problem [J]. Omega,11(1): 91-95.

NELSON R T, SARIN R K, DANIELS R L. 1986. Scheduling with multiple performance measures: the one-machine case [J]. Management Science,32(4): 464-479.

NG C T,CHENG T C E,YUAN J J. 2006. A note on the complexity of the problem of two-agent scheduling on a single machine [J]. Journal of Combinatorial optimization,12(4): 387-394.

OBEID A,DAUZÈRE-PÉRÈS S,YUGMA C. 2014. Scheduling job families on non-identical parallel machines with time constraints [J]. Annals of Operations Research, 213(1): 221-234.

ORON D,SHABTAY D,STEINER G. 2015. Single machine scheduling with two competing agents and equal job processing times [J]. European Journal of Operational Research, 244(1): 86-99.

OU J W, LEUNG J Y T, LI C L. 2008. Scheduling parallel machines with inclusive processing set restrictions [J]. Naval Research Logistics, 55(4): 328-338.

PALMER D. 1965. Sequencing jobs through a multi-stage process in the minimum total time-a quick method of obtaining a near optimum [J]. Operations Research Quarterly, 16: 101-107.

PAN J C H, CHEN J S. 2004. A comparative study of schedule-generation procedures for the reentrant shops scheduling problem [J]. International Journal of Industrial Engineering: Theory, Applications and Practice, 11(4): 313-321.

PAN J C H, CHEN J S. 2003. Minimizing makespan in reentrant permutation flow-shops [J]. Journal of Operational Research Society, 57: 642-653.

PAPADIMITRIOU C H, STEIGLITZ K. 1988. 组合最优化：算法和复杂性[M]. 刘振宏，蔡茅诚，译. 北京：清华大学出版社.

PEI J, PARDALOS P M, LIU X B, et al. 2015. Serial batching scheduling of deteriorating jobs in a two-stage supply chain to minimize the makespan [J]. European Journal of Operational Research, 244(1): 13-25.

PINEDO M. 2002. Scheduling theory, algorithms, and systems [M]. 2nd ed. New Jersey: Prentice-Hall Inc.

PINEDO M, REED J. 2013. The "least flexible job first" rule in scheduling and in queueing [J]. Operations Research Letters, 41(6): 618-621.

POON C K, YU W C. 2004b. On minimizing total completion time in batch machine scheduling [J]. International Journal of Foundations of Computer Science, 15(4): 593-607.

POON C K, ZHANG P X. 2004a. Minimizing makespan in batch machine scheduling [J]. Algorithmica, 39(2): 155-174.

POTTS C N, KOVALYOV M Y. 2000. Scheduling with batching: a review [J]. European Journal of Operational Research, 120(2): 228-249.

POTTS C N, VAN WASSENHOVE L N. 1992. Integrating scheduling with batching and lot-sizing: a review of algorithms and complexity [J]. Journal of the Operational Research Society, 43(5): 395-406.

PRICE D. 2014. High multiplicity strip packing [D]. London: The University of Western Ontario.

PSARAFTIS H N. 1980. A dynamic programming approach for sequencing groups of identical jobs [J]. Operations Research, 28(6): 1347-1359.

QI X L, YUAN J J. 2017. A further study on two-agent scheduling on an unbounded serial-batch machine with batch delivery cost [J]. Computers & Industrial Engineering, 111: 458-462.

QI X L, ZHOU S G, YUAN J J. 2009. Single machine parallel-batch scheduling with deteriorating jobs [J]. Theoretical Computer Science, 410(8-10): 830-836.

RAJENDRAN C. 1994. A heuristic for scheduling in flowshop and flowline-based manufacturing cell with multi-criteria [J]. International Journal of Production Research, 32: 2541-2558.

ROTHKOPF M. 1966. Letter to the editor—the traveling salesman problem: On the reduction of certain large problems to smaller ones [J]. Operations Research, 14(3): 532-533.

SANGSAWANG C, SETHANAN K, FUJIMOTO T, et al. 2015. Metaheuristics optimization approaches for two-stage reentrant flexible flow shop with blocking constraint [J]. Expert Systems with Applications, 42(5): 2395-2410.

SARIN S C, SHERALI H D, YAO L M. 2011b. New formulation for the high multiplicity asymmetric traveling salesman problem with application to the Chesapeake problem [J]. Optimization Letters, 5(2): 259-272.

SARIN S C, VARADARAJAN A, WANG L X. 2011a. A survey of dispatching rules for operational control in wafer fabrication [J]. Production Planning and Control, 22(1): 4-24.

SAWIK T. 2005. Integer programming approach to production scheduling for make-to-order manufacturing [J]. Mathematical and Computer Modelling: An International Journal, 41(1): 99-118.

SHAO H, CHEN H P, HUANG G, et al. 2008. Minimizing makespan for parallel batch processing machines with non-identical job sizes using neural nets approach [C]// Proceedings of the 3rd IEEE Conference on Industrial Electronics and Applications. Piscataway: IEEE Press, 1921-1924.

SHIN H J. 2015. A dispatching algorithm considering process quality and due dates: an application for re-entrant production lines [J]. International Journal of Advanced Manufacturing Technology, 77(1-4): 249-259.

SHROUF F, ORDIERES-MERE J, GARCIA-SANCHEZ A, et al. 2014. Optimizing the production scheduling of a single machine to minimize total energy consumption costs [J]. Journal of Cleaner Production, 67(6): 197-207.

SMITH W E. 1956. Various optimizers for single-stage production [J]. Naval Research Logistics, 3(1-2): 59-66.

SPYROPOULOS C D, EVANS D J. 1985. Generalized worst-case bounds for a homogeneous multiprocessor model with independent memories—completion time performance criterion [J]. Performance Evaluation, 5(4): 225-234.

STÜTZLE T, HOOS H H. 2000. MAX-MIN ant system [J]. Future Generation Computer Systems, 16(8): 889-914.

SUNG C S, CHOUNG Y I. 2000. Minimizing makespan on a single burn-in oven in semiconductor manufacturing [J]. European Journal of Operational Research, 120(3): 559-574.

TAN Y, MÖNCH L, FOWLER J W. 2017. A hybrid scheduling approach for a two-stage flexible flow shop with batch processing machines [J]. Journal of Scheduling, 1-18.

TANG L X,GONG H. 2009. The coordination of transportation and batching scheduling [J]. Applied Mathematical Modelling,33(10): 3854-3862.

TANG L X, ZHAO X L, LIU J Y, et al. 2017. Competitive two-agent scheduling with deteriorating jobs on a single parallel-batching machine [J]. European Journal of Operational Research,263,401-411.

TANG L X,ZHAO Y F. 2008. Scheduling a single semi-continuous batching machine [J]. Omega,36(6): 992-1004.

UZSOY R. 1994. Scheduling a single batch processing machine with nonidentical job sizes [J]. International Journal of Production Research,32(7): 1615-1635.

UZSOY R,YANG Y Y. 1997. Minimizing total weighted completion time on a single batch processing machine [J]. Production and Operations Management,6(1): 57-73.

UZSOY R. 1995. Scheduling batch processing machines with incompatible job families [J]. International Journal of Production Research,33(10): 2685-2708.

WANG C,SITTERS R. 2016. On some special cases of the restricted assignment problem [J]. Information Processing Letters,116(11): 723-728.

WANG C S,UZSOY R. 2002. A genetic algorithm to minimize maximum lateness on a batch processing machine [J]. Computers & Operations Research,29(12): 1621-1640.

WANG H,LI H J,ZHAO Y,et al. 2013. Genetic algorithm for scheduling reentrant jobs on parallel machines with a remote server [J]. 天津大学学报(英文版),19: 463-469.

WANG H M,CHOU F. 2010. Solving the parallel batch-processing machines with different release times,job sizes,and capacity limits by metaheuristics [J]. Expert Systems with Applications,37: 1510-1521.

WANG J Q,FAN G Q,ZHANG Y Q,et al. 2017. Two-agent scheduling on a single parallel-batching machine with equal processing time and non-identical job sizes [J]. European Journal of Operational Research,258(2): 478-490.

WANG M Y,SETHI S P,VAN DE VELDE S L. 1997. Minimizing makespan in a class of reentrant shops [J]. Operations Research,45: 702-712.

WANG S,SU H Q,WAN G H. 2015. Resource-constrained machine scheduling with machine eligibility restriction and its applications to surgical operations scheduling [J]. Journal of Combinatorial Optimization,30(4): 982-995.

WANG S J,LIU M,CHU F,et al. 2016. Bi-objective optimization of a single machine batch scheduling problem with energy cost consideration [J]. Journal of Cleaner Production, 137: 1205-1215.

WANG Y, LI L. 2013. Time-of-use based electricity demand response for sustainable manufacturing systems [J]. Energy,63(1): 233-244.

WEBSTER S, BAKER K R. 1995. Scheduling groups of jobs on a single machine [J]. Operations Research,43(4): 692-703.

XU J Y, YIN Y Q, CHENG T C E, et al. 2014. A memetic algorithm for the re-entrant permutation flowshop scheduling problem to minimize the makespan [J]. Applied Soft Computing,24: 277-283.

XU R,CHEN H P,LI X P. 2012. Makespan minimization on single batch-processing machine via ant colony optimization [J]. Computers & Operations Research,39 (3): 582-593.

XU S B,BEAN J C. 2007. A genetic algorithm for scheduling parallel non-identical batch processing machines [C]//Proceedings of the IEEE Symposium on Computational Intelligence in Scheduling,IEEE,143-150.

XU X Y,MU Y D,GUO X,et al. 2015. Rescheduling to minimize total completion time under a limit time disruption for the parallel batch [J]. 数学季刊(英文版),(2): 274-279.

YALAOUI N, AMODEO L, YALAOUI F, et al. 2014. Efficient methods to schedule reentrant flowshop system [J]. Journal of Intelligent and Fuzzy Systems, 26 (3): 1113-1121.

YANG D L,CHERN M S. 1997. A scheduling problem with reprocessing operationsa case study [J]. Journal of Management,14: 135-154.

YANG D L,KUO W H,CHERN M S. 2008. Multi-family scheduling in a two-machine re-entrant flow shop with setups [J]. European Journal of Operational Research,187(3): 1160-1170.

YANG X G. 2000. A class of generalized multiprocessor scheduling problems [J]. Systems Science and Mathematical Sciences,13: 385-390.

YILDIRIM M B, MOUZON G. 2012. Single-machine sustainable production planning to minimizing total energy consumption and total completion time using a multiple objective genetic algorithm [J]. IEEE Transactions on Engineering Management,59(4): 585-597.

YING K C,LIN S W,WAN S Y. 2014. Bi-objective reentrant hybrid flowshop scheduling: an iterated Pareto greedy algorithm [J]. International Journal of Production Research, 52(19): 5735-5747.

YUAN J J,LIU Z H,NG C T,et al. 2004. The unbounded single machine parallel batch scheduling problem with family jobs and release dates to minimize makespan [J]. Theoretical Computer Science,320(2-3): 199-212.

YUAN J J,QI X L,LU L F,et al. 2008. Single machine unbounded parallel-batch scheduling with forbidden intervals [J]. European Journal of Operational Research, 186 (3): 1212-1217.

ZHANG G C,CAI X Q,LEE C Y,et al. 2001. Minimizing makespan on a single batch processing machine with nonidentical job sizes [J]. Naval Research Logistics, 48: 226-240.

ZHANG R,CHANG P C,SONG S J,et al. 2017. A multi-objective artificial bee colony algorithm for parallel batch-processing machine scheduling in fabric dyeing processes [J]. Knowledge-Based Systems,116: 114-129.

ZHANG S Q,MA X R. 2006. An efficient PTAS for semiconductor burn-in scheduling with release dates to minimize maximum delivery time [J]. Mathematica Applicata,19(2): 374-380.

ZHAO H L,LI G J. 2008. Unbounded batch scheduling with a common due window on a single machine [J]. Journal of Systems Science and Complexity,21(2): 296.

ZHOU S C, CHEN H P, LI X P. 2017. Distance matrix based heuristics to minimize makespan of parallel batch processing machines with arbitrary job sizes and release times [J]. Applied Soft Computing, 52: 630-641.

ZHOU S C, LIU M, CHEN H P, et al. 2016. An effective discrete differential evolution algorithm for scheduling uniform parallel batch processing machines with non-identical capacities and arbitrary job sizes [J]. International Journal of Production Economics, 179: 1-11.

ZHU H L, LEUS R, ZHOU H. 2016. New results on the coordination of transportation and batching scheduling [J]. Applied Mathematical Modelling, 40(5): 4016-4022.

ZITZLER E, LAUMANNS M, THIELE L. 2001. SPEA2: Improving the strength Pareto evolutionary algorithm [J]. TIK-report, 103.

ZOU J, MIAO C X. 2014. Parallel batch scheduling of deteriorating jobs with release dates and rejection [J]. The Scientific World Journal, 2014: 1-7.

柏孟卓，唐国春. 2006. 加工时间可控的同时加工排序问题 [J]. 上海第二工业大学学报，23(1): 15-20.

柏在兰. 2014. 半导体芯片最终测试系统调度优化仿真研究[D]. 四川：西南交通大学.

卜宪敏，曹丽霞，刘层层. 2012. "合成链"算法与一类链优先约束的单机分批排序问题[J]. 洛阳理工学院学报(自然科学版)，22(4): 79-83.

曹国梅. 2009. 一类无界的不相容工件族分批排序加权总完工时间问题[J]. 常熟理工学院学报，23(4): 22-24.

程八一，陈华平，王栓狮. 2008. 模糊制造系统中的不同尺寸工件单机批调度优化[J]. 计算机集成制造系统，14(7): 1322-1328.

成岗，鲁习文. 2003. 含有批处理机的三机流水作业加工总长问题在某些情形下的强 NP 困难性 [J]. 运筹学学报，7(4): 86-96.

丁际环，刘丽丽，姜宝山，等. 2000. $1 \mid B, r_j \in \{0, r\} \mid \sum C_j$ 问题的复杂性及近似算法[J]. 曲阜师范大学学报：自然科学版，26(4): 19-21.

杜冰，陈华平，杨勃，等. 2011. 聚类视角下的差异工件平行机批调度问题 [J]. 管理科学学报，14(12): 27-37.

过纯中. 2007. 基于工作流的半导体制造离散事件仿真引擎研发[D]. 上海：同济大学.

郭晓. 2011. 分批排序的重新排序[D]. 郑州：河南工业大学.

韩国勇，赵洪銮，刘浩，等. 2012. 交货期窗口待定的有界同时加工排序问题的最优算法 [J]. 山东大学学报 (理学版)，47(3): 77-80.

韩翔凌. 2010. 工件具有学习效应的分批排序问题 [J]. 廊坊师范学院学报：自然科学版，10(6): 14-17.

贾兆红，李晓浩，温婷婷，等. 2015. 不同容量平行机下差异工件尺寸的批调度算法 [J]. 控制与决策，30(12): 2145-2152.

姜冠成. 2005. 带到达时间分批排序问题的数学模型[J]. 苏州大学学报(自然科学版)，21(2): 22-27.

焦峰亮，曹志刚，张玉忠. 2008. 两类单机双目标分批排序问题研究[C]. 中国企业运筹学学术交流大会论文集.

焦峰亮,王磊,张玉忠.2007.一种特殊的单机双目标分批排序问题[J].洛阳理工学院学报:社会科学版,22(4):29-32.

井彩霞,钱省三,马良.2009.极小化最大完工时间的批到达同时加工排序问题[J].上海理工大学学报,31(1):54-58.

井彩霞,钱省三,唐国春.2010.双目标函数下需要安装时间的平行多功能机排序问题[J].计算机集成制造系统,16(4):867-872.

井彩霞,钱省三,唐国春.2008.需要安装时间的两台多功能机排序问题的计算复杂性[J].运筹学学报,12(4):122-128.

井彩霞,吴瑞强,贾兆红.2020.并行分批排序综述[J].运筹与管理,29(1):223-239.

井彩霞,张磊,刘烨.2014.需要安装时间的平行多功能机排序问题的启发式算法[J].运筹与管理,23(4):133-138.

井彩霞.2008.半导体生产中的排序问题研究[D].上海:上海理工大学.

李海霞,朱路宁,赵晟珂.2011.机器带准备时间的同类机分批排序算法[J].大学数学,27(4):122-127.

李建斌.2016.可重入制造系统的性能优化问题仿真研究[D].大连:大连理工大学.

李曙光,李国君,赵洪銮.2006b.极小化完工时间和的有界批调度问题[J].应用数学,19(2):446-454.

李曙光,杨振光,亓兴勤.2006a.极小化最大完工时间的单机分批加工问题[J].运筹学学报,10(1):31-37.

李文华.2006a.关于分批排序问题的研究[D].郑州:郑州大学.

李文华.2006b.主指标为最大延迟的主次指标分批排序问题[J].数学的实践与认识,36(5):285-289.

李文华.2007.一类具有三重指标的分批排序问题[J].工程数学学报,24(1):183-186.

李文华,农庆琴,陈铁生.2013.具有相同批容量和相同工期的单机准时分批排序问题[J].数学的实践与认识,43(24):158-163.

李文华,王炳顺.2007.分批排序问题中最优解仅分一批的判定[J].河南科学,25(1):14-16.

李小衬.2013.单机不相容双目标最优批排序研究[J].长江大学学报:自然科学版,10(13):3-5.

李修倩,冯好娣,孙铮.2013.最小化完成时间和加惩罚值和的批调度问题[J].计算机研究与发展,50(8):1700-1709.

刘丽丽,任韩,唐国春.2017.有公共交货期的单机分批排序问题[J].重庆师范大学学报:自然科学版,34(2):1-5.

刘丽丽,张峰.2013.机器容量无限的同型机分批排序问题[J].上海第二工业大学学报,30(3):197-201.

刘伟.2015.带链优先约束的单机分批排序问题[J].高教学刊,(9):49-50.

刘勇,王成飞,张玉忠.2007.工件带运输时间的单机分批排序问题[J].洛阳理工学院学报:社会科学版,22(4):24-28.

吕绪华,尹婷,彭志凯.2011.钢铁生产中管坯加热的单机连续型批调度策略研究[J].武汉科技大学学报:自然科学版,34(5):321-324.

马良,宁爱兵.2008.高级运筹学[M].北京:机械工业出版社.

马冉，张玉忠．2006．工件有优先约束和尺寸的单机分批排序问题[J]．滨州学院学报，22(3)：18-22．

马冉，张玉忠，邹娟．2007．带有链优先约束的分批排序[J]．滨州学院学报，23(6)：26-29．

苗翠霞，张玉忠，王成飞．2010．无关机上极小化求和问题的平行分批排序[J]．运筹学学报，(4)：11-20．

苗翠霞，张玉忠．2005．极小化加权总完工时间的分批排序问题[J]．运筹学学报，9(2)：82-86．

苗翠霞，张玉忠．2008．两个分批排序问题的 NP-完备性证明[J]．曲阜师范大学学报：自然科学版，34(4)：1-5．

齐祥来，李展，原晋江．2008．具有到达时间和禁用区间的单机平行批排序[J]．郑州大学学报：理学版，40(1)：23-26．

钱省三，郭永辉．2008．多重入芯片复杂制造系统：生产优化与控制[M]．北京：电子工业出版社．

任建锋，张玉忠．2004．问题 $P_m|r_j, B|SC_j$ 的 PTAS 算法[C]．中国运筹学会第七届学术交流会论文集(下卷)，1149-1155．

石永强．2005．若干批处理机排序与装箱问题的算法研究[D]．杭州：浙江大学．

孙锦萍，李曙光，张少强．2004．一个求分批排序最小时间表长的多项式时间近似方案[J]．山东大学学报：理学版，39(2)：16-19．

唐国春，张峰，罗守诚，等．2003．现代排序论[M]．上海：上海科学普及出版社．

田乐，赵传立．2009．极小化总完工时间的同时加工排序[J]．数学的实践与认识，(20)：100-105．

王春香，王曦峰．2014．单机有界分批排序[J]．齐鲁工业大学学报：自然科学版，28(1)：48-50．

王峻峰，李世其，刘继红．2013．能量有效的离散制造系统研究综述[J]．机械工程学报，49(11)：89-97．

王磊，张玉忠．2008．加工时间离散可控的分批排序问题[J]．曲阜师范大学学报：自然科学版，34(3)：37-41．

王松丽，赵玉芳，崔苗苗．2012．带有释放时间的半连续型批处理机调度问题[J]．重庆师范大学学报：自然科学版，29(2)：16-23．

王曦峰，王春香．2014．单机无界分批排序问题研究[J]．佛山科学技术学院学报：自然科学版，(3)：21-23．

王珍，曹志刚，张玉忠．2006．工件可拒绝的单机分批排序问题[C]．第八届中国青年运筹信息管理学者大会论文集，147-156．

王中杰．2002．基于递阶控制的半导体生产线优化调度研究[R]．上海：同济大学电信学院．

吴翠连．2005．极小化分批排序问题的近似算法[D]．曲阜：曲阜师范大学．

吴翠连，陈俊．2013．有尺寸的同型机分批排序问题的近似算法[J]．运筹与管理，(1)：77-82．

吴启迪，王中杰，李莉．2006．集成电路生产的优化调度：理论模型、算法与系统仿真[M]．上海：同济大学出版社．

闫博．2007．半导体生产线调度的多智能体建模方法研究[D]．上海：同济大学．

杨培颖，唐加福，于洋，等．2013．面向最小碳排放量的接送机场服务的车辆路径与调度[J]．

自动化学报,39(4): 424-432.

余英,卢圳,曾春花. 2015. 一类具有与位置有关的学习效应的分批排序问题[J]. 凯里学院学报,33(6): 14-16.

余英,罗永超,程明宝. 2013. 带分批的一类具有恶化加工时间的排序问题的算法研究[J]. 湘潭大学自然科学学报,35(2): 14-16.

翟大伟. 2010. 一种工件可拒绝的有界批量分批排序问题研究[J]. 枣庄学院学报,(5): 36-38.

张玲玲,张玉忠,张智广. 2006. 一种极小化 $\sum w_jC_j$ 的分批排序问题的算法[J]. 洛阳大学学报,21(4): 43-45.

张启忠. 2009. 基于 EM-Plant 可重入钢管生产线的仿真与调度[D]. 重庆: 重庆大学.

张鑫,刘景昭,张玉忠. 2005. 工件尺寸不同的平行机分批排序[J]. 曲阜师范大学学报: 自然科学版,31(3): 10-12.

张玉忠. 1996. 带批处理的排序问题[D]. 北京: 中国科学院应用数学研究所.

张玉忠. 2004a. 分批排序问题研究[C]. 中国运筹学会第七届学术交流会论文集(上卷).

张玉忠,柏庆国,徐健腾. 2006. 工件有尺寸且分两批到达的单机分批排序[J]. 运筹学学报,10(4): 99-105.

张玉忠,曹志刚. 2008. 并行分批排序问题综述[J]. 数学进展,37(4): 392-408.

张玉忠,苗翠霞. 2004b. 复制法及其在分批排序问题中的应用[J]. 曲阜师范大学学报: 自然科学版,30(2): 41-43.

张玉忠,王琳. 2005. 一类新的分批排序问题的 NP-完备性证明[J]. 系统科学与数学,25(1): 13-17.

张玉忠,王忠志,王长钰. 2002. 分批排序的"转换引理"及其应用[J]. 系统科学与数学,22(3): 328-333.

张召生,孔淑兰,马建华. 2004. 求解多目标单机分批排序问题[J]. 山东大学学报: 理学版,39(2): 50-55.

张召生,刘家壮. 2003. 大规模集成电路预烧作业中分批排序问题的数学模型[J]. 中国管理科学,11(4): 32-36.

张喆,冯琪. 2011a. 两个带有分批费用的单机平行分批排序问题[J]. 佛山科学技术学院学报: 自然科学版,29(4): 8-10.

张喆,冯琪,李文华. 2014. 带有分批费用的容量有界的单机平行分批排序问题[J]. 数学的实践与认识,44(21): 192-196.

张喆,李文华. 2011b. 最小化总完工时间与分批费用之和的有界分批排序问题[J]. 数学的实践与认识,41(21): 93-97.

张喆,李文华. 2013. 两个带有分批费用的平行分批排序问题的算法[J]. 工程数学学报,30(4): 629-632.

赵洪銮,韩国勇,张志军. 2012. 最小化提前和延误惩罚的批处理问题[J]. 控制理论与应用,29(4): 519-523.

赵玉芳. 2010. 链式约束下的一种半连续型批处理机调度问题[J]. 沈阳师范大学学报: 自然科学版,28(3): 335-338.

赵玉鹏. 1994. 约束服务系统一类多目标排序问题 [J]. 系统工程学报,9(2): 89-97.

郑金华.2007.多目标进化算法及其应用[M].北京:科学出版社.

朱洪利,王迅娣,张玉忠.2010.供应链管理中的一类分批调度问题[J].曲阜师范大学学报:自然科学版,36(4):41-44.

邹娟,张玉忠.2006.带有链优先序的分批排序问题[J].应用数学与计算数学学报,20(1):19-24.

附录1　书中排序问题计算复杂性结果汇总表

这里分章节列出书中出现的排序问题计算复杂性结果，如表1、表2和表3所示。

表1　第3章中排序问题计算复杂性结果汇总表

排序问题	计算复杂性结果
$V2 \| C_{\max}$	NP-难的
$V3 \| C_{\max}$	NP-难的
$V2 \| L_{\max}$	NP-难的
$V2 \| \sum C_j$	NP-难的
$V2 \mid M_2 \cdot > M_1 \mid C_{\max}$	多项式时间可解的
$V2 \mid M_2 < \cdot M_1 \mid C_{\max}$	多项式时间可解的
$V3 \mid M_2 \cdot > M_1, M_2 \cdot > M_3 \mid C_{\max}$	多项式时间可解的
$Vm \mid p_{ij}^1 = 1 \mid (C_{\max}, \sum C_j)$	多项式时间可解的
$F2 \mid \text{chain-reentrant} \mid C_{\max}$	NP-难的
$Fm \mid \text{chain-reentrant} \mid C_{\max}\ m \geqslant 3$	强 NP-难的
$Fm \mid \text{chain-reentrant, nowait} \mid C_{\max}$	NP-难的
$F2 \mid \text{chain-reentrant}, l_j \mid C_{\max}$	强 NP-难的
$F2 \mid \text{chain-reentrant}, l_j = L \mid C_{\max}$	强 NP-难的
$F2 \mid \text{chain-reentrant}, l_j = b_j \mid C_{\max}$	强 NP-难的
$F2 \mid \text{chain-reentrant}, l_j = b_j = L, a_i + c_j > L \mid C_{\max}$	多项式时间可解的
$F2 \mid \text{chain-reentrant}, a_j = a, b_i + b_j \leqslant 2a, c_j \leqslant a, l_j = ka \mid C_{\max}$	多项式时间可解的
$1 \mid \text{re-}L \mid \sum w_j C_j$	多项式时间可解的
$1 \mid \text{chains} \mid \sum w_j C_j$	多项式时间可解的
$1 \mid \text{re-}L \mid h_{\max}$	多项式时间可解的
$1 \mid \text{chains} \mid h_{\max}$	多项式时间可解的

续表

排序问题	计算复杂性结果
$1\|prec\|h_{max}$	多项式时间可解的
$Fm\|re\text{-}L\|C_{max}\ m\geqslant 2$	NP-难的
$1\|prec\ (l_{ij}=1),p_j\in N_+\|C_{max}$	多项式时间可解的
$F2\|prec\|C_{max}$ 满足： (1) 所有工件在第一台机器上的加工时间 $p_{j1}\in N_+, j=1,2,\cdots,n$； (2) 至少有一个后继工件的工件在第二台机器上的加工时间 $p_{j2}=1$； (3) 对没有后继工件的工件有 $p_{j2}=0$	多项式时间可解的
$F2\|chains\|C_{max}$	NP-难的
$F2\|prec\|C_{max}$	NP-难的
$1\|prec\ (l_{ij}),p_j=1\|C_{max}$	NP-难的
$1\|prec\ (l_{ij}=1),p_j\in N_+\|C_{max}$	多项式时间可解的
$F2\|re\text{-}L\|C_{max}$ 满足： $p_{1jl}\in N_+(j=1,2,\cdots,n;\ l=1,2,\cdots,L)$；$p_{2jl}=1, p_{2jL}=0(j=1,2,\cdots,n;\ l=1,2,\cdots,L-1)$	多项式时间可解的
$F2\|re\text{-}L\|C_{max}$ 满足： $\forall l,m(l\in\{1,2,\cdots,L\},m\in\{1,2,\cdots,L\})$ 和 $k\neq i(k\in\{1,2,\cdots,n\},i\in\{1,2,\cdots,n\})$，有 $p_{1kl}\geqslant p_{2im}$	多项式时间可解的
$F2\|re\text{-}L\|C_{max}$ 满足： $\forall l,m(l\in\{1,2,\cdots,L\},m\in\{1,2,\cdots,L\})$ 和 $k\neq i(k\in\{1,2,\cdots,n\},i\in\{1,2,\cdots,n\})$，有 $p_{1kl}\leqslant p_{2im}$	多项式时间可解的
$F2\ \|\ re\text{-}L\ \|\ \sum C_j$	NP-难的
$Fm\ \|\ re\text{-}L\ \|\ \sum C_j$	NP-难的

表 2　第 4 章中排序问题计算复杂性结果汇总表

排序问题	计算复杂性结果
$R\,MPM\,\|\,\sum C_j$	多项式时间可解的
$P2\ MPM\,\|\,C_{max}$	NP-难的
$P2\ MPM\,\|\,\sum w_jC_j$	NP-难的
$P\,MPM\ \|\ p_j=1\ \|\ C_{max}$ 满足： 加工集合具有嵌套结构	多项式时间可解的

续表

排序问题	计算复杂性结果
$P\|M_J\|C_{\max}$	NP-难的
$P\text{MPM}\|M_J\|C_{\max}$	NP-难的
$P2\ \text{MPM}\|M_J,s^T\|C_{\max}$	NP-难的
$P2\ \text{MPM}\|M_J,p_j=p,s^T,N_j=h\|C_{\max}$	多项式时间可解的
$P2\|p_j=1,s^T=1\|C_{\max}$	NP-难的
$P2\ \text{MPM}\|M_J,p_j=1,s^T=1\|C_{\max}$	NP-难的
$P\text{MPM}\|M_J,s^T\|(C_{\max},S^T)$	NP-难的
$P\text{MPM}\|M_J,s_j^T,t_i\|C_{\max}$	NP-难的

表3　第5章中排序问题计算复杂性结果汇总表

排序问题	计算复杂性结果
$1\|B=\infty\|C_{\max}$	多项式时间可解的
$1\|B=\infty,r_j\|C_{\max}$	多项式时间可解的
$1\|B=\infty,r_j\|C_{\max}$ 满足：具有不相容工件簇	强 NP-难的
$1\|B\|C_{\max}$	多项式时间可解的
$1\|B,r_j\|C_{\max}$	强 NP-难的
$1\|B\|L_{\max}$	强 NP-难的
$1\|B\|\sum U_j$	强 NP-难的
$1\|B\|\sum w_jU_j$	强 NP-难的
$1\|B\|T_j$	强 NP-难的
$1\|B\|\sum w_jT_j$	强 NP-难的
$1\|B=\infty\|\sum w_jC_j$	多项式时间可解的
$1\|B=\infty\|\sum w_jC_j$ 满足：具有不相容工件簇	多项式时间可解的
$1\|B=\infty\|\sum C_j$	多项式时间可解的
$1\|B=\infty,r_j\|\sum w_jC_j$	NP-难的

续表

排序问题	计算复杂性结果
$1 \mid B=\infty, r_j \mid \sum w_j C_j$ 满足： 工件加工时间的取值个数为常数或工件到达时间的取值个数为常数	多项式时间可解的
$1 \mid B=\infty, r_j \mid \sum w_j (C_j - r_j) / \sum w_j$	NP-难的
$1 \mid B=\infty, r_j \mid \sum w_j (C_j - r_j)$	NP-难的
$1 \mid B=\infty, r_j \mid \sum w_j C_j$	NP-完备的
$1 \mid B=\infty, r_j \mid \sum C_j$ 满足： 在多重性编码(id-encoding)下	NP-难的
$1 \mid B \mid \sum C_j$ 满足下列条件之一： (1)B 为常数；(2)所有工件加工时间都相等；(3)工件到达时间为正整数和具有单位加工时间；(4)工件到达时间个数为常数和加工时间相等	多项式时间可解的
$1 \mid r_j \mid \sum C_j$	强 NP-难的
$1 \mid B, r_j \mid \sum C_j$	强 NP-难的
$1 \mid B, r_j \in \{0, r\} \mid \sum C_j$	NP-完备的
$1 \mid B, p_j = p, r_j \mid \sum w_j C_j$	多项式时间可解的
$1 \mid B, r_j \in \{0, r\} \mid \sum w_j C_j$	NP-完备的
$1 \mid B=\infty \mid L_{\max}$	多项式时间可解的
$1 \mid B=\infty, r_j \mid L_{\max}$	NP-难的
$1 \mid B, r_j \mid L_{\max}$	强 NP-难的
$1 \mid r_j \mid T_{\max}$	强 NP-难的
$1 \mid B, r_j \mid T_{\max}$	NP-难的
$1 \mid B, r_j \mid T_{\max}$ 满足： 工件到达时间和交付期一致	强 NP-难的
$1 \mid B, p_j = p, r_j \mid T_{\max}$	多项式时间可解的
$1 \mid B=\infty \mid \sum w_j T_j$	NP-难的
$1 \mid B=\infty \mid \sum T_j$	NP-难的
$1 \mid B \mid \sum T_j$	强 NP-难的
$1 \mid B \mid \sum w_j T_j$	强 NP-难的

续表

排序问题	计算复杂性结果
$1 \mid B, r_j \mid \sum T_j$	强 NP-难的
$1 \mid B, p_j = p, r_j \mid \sum T_j$	多项式时间可解的
$1 \mid B \mid \sum T_j$ 满足：工件具有不相容工件簇，工件组数和批容量为任意数	强 NP-难的
$1 \mid B = \infty, d_j = d \mid \sum w_j T_j$	多项式时间可解的
$1 \mid B, r_j \mid \sum U_j$	NP-难的
$1 \mid B, r_j \mid \sum U_j$ 满足：工件到达时间和交付期一致	强 NP-难的
$1 \mid B = \infty \mid \sum U_j$	多项式时间可解的
$1 \mid B = \infty \mid \sum w_j U_j$	NP-难的
$1 \mid B, p_j = p, r_j \mid \sum w_j U_j$	多项式时间可解的
$1 \mid B \mid \sum U_j$ 满足：工件具有不相容工件簇，工件组数和批容量为任意数	NP-难的
$1 \mid B, d_j = d \mid \sum U_j$ 满足：交付期相等	多项式时间可解的
$P \mid B \mid C_{\max}$	强 NP-难的
$P2 \mid B \mid \sum w_j C_j$	NP 完备的
$Pm \mid B = \infty, r_j \mid \sum w_j C_j$	强 NP-难的
$Rm \mid B = \infty \mid \sum C_j$ 满足：加工时间一致	多项式时间可解的
$Rm \mid B, p_{ij} = p_i \mid \sum w_j C_j$	多项式时间可解的
$Qm \mid B, p_j = p \mid \sum w_j C_j$ 满足：机器具有准备时间	多项式时间可解的
$Qm \mid B, p_j = p, r_j \in \{r_1, \cdots, r_k\} \mid \sum w_j C_j$ 满足：机器具有准备时间	多项式时间可解的
$P \mid B \mid L_{\max}$	强 NP-难的
$P \mid B \mid L_{\max}$ 满足：交付期相同、且交付期和加工时间一致	强 NP-难的

表 4 第 6 章中排序问题计算复杂性结果汇总表

排序问题	计算复杂性结果
$1\|S,s_j\|C_{\max}$	NP-难的
$P_m\|S,s_j\|C_{\max}$	NP-难的
$P_m\|p_j=p,s_j,\omega_j,S\|C_{\max}+R_{\text{tot}}$	NP-难的
$P_m\|p_j=p,s_j,\omega_j,S\|(C_{\max},R_{\text{tot}})$	NP-难的
$P_m\|r_j,s_j,S,\varphi_i,\psi_i\|(C_{\max},\Psi)$	NP-难的
$P_m\|S,s_j\|C_{\max}$	NP-难的
$P_m\|S_i,s_j,r_j\|C_{\max}$	NP-难的

附录2　书中部分计算实验过程及数据结果

1. 计算实验1

(1) 实验对象

MLBB算法，WITB算法，EJ算法，LBB算法和ITB算法。

(2) 实验目的

对5个启发式算法的性能进行比较分析。

(3) 实验设计

在计算实验中，有3个主要的参数：总工件数 n，每个工件重入的次数 L，加工时间范围参数 R。加工时间在[1,10R]的范围内随机生成，并且服从离散均匀分布。

通过以下方式设置瓶颈机器：在生成非瓶颈机器上的加工时间时，令 $R=5$；而在生成瓶颈机器上的加工时间时，令 $R=10$。考虑3组测试问题：在第1组中，没有瓶颈机器，第一台机器和第二台机器上的加工时间范围参数相等，都等于10，记为 $R_1=R_2=10$；在第2组中，第2台机器为瓶颈机器，第一台机器为非瓶颈机器，即 $R_1=5, R_2=10$；在第3组中，第一台机器为瓶颈机器，第二台机器为非瓶颈机器，即 $R_1=10, R_2=5$。

在每组测试问题中，分别取参数 $n=20,50,100,200$，参数 $L=2,5,10$，这样一共有12个参数取值组合，每个组合随机生成10个测试算例。对每个测试算例分别用5种启发式算法进行求解，并计算下界。通过松弛所有子工件间的先后约束关系，用Johnson规则对所有子工件进行排序，所得最大完工时间即为下界。输出启发式算法所得的最大完工时间与下界的百分误差为

$$\frac{C_{\max}(H)-\text{LB}}{\text{LB}}\times 100\%$$

其中，$C_{\max}(H)$ 表示由启发式算法 H 所得的最大完工时间；LB为下界的值。

(4) 实验环境

所有的启发式算法均用C语言编码，在Windows XP系统中的VC环境下运行，PC机的处理器速度为1.2GHz，内存为1G。

(5) 实验结果

3组测试问题的计算结果见表1、表2和表3。表格中，Avg.表示10个测试算例计算结果的平均百分误差；Std.表示百分误差的标准偏差；B表示10个测试算例中获得最好解的次数。

表 1 在没有瓶颈机器的情况下各启发式算法性能

n	L	LBB			MLBB			ITB			WITB			EJ		
		Avg. /%	Std. /%	B /次	Avg. /%	Std. /%	B /次	Avg. /%	Std. /%	B /次	Avg. /%	Std. /%	B /次	Avg. /%	Std. /%	B /次
20	2	3.46	2.32	0	2.54	2.42	1	2.59	2.08	2	2.43	1.95	2	1.34	2.28	7
	5	4.90	2.15	2	4.40	2.21	3	2.54	1.33	5	2.54	1.33	5	3.78	1.96	2
	10	3.96	1.45	2	3.90	1.49	2	2.71	1.11	5	2.66	1.13	6	5.51	2.01	2
50	2	1.55	1.17	0	1.38	1.20	1	0.90	1.34	6	0.90	1.34	6	0.74	2.33	8
	5	2.03	1.36	1	2.06	1.36	1	0.59	0.62	7	0.59	0.62	7	1.74	1.02	1
	10	2.84	1.84	1	2.83	1.82	0	0.99	0.74	8	0.99	0.74	8	2.92	1.40	1
100	2	0.75	0.52	0	0.55	0.39	3	0.47	0.51	3	0.47	0.51	3	0.44	0.65	5
	5	0.98	0.50	2	1.06	0.45	1	0.33	0.27	8	0.33	0.27	8	2.63	1.37	0
	10	1.93	1.84	4	1.93	1.83	3	0.67	0.44	5	0.67	0.44	5	1.64	0.66	1
200	2	0.44	0.33	3	0.42	0.38	2	0.36	0.35	5	0.36	0.35	5	0.91	1.50	6
	5	0.73	0.56	1	0.72	0.56	1	0.39	0.37	5	0.39	0.37	5	0.94	0.75	4
	10	1.31	1.74	1	1.31	1.74	0	0.26	0.25	9	0.26	0.25	9	1.27	0.69	0

表 2　在第 2 台机器为瓶颈机器的情况下各启发式算法性能

n	L	LBB			MLBB			ITB			WITB			EJ		
		Avg. /%	Std. /%	B /次	Avg. /%	Std. /%	B /次	Avg. /%	Std. /%	B /次	Avg. /%	Std. /%	B /次	Avg. /%	Std. /%	B /次
20	2	0.83	1.08	5	0.74	0.92	5	0.09	0.16	9	0.09	0.16	9	0.10	0.14	9
	5	1.57	0.74	0	1.62	0.65	0	0.05	0.07	9	0.05	0.07	9	0.12	0.06	1
	10	1.30	0.69	0	1.36	0.74	0	0.01	0.01	10	0.01	0.01	10	0.08	0.03	0
50	2	0.37	0.40	3	0.37	0.40	3	0.02	0.02	10	0.02	0.02	10	0.03	0.02	8
	5	0.49	0.29	0	0.48	0.28	0	<0.01	0.01	10	<0.01	0.01	10	0.01	0.02	6
	10	0.75	0.37	0	0.75	0.37	0	<0.01	0.01	10	<0.01	0.01	10	0.01	0.01	3
100	2	0.16	0.17	5	0.16	0.17	5	<0.01	<0.01	10	<0.01	<0.01	10	<0.01	0.01	7
	5	0.23	0.16	1	0.25	0.17	1	<0.01	<0.01	10	<0.01	<0.01	10	<0.01	<0.01	5
	10	0.29	0.16	0	0.30	0.16	0	<0.01	<0.01	10	<0.01	<0.01	10	<0.01	<0.01	3
200	2	0.08	0.08	3	0.08	0.08	3	0	0	10	0	0	10	0	0	10
	5	0.07	0.07	0	0.07	0.07	0	0	0	10	0	0	10	<0.01	<0.01	9
	10	0.11	0.05	0	0.11	0.05	0	0	0	10	0	0	10	<0.01	<0.01	9

表 3 在第 1 台机器为瓶颈机器的情况下各启发式算法性能

n	L	LBB			MLBB			ITB			WITB			EJ		
		Avg. /%	Std. /%	B /次	Avg. /%	Std. /%	B /次	Avg. /%	Std. /%	B /次	Avg. /%	Std. /%	B /次	Avg. /%	Std. /%	B /次
20	2	0.86	1.11	3	0.77	1.14	3	3.41	1.69	0	2.30	1.02	0	0.08	0.13	10
	5	1.20	0.78	0	1.20	0.78	0	5.18	1.03	0	2.30	0.62	0	0.10	0.08	10
	10	1.39	0.59	0	1.37	0.57	0	6.45	1.50	0	3.31	0.83	0	0.12	0.06	10
50	2	0.37	0.43	4	0.23	0.30	4	2.21	0.75	0	1.43	0.50	0	0.02	0.02	8
	5	0.54	0.29	1	0.55	0.39	1	4.92	1.36	0	2.27	0.52	0	0.01	0.01	10
	10	0.45	0.08	0	0.43	0.09	0	5.92	0.71	0	2.60	0.50	0	0.01	0.01	10
100	2	0.16	0.19	1	0.14	0.17	1	2.42	0.58	0	1.21	0.43	0	0	0	10
	5	0.27	0.17	0	0.25	0.11	0	4.58	0.50	0	2.31	0.38	0	<0.01	<0.01	10
	10	0.24	0.10	0	0.24	0.10	0	6.08	0.54	0	2.61	0.37	0	<0.01	<0.01	10
200	2	0.03	0.05	5	0.04	0.05	5	1.95	0.34	0	1.12	0.30	0	0	0	10
	5	0.19	0.06	0	0.17	0.08	0	4.27	0.33	0	1.88	0.17	0	<0.01	<0.01	10
	10	0.14	0.04	0	0.14	0.05	0	5.49	0.45	0	2.31	0.19	0	<0.01	<0.01	10

2. 计算实验2

(1) 实验对象

KINS算法。

(2) 实验目的

通过与下界做对比,检验KINS算法的性能。

(3) 实验设计

为了检验KINS算法的性能,将算法所得排序的目标值与下界做比较,鉴于计算下界的时间复杂性,本实验考虑两台机器的情况。同时为了简化实验结果,令所有工件的重入次数都相同。

测试问题主要有3个参数:总工件数n,工件重入的次数L,问题类型。其中n和L定义问题的规模;问题的类型则由各工序在两台机器上加工时间的分布特征确定。

参数水平分别取$n=20,50,100$;$L=2,5,10$。问题类型考虑4种,分别为机器M_1为瓶颈机器、机器M_2为瓶颈机器、无瓶颈机器且加工时间服从离散均匀分布、无瓶颈机器且加工时间随机生成。如此共有36个参数和类型组合,每个组合下随机生成10个测试算例。另外,通过对所有实验算例进行计算,取KINS算法中的参数$k=5$。

对每个测试算例,利用KINS算法分别基于4个种子序进行求解,并计算下界,最后输出KINS算法所得的总完工时间与下界的百分误差为

$$\frac{C(\mathrm{KINS})-\mathrm{LB}}{\mathrm{LB}}\times 100\%$$

其中,$C(\mathrm{KINS})$表示KINS算法所得的总完工时间;LB为下界的值。

(4) 实验环境

KINS算法用C语言编码,在Windows XP系统中的VC环境下运行,PC机的处理器速度为1.2GHz,内存为1G。

(5) 实验结果

计算结果表明,基于总加工时间的种子序稍显优势,所以这里只列出这两个种子序(π_1,π_2)下的实验结果,如表4所示。表中4个问题类型的定义详见3.5.2节中对KINS算法性能实验的介绍。表中所给数据为10个测试算例结果的平均百分误差。

表 4 KINS 算法所得的总完工时间与下界的平均百分误差 %

问题类型	种子序	$n=10$			$n=20$		
		$L=2$	$L=5$	$L=10$	$L=2$	$L=5$	$L=10$
类型 1	π_1	16.99	24.38	29.87	10.61	15.79	20.30
	π_2	16.94	20.57	26.61	10.38	15.93	18.36
类型 2	π_1	13.61	16.42	20.04	6.06	9.46	10.12
	π_2	13.57	15.74	18.48	6.81	9.53	10.48
类型 3	π_1	11.92	16.44	18.78	7.00	10.25	12.07
	π_2	11.23	15.13	16.72	7.30	9.84	10.86
类型 4	π_1	17.42	32.11	33.78	12.90	16.69	21.20
	π_2	18.04	30.01	33.05	13.48	16.58	19.72

3. 计算实验 3

(1) 实验对象

ESO 算法和 DAS 算法。

(2) 实验目的

通过与 DAS 算法的性能做对比,检验 ESO 算法的性能。

(3) 实验设计

测试问题主要有 4 个参数:总工件数 $n=10\,000,20\,000,50\,000$;工件组数 $r=5,10,20$;机器数 $m=5,10,20$;安装时间 $s=200,500,1000$。对参数 n,r,m 和 s 的每个取值组合,随机生成 5 个算例,一共生成 405 个算例。另外,对给定的 m 和 r,各工件组的加工集合随机生成;对给定的 n,随机分配各工件组中的工件数;所有工件组的加工时间在[1,100]的范围内随机生成,并且服从离散均匀分布。

对每个测试算例,最后输出 ESO 算法的所有启发式帕累托解的最大完工时间和相应的安装次数;同时输出 DAS 算法所得的最大完工时间和相应排序下的安装次数。

(4) 实验环境

用 C 语言对 DAS 算法和 ESO 算法进行编码,实验时程序在 Windows XP 系统中的 VC 环境下运行,PC 机的处理器速度为 1.2GHz,内存为 1G。

(5) 实验结果

由于每次计算所得启发式帕累托解的个数是不定的,至少有 1 个,多的可达 20 多个,而且无法求均值,只能把结果一一列出来,这样会占用很大的篇幅,所以这里只列出其中的一小部分,用作说明,如表 5 和表 6 所示。

表 5　在 $n=50\ 000$，$s=200$ 的测试算例中 DAS 算法和 ESO 算法的计算结果

			算例 1		算例 2		算例 3		算例 4		算例 5	
r	m	算法	s^T	C_{max}	s^T	C_{max}	s^T	C_{max}	s^T	C_{max}	s^T	C_{max}
20	5	DAS	36	670 023	40	469 475	36	614 828	37	627 921	40	620 218
		ESO	20	674 872	20	511 210	20	635 499	20	689 702	20	650 253
			21	670 721	21	474 895	21	630 406	21	639 133	21	625 919
			22	670 506	22	468 521	22	619 532	22	628 374	22	621 924
			23	669 407			23	616 906	23	627 276	23	619 464
							24	614 226			24	619 441
	10	DAS	56	292 508	51	258 930	78	270 636	63	294 093	60	266 165
		ESO	20	355 882	20	342 624	20	270 885	20	318 928	20	299 555
			21	351 452	21	293 544	21	270 636	21	312 347	21	277 850
			22	317 196	22	280 194			22	302 116	22	273 740
			23	306 138					23	300 830	23	273 069
			24	302 646					24	299 236	24	268 130
			25	300 997					25	294 923	25	266 699
									26	294 238	26	266 130
									27	293 933	27	265 797
									28	293 916	28	265 680
									29	293 438	29	265 622
											30	265 473
	20	DAS	63	156 224	84	137 929	83	129 789	73	124 196	89	115 331
		ESO	20	309 112	20	284 666	20	240 402	20	284 986	20	255 880
			21	304 868	21	270 670	21	232 751	21	277 688	21	244 625
			22	294 725	22	257 150	22	192 955	22	203 095	22	179 120
			23	273 668	23	255 892	23	187 214	23	189 058	23	170 813
			24	250 201	24	232 278	24	173 972	24	172 760	24	156 017
			25	222 400	25	208 120	25	167 834	25	169 544	25	149 152
			26	221 354	26	172 760	26	161 400	26	160 220	26	149 060
			27	190 880	27	167 391	27	161 388	27	159 975	27	144 992
			28	178 136	28	164 180	28	159 854	28	157 425	28	136 540
			29	174 866	29	160 418	29	152 248	29	142 634	29	133 136
			30	169 248	30	156 923	30	148 254	30	138 944	30	126 618
			31	166 288	31	144 280	31	143 357	31	133 310	31	122 450
			32	165 288	32	143 954	32	139 133	32	131 600	32	121 554
			33	162 999	33	142 472					33	120 224
			34	162 880	34	142 280					34	119 509
			35	161 725	35	142 141					35	118 114
			36	158 956	36	139 394					36	117 969

续表

			算例 1		算例 2		算例 3		算例 4		算例 5	
r	m	算法	s^T	$C_{\max}$	s^T	$C_{\max}$	s^T	$C_{\max}$	s^T	$C_{\max}$	s^T	$C_{\max}$
20	20	ESO	37	158 600	37	138 530					37	117 445
			38	157 948							38	116 075
			39	157 256							39	115 544
			40	156 462							40	115 055
			41	156 438								
			42	156 278								
			43	156 257								
			44	156 136								

表 6　在 $n=10\ 000,s=500$ 的测试算例中 DAS 算法和 ESO 算法的计算结果

			算例 1		算例 2		算例 3		算例 4		算例 5	
r	m	算法	s^T	$C_{\max}$	s^T	$C_{\max}$	s^T	$C_{\max}$	s^T	$C_{\max}$	s^T	$C_{\max}$
5	5	DAS	9	60 308	12	76 714	9	133 582	9	186 140	9	85 838
		ESO	5	170 996	5	167 252	5	177 248	5	210 290	5	188 897
			6	89 977	6	83 924	6	133 324	6	186 140	6	105 440
			7	60 212	7	76 628					7	84 513
			8	57 721							8	82 575
	10	DAS	13	104 694	21	26 693	23	56 767	14	29 820	19	42 434
		ESO	5	258 744	5	95 768	5	223 684	5	124 936	5	149 572
			6	216 810	6	89 530	6	151 892	6	64 600	6	126 302
			7	129 668	7	48 168	7	139 504	7	62 744	7	75 036
			8	108 655	8	45 015	8	112 092	8	59 140	8	63 430
			9	104 694	9	32 256	9	76 196	9	41 996	9	52 580
					10	30 196	10	74 944	10	32 550	10	50 228
					11	27 648	11	70 002	11	31 648	11	42 456
					12	27 296	12	61 348	12	31 500	12	42 434
					13	26 571	13	59 618	13	29 820		
							14	58 910				
							15	58 497				
							16	58 379				
	20	DAS	22	31 210	22	17 650	35	47 235	39	39 880	35	24 020
		ESO	5	186 432	5	100 580	5	158 260	5	158 020	5	286 058
			6	94 961	6	93 068	6	99 333	6	98 450	6	143 279
			7	93 512	7	59 324	7	93 970	7	79 260	7	123 644
			8	83 093	8	50 540	8	79 412	8	69 500	8	95 686

续表

			算例 1		算例 2		算例 3		算例 4		算例 5	
r	m	算法	s^T	$C_{\max}$	s^T	$C_{\max}$	s^T	$C_{\max}$	s^T	$C_{\max}$	s^T	$C_{\max}$
5	20	ESO	9	62 508	9	46 784	9	53 108	9	53 025	9	71 935
			10	57 400	10	33 890	10	49 941	10	49 500	10	62 100
			11	47 749	11	31 356	11	47 235	11	47 156	11	57 648
			12	47 052	12	29 912			12	39 880	12	48 093
			13	41 828	13	25 520					13	41 548
			14	37 760	14	23 675					14	41 359
			15	31 987							15	36 263
			16	31 504							16	32 259
			17	28 950							17	31 300
			18	28 031							18	29 074
			19	27 088							19	26 526
			20	26 812							20	25 140
											21	24 972

4. 计算实验 4

(1) 实验对象

VNS 算法。

(2) 实验目的

通过与下界和 CPLEX 商业软件对比,检验 VNS 算法的性能。

(3) 实验设计

该计算实验分为两部分,第一部分是 VNS 算法与下界的比较,这里记为实验Ⅰ;第二部分是 VNS 算法与 CPLEX 商业软件的比较,记为实验Ⅱ。

在实验Ⅰ中,主要有 5 个参数,分别为总工件数 $n=10\,000,20\,000,50\,000$;工件组数 $r=50,100,200$;机器数 $m=5,10,20$;安装时间 $s_j^T\ (j=1,2,\cdots,r)$的随机生成区间为(1,100)、(100,500)、(500,1000);机器准备时间 $t_i\ (i=1,2,\cdots,m)$的随机生成区间为(1,100),(1,1000)。对上述 5 个参数的取值和范围的每个组合,随机生成 10 个算例,一共生成 1620 个算例。另外,对给定的 m 和 r,各工件组的加工集合随机生成;对给定的 n,随机分配各工件组中的工件数;所有工件组的加工时间在[1,100]的范围内随机生成,并且服从离散均匀分布。

对每个测试算例,利用 VNS 算法进行求解,并计算下界 LB_3,其中 LB_3 的计算方法详见书中 4.4.3 节中问题下界的介绍。最后输出 VNS 算法所得的最

大完工时间与下界的百分误差

$$\frac{C_H - \mathrm{LB}_3}{\mathrm{LB}_3} \times 100\%。$$

其中，C_H 表示 VNS 算法所得的最大完工时间，LB_3 为下界的值。

在实验Ⅱ中，限定 CPLEX 软件的运行时间为 1800s。基于实验Ⅰ的结果并考虑 CPLEX 软件运行时间的限定，各参数的取值范围为 $n=500,1000,5000,10\,000,20\,000,50\,000$；$r=50,100,200$；$m=5,10,20$；所有安装时间在区间(500,1000)内随机生成；所有机器准备时间在区间(1,100)内随机生成。这里将 n 的取值范围扩大是考虑到 CPLEX 软件对较小规模问题具有更好的性能，且受运行时间的约束较小；安装时间的区间(500,1000)为实验Ⅰ中产生最差结果的区间；实验Ⅰ的计算结果显示不同机器准备时间区间对计算结果无显著影响，因此任意选择一个区间(1,100)。上述参数取值组合一共 54 个，对每个组合，随机生成 10 个算例，一共生成 540 个算例。另外，各工件组的加工集合、工件数和加工时间的生成方式都与实验Ⅰ中相同。

对每个测试算例，分别利用 VNS 算法和 CPLEX 进行求解，并计算下界 LB_3，最后分别输出 VNS 算法所得结果与 CPLEX 结果的百分误差

$$E_{HC} = \frac{C_H - C_C}{C_C} \times 100\%，$$

和 CPLEX 结果与下界的百分误差

$$E_{CL} = \frac{C_C - \mathrm{LB}_3}{C_C} \times 100\%。$$

这里 C_H 表示 VNS 算法所得的最大完工时间；C_C 表示 CPLEX 所得的最大完工时间；LB_3 为下界的值。

(4) 实验环境

对 VNS 算法，采用 C 语言进行编码，在 Windows XP 系统中的 VC 环境下运行；对 CPLEX，在 MATLAB 环境下采用 YALMIP 建模，并调用 IBM ILOG CPLEX 12.6 进行求解。PC 机的处理器速度为 2.2GHz，内存为 4G。

(5) 实验结果

对实验Ⅰ，机器准备时间生成区间和工件安装时间生成区间的六个组合下的计算结果如表 7～表 12 所示。在每个表格中，Avg. 表示 10 个测试算例计算结果的平均百分误差，Std. 为百分误差的标准偏差。

表 7　机器准备时间区间[1,100]和工件安装时间区间[1,100]组合下 VNS 算法结果与下界的比较

n	r	$m=5$		$m=10$		$m=20$	
		Avg. /%	Std. /%	Avg. /%	Std. /%	Avg. /%	Std. /%
10 000	50	0.035	0.009	0.102	0.027	0.222	0.050
	100	0.019	0.007	0.053	0.012	0.140	0.027
	200	0.007	0.005	0.027	0.007	0.074	0.012
20 000	50	0.019	0.005	0.043	0.016	0.122	0.033
	100	0.008	0.003	0.029	0.011	0.074	0.019
	200	0.006	0.002	0.015	0.006	0.048	0.013
50 000	50	0.007	0.002	0.020	0.005	0.057	0.014
	100	0.005	0.001	0.012	0.003	0.036	0.009
	200	0.002	0.001	0.008	0.002	0.025	0.008

表 8　机器准备时间区间[1,100]和工件安装时间区间[100,500]组合下 VNS 算法结果与下界的比较

n	r	$m=5$		$m=10$		$m=20$	
		Avg. /%	Std. /%	Avg. /%	Std. /%	Avg. /%	Std. /%
10 000	50	0.142	0.039	0.379	0.090	0.853	0.341
	100	0.056	0.017	0.168	0.050	0.478	0.107
	200	0.005	0.003	0.032	0.007	0.224	0.120
20 000	50	0.083	0.022	0.207	0.036	0.525	0.093
	100	0.034	0.009	0.111	0.021	0.288	0.064
	200	0.008	0.005	0.033	0.015	0.118	0.031
50 000	50	0.036	0.011	0.083	0.021	0.220	0.186
	100	0.020	0.007	0.054	0.007	0.135	0.053
	200	0.007	0.003	0.023	0.009	0.076	0.011

表 9　机器准备时间区间[1,100]和工件安装时间区间[500,1000]组合下 VNS 算法结果与下界的比较

n	r	$m=5$		$m=10$		$m=20$	
		Avg. /%	Std. /%	Avg. /%	Std. /%	Avg. /%	Std. /%
10 000	50	0.290	0.105	0.575	0.109	1.826	0.109
	100	0.047	0.025	0.305	0.093	0.808	0.215
	200	0.008	0.004	0.035	0.014	0.235	0.167

续表

n	r	m=5		m=10		m=20	
		Avg. /%	Std. /%	Avg. /%	Std. /%	Avg. /%	Std. /%
20 000	50	0.179	0.046	0.446	0.098	0.912	0.356
	100	0.046	0.026	0.224	0.071	0.576	0.044
	200	0.007	0.005	0.044	0.024	0.151	0.038
50 000	50	0.089	0.014	0.228	0.028	0.463	0.183
	100	0.039	0.014	0.122	0.021	0.302	0.113
	200	0.005	0.002	0.043	0.025	0.128	0.035

表 10 机器准备时间区间[1,1000]和工件安装时间区间[1,100]组合下 VNS 算法结果与下界的比较

n	r	m=5		m=10		m=20	
		Avg. /%	Std. /%	Avg. /%	Std. /%	Avg. /%	Std. /%
10 000	50	0.029	0.012	0.092	0.022	0.238	0.125
	100	0.015	0.006	0.052	0.015	0.160	0.033
	200	0.008	0.005	0.021	0.007	0.083	0.023
20 000	50	0.017	0.009	0.043	0.009	0.107	0.049
	100	0.010	0.003	0.031	0.009	0.084	0.018
	200	0.005	0.003	0.015	0.006	0.050	0.014
50 000	50	0.018	0.030	0.021	0.009	0.045	0.027
	100	0.004	0.001	0.011	0.002	0.040	0.009
	200	0.002	0.001	0.007	0.003	0.023	0.004

表 11 机器准备时间区间[1,1000]和工件安装时间区间[100,500]组合下 VNS 算法结果与下界的比较

n	r	m=5		m=10		m=20	
		Avg. /%	Std. /%	Avg. /%	Std. /%	Avg. /%	Std. /%
10 000	50	0.124	0.034	0.324	0.071	0.807	0.312
	100	0.055	0.023	0.191	0.043	0.414	0.094
	200	0.005	0.003	0.024	0.010	0.160	0.047
20 000	50	0.073	0.019	0.167	0.055	0.568	0.104
	100	0.031	0.014	0.100	0.030	0.313	0.041
	200	0.009	0.004	0.033	0.013	0.141	0.038

续表

n	r	$m=5$		$m=10$		$m=20$	
		Avg. /%	Std. /%	Avg. /%	Std. /%	Avg. /%	Std. /%
50 000	50	0.036	0.009	0.093	0.019	0.201	0.084
	100	0.018	0.005	0.055	0.011	0.160	0.027
	200	0.006	0.003	0.019	0.006	0.063	0.008

表 12　机器准备时间区间[1,1000]和工件安装时间区间[500,1000]组合下 VNS 算法结果与下界的比较

n	r	$m=5$		$m=10$		$m=20$	
		Avg. /%	Std. /%	Avg. /%	Std. /%	Avg. /%	Std. /%
10 000	50	0.300	0.066	0.824	0.215	1.639	0.659
	100	0.049	0.026	0.268	0.124	0.889	0.282
	200	0.004	0.002	0.040	0.030	0.208	0.111
20 000	50	0.193	0.067	0.415	0.075	1.169	0.189
	100	0.061	0.033	0.160	0.059	0.537	0.083
	200	0.008	0.005	0.036	0.026	0.186	0.055
50 000	50	0.078	0.018	0.222	0.036	0.468	0.171
	100	0.044	0.014	0.113	0.019	0.314	0.050
	200	0.006	0.003	0.037	0.013	0.145	0.034

实验Ⅱ的计算结果如表 13 所示，其中 N_e 表示 10 个算例中 CPLEX 能在限定时间内求出解的个数；有时，CPLEX 得不出解是因为内存问题，表中将此种情况用“ * ”标记；Avg.(E_{CL})和 Avg.(E_{HC})分别表示 N_e 个测试算例计算结果 E_{CL} 和 E_{HC} 的平均值。

表 13　VNS 算法结果、CPLEX 计算结果和下界的比较

n	r	$m=5$			$m=10$			$m=20$		
		Avg. (E_{CL}) /%	Avg. (E_{HC}) /%	N_e	Avg. (E_{CL}) /%	Avg. (E_{HC}) /%	N_e	Avg. (E_{CL}) /%	Avg. (E_{HC}) /%	N_e
50 000	50	0.010	0.063	1	*	*	0	*	*	0
	100	*	*	0	*	*	0	*	*	0
	200	*	*	0	*	*	0	*	*	0

续表

n	r	$m=5$			$m=10$			$m=20$		
		Avg. (E_{CL}) /%	Avg. (E_{HC}) /%	N_e	Avg. (E_{CL}) /%	Avg. (E_{HC}) /%	N_e	Avg. (E_{CL}) /%	Avg. (E_{HC}) /%	N_e
20 000	50	0.009	0.184	1	*	*	0	0	0	1
	100	*	*	0	*	*	0	*	*	0
	200	0.007	−0.001	9	*	*	0	*	*	0
10 000	50	0.009	0.181	6	*	*	0	0	0	1
	100	0.013	0.033	9	*	*	0	*	*	0
	200	0.008	−0.002	4	*	*	0	*	*	0
5000	50	0.011	0.410	2	*	*	0	2.923	0.228	1
	100	0.002	0.068	2	*	*	0	*	*	0
	200	0.007	−0.002	7	*	*	0	1.840	−0.016	1
1000	50	0.017	0.422	10	*	*	0	3.757	0.252	2
	100	0.008	0.033	7	*	*	0	*	*	0
	200	0.007	−0.002	7	*	*	0	*	*	0
500	50	0.016	0.437	10	0.756	0.401	1	3.366	0.704	8
	100	0.010	0.016	10	*	*	0	*	*	0
	200	0.007	−0.004	10	*	*	0	*	*	0

5. 计算实验 5

(1) 实验对象

PACO 算法。

(2) 实验目的

通过与下界和多目标智能算法 NSGA-Ⅱ、SPEA2 和 DACO 对比，检验 PACO 算法的性能。

(3) 实验设计

测试问题主要有 9 个参数：总工件数 n，工件尺寸 s_j，工件加工时间 p_j，工件尺寸 s_j，工件到达时间 r_j，总机器数 m，机器容量 S，机器在加工和空闲状态下的单位时间电力消耗 φ_i 和 ψ_i。参数水平分别取 $n=20,50,100$，并记这三种工件数规模类型为 $N1,N2,N3$；工件尺寸 s_j 考虑小尺寸工件和大尺寸工件两种类型，分别记为 $S1$ 和 $S2$，其中小尺寸在区间[1,15]内随机生成，并服从离散均匀分布，记为取值 $U[1,15]$，大尺寸取值 $U[15,35]$；工件加工时取值 $U[8,48]$；工件到达时间 r_j 取值 $U[1,\text{LB}]$，其中 LB 为下界；机器数 $m=2,4$，并记这两种机器数规模为 $M1$ 和 $M2$；机器的容量都设为 40；设置 $\varphi_i=1,\Psi_i=8$。

根据工件数规模、工件尺寸和机器数，一共有 12 个参数和类型组合，即 12 个测试算例组，对每个组合，随机生成 10 个测试算例。

实验所采用的电价函数如 6.5 节中的图 6-5 所示，公式表示如下：

$$f(t)=\begin{cases}10, & 20\mu-20\leqslant t<20\mu-10\\ 5, & 20\mu-10\leqslant t<20\mu\end{cases}$$

其中 μ 是一个自然数。

NSGA-Ⅱ算法、SPEA2 算法和 DACO 算法的参数参照来源文献确定，PACO 算法的参数通过准备实验来确定。在准备实验中，先从每组测试算例中随机选取一个算例，由选出的 12 个算例组成测试集，然后基于 DLB 指标对计算结果进行比较并确定相应的参数值。各算法相关参数设置如表 14 所示。

表 14　各算法参数设置

PACO	DACO	NSGA-Ⅱ	SPEA2
N_a:100(n=20)	N_a:100(n=20)	N_a:100(n=20)	N_a:100(n=20)
N_a:150(n=50)	N_a:150(n=50)	N_a:150(n=50)	N_a:150(n=50)
N_a:200(n=100)	N_a:200(n=100)	N_a:200(n=100)	N_a:200(n=100)
$T_{max}=200$	$T_{max}=200$	$T_{max}=200$	Q_a:50(n=20)
$\alpha=1/9$	$\alpha=1$	交叉概率：1.0	Q_a:80(n=50)
$\beta=1$	$\beta=5$	变异概率：0.01	Q_a:100(n=100)
$\rho_l=0.5$	$\rho_l=0.1$		$T_{max}=200$
$\rho_g=0.5$	$\rho_g=0.3$		交叉概率：1.0
$\tau_0=0.1$	$\tau_0=1$		变异概率：0.01

对每个测试算例，分别利用 4 种智能算法进行求解，并计算下界。同时，4 种算法均对每个测试算例运行 10 次，并将 10 次结果的平均值作为相应算法对该算例的计算结果，而每一个测试算例组的结果则基于该组的 10 个算例的结果。实验选取的算法性能评价指标为：帕累托解集规模(NPS)、覆盖率(C)、超体积(H)、多样性(DVR)、解间距(SPC)、与下界的距离(DLB)和计算时间(T)。其中在计算评价指标 DLB 时，需要用到问题下界的值，这里下界 LB 通过松弛工件尺寸的方法来获得。

(4) 实验环境

所有算法均采用 C++语言进行编码，在 Windows 8 系统中的 VS 下运行，运行环境为 Intel Core 3 处理器，4G 内存。

(5) 实验结果

4 个算法的各指标值计算结果如表 15～表 21 所示。各表中第一列的标题"Grp. Code"表示测试算例组的编号，例如表中第一个测试算例组"M1N1S1"表示该组中随机生成的10个算例的工件数为20、机器数为2、工件尺寸为小尺寸。同时为了便于读者比较,在各表中用粗体标出了每个测试算例组,即每一行中的最好结果。下面将分别具体说明各表。

表15　各算法NPS指标的比较结果

Grp. Code	PACO			DACO			NSGA-Ⅱ			SPEA2		
	MAX	MIN	AVG	MAX	MIN	AVG	MAX	MIN	AVG	MAX	MIN	AVG
M1N1S1	**2.9**	**2.4**	**2.8**	2.7	2.3	2.5	1.6	1	1.24	2.1	1.4	1.7
M1N2S1	**9.2**	3.8	**6.72**	6.8	**5.3**	6	3.3	1	1.52	3.2	1	2.08
M1N3S1	**9.9**	**3.7**	**6.7**	6.6	3.2	4.7	3.6	1	1.82	4	1	1.8
M2N1S1	**2.4**	**2.3**	**2.31**	1	1	1	1	1	1	1	1	1
M2N2S1	**5.4**	**2**	**3.57**	4.2	1.9	3.2	2.2	1	1.46	2.4	1	1.51
M2N3S1	**9.1**	**3**	**5.97**	8.1	2.4	5.6	3	1	1.57	3.7	1	1.57
M1N1S2	**11**	**7.7**	**9.26**	9	4.3	8.3	3.1	1	1.6	2.7	1	1.37
M1N2S2	**13.5**	**5.9**	**9.35**	7.5	2.2	5.5	4.2	1	1.99	4.1	1	1.77
M1N3S2	**8.8**	**2.7**	**5.56**	6.1	1.4	4.1	3.5	1	2	4.2	1	1.69
M2N1S2	1.3	**1.3**	**1.3**	1.3	1.1	1.2	1.6	1	1.13	**1.8**	1	1.07
M2N2S2	**5.5**	**2.2**	**3.75**	4.7	1.4	3.5	3.2	1	1.65	2.6	1	1.35
M2N3S2	**6**	**1.9**	**3.88**	5.1	1.1	3.1	3.3	1	1.69	4.9	1	2.33

表15给出4个算法在每组算例中运行所得到的帕累托解集规模。对每个算例,每个算法运行10次,然后统计所得帕累托解个数的最大、最小和平均值,然后再对10个算例的结果取平均值作为该组算例的最大、最小和平均值。表15中第2～4列、第5～7列、第8～10列及第11～13列分别是PACO、DACO、NSGA-Ⅱ和SPEA2这4个算法在每组算例中帕累托解个数的最大(MAX)、最小(MIN)和平均(AVG)值。帕累托解的个数越多,表示该多目标优化算法的性能越好。

表中前6行给出的是小尺寸工件的情况,可以看出除了测试算例组M1N2S1,PACO算法在其他组的结果都优于其他3个算法。表中后6行给出的是4个算法在大尺寸工件组的计算结果,其中除了测试算例组M2N1S2,PACO算法所得到的帕累托解的个数均多于其他算法。一般而言,工件数越多算法所得到的帕累托解数目就越多。PACO算法在大尺寸工件组中随着工件数的增多优势更加明显。综上可得,就NPS指标而言,PACO算法明显优于其他3种算法,并且在算例组M1N2S2中找到的平均帕累托解数目达到13.5个。

表 16　各算法 C 指标的比较结果

Grp. Code	C(PACO, NSGA-Ⅱ)	C(PACO, SPEA2)	C(PACO, DACO)	C(NSGA-Ⅱ, PACO)	C(SPEA2, PACO)	C(DACO, PACO)
M1N1S1	**0.75**	**0.7**	**0.49**	0.01	0.1	0
M1N2S1	**0.82**	**0.75**	**0.62**	0.04	0.02	0.04
M1N3S1	**0.7**	**0.78**	**0.32**	0.03	0.02	0.04
M2N1S1	**1**	**1**	**0.5**	0.1	0	0
M2N2S1	**0.73**	**0.7**	**0.37**	0.17	0	0.06
M2N3S1	**0.8**	**0.7**	**0.18**	0.16	0.04	0.088
M1N1S2	**0.85**	1	**0.66**	0.07	0.018	0
M1N2S2	**1**	**1**	**1**	0	0	0
M1N3S2	**1**	**1**	**1**	0	0	0
M2N1S2	**1**	**1**	**0.3**	0	0	0
M2N2S2	**1**	**1**	**1**	0	0	0
M2N3S2	**1**	**1**	**1**	0	0	0

表 16 给出 4 个算法的平均覆盖率(C)指标值。表 16 中的数字均是每组算例中 10 个随机算例的平均覆盖率指标值。从表 16 可以明显看出，在平均覆盖率指标下，PACO 算法比其他 3 种算法都好，尤其是对大尺寸工件的算例，PACO 算法得到的帕累托解几乎完全支配 DACO、NSGA-Ⅱ 和 SPEA2 算法所得到的解。因此，就覆盖率这一指标，PACO 算法是 4 个算法中最好的。

表 17 给出 4 个算法在每组算例中的超体积(H)指标值。H 值越大表明相应算法性能越好。可以看到，对所有测试算例组，PACO 算法的平均 H 值都高于其他 3 个算法，说明 PACO 算法得到的解更接近于帕累托最优解集。

表 17　各算法 H 指标的比较结果

Grp. Code	PACO	DACO	NSGA-Ⅱ	SPEA2
M1N1S1	**21 309**	6979.2	4013.8	4926.7
M1N2S1	**345 927.2**	151 580.2	73 434.2	66 132.6
M1N3S1	**606 371.9**	572 944.3	132 541.8	157 977.4
M2N1S1	**5610.6**	788.4	643.9	643.9
M2N2S1	**40 372.4**	34 095	10 779.3	11 607.3
M2N3S1	**399 452.7**	218 037.1	52 668.1	74 837.1
M1N1S2	**1 552 174**	883 946.7	211 817.3	34 584.4
M1N2S2	**3 588 616.8**	385 522.1	34 108.7	52 562
M1N3S2	**12 987 453.5**	1 021 087.9	261 909.1	110 222.6
M2N1S2	**52 052.9**	36 120	33 208.2	1097.2
M2N2S2	**623 750.9**	84 928.1	22 842.7	23 660.4
M2N3S2	**5 230 355.2**	426 957.3	87 939.1	151 548.3

表18给出4个算法的DVR指标值,DVR的值越大代表相应算法所得到的解越好。对小尺寸工件算例,在算例组M2N1S1中,DACO、NSGA-Ⅱ和SPEA2算法的DVR值均为0,且小于PACO算法的DVR值,这是因为这3个算法在该组算例中得到的帕累托解的数量较少;对大尺寸工件算例,PACO算法的DVR值均大于其他3个算法对应的DVR值。综上,PACO算法在所有算例组中的DVR指标值均优于其他3个算法。

表18 各算法DVR指标的比较结果

Grp. Code	PACO	DACO	NSGA-Ⅱ	SPEA2
M1N1S1	**3689.5**	1554	4	653
M1N2S1	**42 340**	6623.5	1573	1374.5
M1N3S1	**83 051**	17 753	939.5	1631.5
M2N1S1	**2490.5**	0	0	0
M2N2S1	**6564.5**	1977.5	672	601.5
M2N3S1	**57 806**	8107	942.5	698.5
M1N1S2	**20 171.5**	15 384.5	874	872.5
M1N2S2	**73 263**	36 221.5	863	2101.5
M1N3S2	**135 289**	48 290.5	2651	4478
M2N1S2	**1097**	13.5	35	14.5
M2N2S2	**20 538**	12 997.5	519.5	1041
M2N3S2	**53 825.5**	22 928.5	1516	1641

表19给出4个算法在不同测试算例组中得到的SPC指标值。可以看到,PACO算法在所有测试组中的SPC值均高于DACO、NSGA-Ⅱ和SPEA2算法的SPC值,这意味着PACO算法找到的解比其他3种算法找到的解分布更均匀。另外,在M2N1S1和M2N1S2这两个算例组中,算法DACO、NSGA-Ⅱ和SPEA2的SPC指标值为0,这是由于这3个算法在这两个算例组中找到的帕累托解个数太少导致解之间的距离很近。从表19中也可看出,在算例组M2N1S1中,算法DACO、NSGA-Ⅱ和SPEA2只能找到一个解。

表19 各算法SPC指标的比较结果

Grp. Code	PACO	DACO	NSGA-Ⅱ	SPEA2
M1N1S1	**0.38**	0.27	0.08	0.07
M1N2S1	**1.10**	0.37	0.21	0.23
M1N3S1	**0.86**	0.50	0.36	0.49
M2N1S1	**0.24**	0	0	0
M2N2S1	**0.52**	0.19	0.16	0.41
M2N3S1	**1.13**	0.86	0.29	0.22

续表

Grp. Code	PACO	DACO	NSGA-Ⅱ	SPEA2
M1N1S2	**0.67**	0.52	0.37	0.21
M1N2S2	**0.72**	0.70	0.09	0.29
M1N3S2	**0.84**	0.74	0.28	0.45
M2N1S2	**0.12**	0	0	0
M2N2S2	**0.50**	0.43	0.20	0.10
M2N3S2	**0.46**	0.41	0.08	0.28

表20给出4个算法在不同测试算例组中的DLB指标值。算法的DLB值越小，表明对应算法的性能越好。可以看出，PACO算法的DLB值在4个算法中是最小的，即PACO算法所得到的解相对于其他算法更接近于目标值的下界。

表20 各算法DLB指标的比较结果

Grp. Code	PACO	DACO	NSGA-Ⅱ	SPEA2
M1N1S1	**0.15**	0.27	0.26	0.26
M1N2S1	**0.23**	0.40	0.38	0.37
M1N3S1	**0.34**	0.50	0.50	0.49
M2N1S1	**0.01**	0.06	0.06	0.06
M2N2S1	**0.02**	0.07	0.07	0.07
M2N3S1	**0.05**	0.13	0.13	0.12
M1N1S2	**0.21**	0.25	0.23	0.31
M1N2S2	**0.35**	0.50	0.51	0.51
M1N3S2	**0.30**	0.56	0.56	0.60
M2N1S2	**0.005**	0.016	0.01	0.036
M2N2S2	**0.02**	0.08	0.07	0.07
M2N3S2	**0.01**	0.14	0.13	0.14

表21给出4个算法的运行时间指标值。表中给出的运行时间是所在测试算例组中10个算例的平均运行时间(单位为s)，而每个算例的运行时间取算法10次运行的平均所用时间。运行时间随着工件数和机器数逐渐增加。对小尺寸工件算例，PACO算法所用的时间均大于其他算法，这是由于信息素的更新和局部优化策略的使用增加了算法的时间复杂度，而且每只蚂蚁在每一代都构建一个可行解，而在算法DACO、NSGA-Ⅱ和SPEA2中是先用启发式算法对工件进行分批，然后再调用智能算法进行批排序，启发式算法的计算时间要明显小于智能算法的时间；对大尺寸工件算例，除了M2N1S2和M2N3S2这两组，PACO算法的计算时间均小于其他3个算法。

表 21 各算法 T 指标的比较结果

Grp. Code	PACO	DACO	NSGA-Ⅱ	SPEA2
M1N1S1	1.35	**0.59**	0.71	0.61
M1N2S1	7.99	**1.70**	3.36	2.89
M1N3S1	31.84	**4.79**	13.22	10.43
M2N1S1	1.92	0.78	0.86	**0.69**
M2N2S1	7.81	**2.12**	4.02	2.98
M2N3S1	33.28	**5.89**	13.97	11.17
M1N1S2	**1.66**	1.94	2.23	1.91
M1N2S2	**7.36**	9.94	18.07	16.63
M1N3S2	**27.15**	43.80	96.14	87.41
M2N1S2	2.98	2.91	2.47	**2.03**
M2N2S2	**13.02**	15.70	19.44	17.34
M2N3S2	**69.52**	73.93	108.72	92.28

6. 计算实验 6

(1) 实验对象

ACO1 算法。

(2) 实验目的

通过与下界、PSO 算法，EPSO 算法和 GA 算法对比，检验 ACO1 算法的性能。

(3) 实验设计

测试问题主要参数设置如下：

机器数 $m=10$，机器容量有三种分别为 $S^1=10$，$S^2=25$ 和 $S^3=65$。考虑到实际应用中，通常容量越大的机器成本越高，因而在实验中假设大容量的机器数相对较少，具体地，对应每种容量的机器数分别设为 5，3 和 2。

总工件数 $n=90,108,126,144,162,180$。工件集 J 中的工件根据自身尺寸和机器容量之间的关系分为 3 组，即 $J=J^1 \cup J^2 \cup J^3$，其中 J^1 中的工件可以在所有的 10 台机器上加工，J^2 中的工件可以在容量不小于 S^2 的 5 台机器上加工，J^3 只能在容量为 S^3 的 2 台机器上加工，并设置 J^1，J^2，J^3 中的工件数分别为 $2n/3$，$2n/9$ 和 $n/9$，以使各工件集中的工件数 $|J^1|>|J^2|>|J^3|$。

对工件尺寸，由于大尺寸工件往往会单独成批而使问题变得相对简单，所以为了保证所生成测试问题具有一定的复杂性，且满足所在组 J^1，J^2 或 J^3 的尺寸要求，各工件尺寸由以下方式生成：首先基于泊松分布随机生成工件组 J^k 中各工件的尺寸，取参数 $\lambda_k=S^k/2$，同时为了确保有足够的小尺寸工件来填满大容量的机器，令 J^k 中有 70% 的工件的尺寸落在区间 $(S^{k-1},\lambda]$ 中，30% 的工件的尺寸落在区间 $(\lambda,S^k]$ $(k=1,2,3)$ 中；然后对 J^k 中各工件尺寸进行调整，令

$$s_j=\begin{cases}S^{k-1}, s_j<S^{k-1},\\ s_j, S^{k-1}\leqslant s_j\leqslant S^k,\\ S^k, s_j>S^k,\end{cases}$$

其中 $S^0=1, k=1,2,3$。

工件加工时间在区间[8,48]内随机生成，并服从离散均匀分布，记为取值 $U(8,48)$，工件到达时间 r_j 取值 $U[0,L]$，其中 L 的值由以下步骤给出：

步骤 1　将工件 $J_j(j=1,2,\cdots,n)$ 单位化为 s_j 个单位工件，并令单位工件的加工时间为 p_j，到达时间为 0，这样得到一个新的单位尺寸工件的集合 J'。

步骤 2　将机器 $M_i(i=1,2,\cdots,m)$ 单位化为 S_i 台容量为 1 的单位机器，这样得到一个新的单位容量机器的集合 M'。

步骤 3　将工件集合 J' 中工件按 LPT 规则排序，然后将工件集合 J' 中工件依次安排到机器集合 M' 中当前完工时间最小的机器上加工，最终所得排序的最大完工时间即为 L 值。

根据工件数的不同一共有 6 个测试算例组，每组随机生成 10 个算例。

PSO 算法、EPSO 算法和 GA 算法的参数参照来源文献确定。算法 ACO1 中的蚂蚁数、迭代次数、信息素蒸发率以及输入参数 Q 分别设置为 20，200，0.5 和 n。ACO1 算法的信息素和启发式信息的影响因子 α 和 β 通过准备实验来确定。在准备实验中，从每个测试算例组中随机选出 2 个算例，一共组成 12 个测试算例；在保持其他参数值均不变的情况下，从[1,10]内分别选择几个不同的 α 和 β 的值组合后进行测试；然后通过对 12 个算例所得的最大完工时间进行比较分析，确定参数 $\alpha=1,\beta=1$。

对每个测试算例，分别利用 4 种智能算法进行求解，并计算下界，并且 4 种算法均对每个测试算例运行 10 次，每次运行完输出运行时间 t 和性能指标值

$$R=\left(\frac{C_{\max}}{\text{LB}}-1\right)\times 100\%$$

其中 $C_{\max}$ 为算法所得排序的最大完工时间；LB 为算例目标值的下界，通过松弛工件尺寸的方法获得。

实验所用算法性能评价指标为平均性能指标值 $\bar{R}$ 和平均时间 $\bar{t}$，其中 $\bar{R}$ 为算法运行 10 次所得 R 值的平均值，$\bar{t}$ 为 10 次运行时间 t 的平均值。

(4) 实验环境

所有算法均采用 C++ 语言进行编码，在 Windows 8 系统中的 VS 下运行，

运行环境为 Pentium(R)Dual-core 2.8GHz CPU,2GB 内存。

(5) 实验结果

各算法对不同测试算例的计算结果如表 22～表 27 所示,其中各表第 1 列"Ins. No."表示算例编号;第 2 列的 LB 表示各算例对应的下界值;表中第 3～10 列分别为各算法 ACO1、PSO、EPSO 和 GA 运行 10 次所得的 $\bar{R}$ 和 $\bar{t}$(单位为 s);表中最后一行 AVG 为算法在每组测试算例中所得的平均值。同时为了便于读者比较,在各表中用粗体标出了每个测试算例所得的最好指标值。

表 22 $n=90$ 时各算法性能比较

Ins. No.	LB	ACO1		PSO		EPSO		GA	
		$\bar{R}$	$\bar{t}$	$\bar{R}$	$\bar{t}$	$\bar{R}$	$\bar{t}$	$\bar{R}$	$\bar{t}$
1	156	**0.19**	3.71	27.76	**4**	17.05	4.26	44.68	7.5
2	145	**0.34**	3.87	34.14	**3.98**	23.38	4.22	48.69	7.52
3	131	**0.46**	3.65	33.97	**4.01**	22.29	4.31	45.8	7.57
4	148	**1.35**	3.95	34.05	**4.01**	22.77	4.26	46.89	7.51
5	147	**1.84**	3.74	37.21	**4.06**	21.5	4.43	44.15	7.45
6	134	**1.87**	3.92	36.42	**4.00**	25.9	4.23	48.06	7.55
7	139	**2.88**	3.88	31.37	**3.93**	20.58	4.33	47.27	7.54
8	156	**4.87**	3.8	38.97	**4.12**	26.22	4.42	51.22	7.4
9	139	**5.18**	3.77	38.13	**4.01**	26.62	4.28	48.42	7.47
10	124	**5.32**	3.76	39.27	**3.96**	27.82	4.22	51.77	7.52
AVG	141.9	**2.43**	3.8	35.13	**4.01**	23.41	4.29	47.69	7.5

表 23 $n=108$ 时各算法性能比较

Ins. No.	LB	ACO1		PSO		EPSO		GA	
		$\bar{R}$	$\bar{t}$	$\bar{R}$	$\bar{t}$	$\bar{R}$	$\bar{t}$	$\bar{R}$	$\bar{t}$
1	160	**1.56**	5.53	38.75	**5.25**	26.19	5.67	50.63	10.72
2	153	**2.61**	5.50	40.07	**5.29**	27.19	5.75	53.86	10.57
3	163	**3.50**	5.41	44.29	**5.27**	28.59	5.84	56.13	10.68
4	170	**4.94**	5.44	45.41	**5.35**	30.06	5.93	58.94	10.58
5	155	**5.74**	5.56	44.65	**5.43**	31.35	5.78	61.48	10.66
6	161	**6.27**	**5.34**	48.14	5.40	32.24	6.00	63.17	10.63
7	164	**6.59**	5.39	44.21	**5.29**	29.27	5.78	57.80	10.62
8	170	**6.59**	5.36	43.47	**5.33**	29.29	5.84	55.88	10.60
9	170	**7.29**	5.44	45.94	**5.35**	31.06	5.77	60.35	10.55
10	161	**8.26**	5.39	47.76	**5.35**	33.11	5.78	63.17	10.56
AVG	162.7	**5.34**	5.44	44.27	**5.33**	29.83	5.81	58.14	10.62

表 24　n=126 时各算法性能比较

Ins. No.	LB	ACO1		PSO		EPSO		GA	
		$\bar{R}$	$\bar{t}$	$\bar{R}$	$\bar{t}$	$\bar{R}$	$\bar{t}$	$\bar{R}$	$\bar{t}$
1	184	**11.58**	7.23	51.41	**6.95**	36.03	7.54	66.09	14.28
2	170	**11.94**	7.25	55.76	**6.84**	40.29	7.50	70.82	14.54
3	19	**7.09**	7.11	52.68	**6.89**	34.92	7.57	61.56	14.37
4	190	**10.95**	7	54.26	**6.91**	35.47	7.61	67.05	14.39
5	195	**10.26**	7.23	52.05	**6.98**	32.72	7.72	68.31	14.3
6	173	**8.03**	7.21	51.27	**6.88**	35.61	7.56	63.18	14.36
7	180	**8.06**	7.4	51.61	**6.87**	34.5	7.54	65.94	14.45
8	165	**8.18**	7.32	54	**6.81**	36.3	7.47	64	14.5
9	163	**8.34**	7.21	51.9	**6.86**	36.93	7.52	67.3	14.38
10	180	**9.56**	7.28	50.44	**6.9**	34.67	7.56	65.22	14.46
AVG	177.9	**9.4**	**7.22**	52.54	**6.89**	35.74	7.56	65.95	14.4

表 25　n=144 时各算法性能比较

Ins. No.	LB	ACO1		PSO		EPSO		GA	
		$\bar{R}$	$\bar{t}$	$\bar{R}$	$\bar{t}$	$\bar{R}$	$\bar{t}$	$\bar{R}$	$\bar{t}$
1	212	**6.46**	9.16	55.14	**8.73**	32.45	10.34	72.41	18.63
2	203	**7.39**	9.04	59.26	**8.77**	35.27	10.58	77.19	18.64
3	202	**7.82**	9.36	55.30	**8.65**	35.05	10.23	71.19	18.57
4	201	**8.01**	9.53	53.88	**8.60**	34.33	10.15	68.56	18.86
5	188	**19.57**	9.16	66.12	**8.63**	49.26	10.23	83.67	18.65
6	192	**12.14**	9.32	66.57	**8.59**	43.75	10.26	77.97	18.51
7	195	**10.97**	9.16	60.72	**8.65**	37.64	10.28	75.18	18.53
8	198	**11.36**	9.35	59.70	**8.62**	41.36	10.22	75.56	18.52
9	200	**11.55**	9.30	58.05	**8.50**	37.95	9.98	73.80	18.73
10	180	**11.67**	9.55	58.50	**8.57**	41.17	10.19	76.72	18.58
AVG	197.1	**10.69**	9.29	59.22	**8.63**	38.82	10.25	75.22	18.64

表 26　n=162 时各算法性能比较

Ins. No.	LB	ACO1		PSO		EPSO		GA	
		$\bar{R}$	$\bar{t}$	$\bar{R}$	$\bar{t}$	$\bar{R}$	$\bar{t}$	$\bar{R}$	$\bar{t}$
1	229	**9.26**	11.44	57.73	**10.65**	32.49	11.64	72.58	24.47
2	213	**9.30**	11.96	359.34	**10.64**	40.14	11.66	73.71	24.24
3	229	**9.74**	11.61	57.69	**10.61**	36.24	11.65	75.07	24.15
4	212	**9.81**	11.77	59.72	**10.63**	40.75	11.63	77.59	24.12

续表

Ins. No.	LB	ACO1		PSO		EPSO		GA	
		$\bar{R}$	$\bar{t}$	$\bar{R}$	$\bar{t}$	$\bar{R}$	$\bar{t}$	$\bar{R}$	$\bar{t}$
5	203	**16.45**	12.12	71.53	**10.62**	45.67	11.67	91.92	24.08
6	216	**10.09**	11.92	61.81	**10.75**	41.81	11.82	79.86	23.87
7	221	**17.38**	11.98	60.27	**10.64**	39.86	11.61	78.28	23.94
8	215	**12.65**	11.79	66.42	**10.63**	39.40	11.64	82.00	24.06
9	223	**14.71**	11.82	67.09	**10.74**	44.17	11.73	84.13	23.84
10	218	**14.17**	11.79	68.44	**10.69**	42.06	11.71	87.34	23.98
AVG	217.9	**12.36**	11.82	63.00	**10.66**	40.26	11.67	80.25	24.07

表 27 n=180 时各算法性能比较

Ins. No.	LB	ACO1		PSO		EPSO		GA	
		$\bar{R}$	$\bar{t}$	$\bar{R}$	$\bar{t}$	$\bar{R}$	$\bar{t}$	$\bar{R}$	$\bar{t}$
1	238	**17.82**	14.54	72.1	**13.01**	46.64	14.51	89.12	29.93
2	241	**10.75**	15.13	63.78	**12.99**	39.71	14.81	80.62	29.93
3	243	**15.68**	15.05	63.79	**13.09**	45.56	14.67	86.34	30.23
4	232	**10.99**	14.78	68.15	**12.95**	46.77	14.73	78.62	30.00
5	228	**11.01**	14.06	66.45	**13.11**	41.89	14.77	83.29	29.69
6	234	**11.71**	14.55	68.03	**13.13**	43.16	14.8	86.41	29.99
7	244	**22.91**	14.21	70.86	**13.31**	50.08	15.13	98.28	29.81
8	231	**12.34**	14.6	70.82	**13.14**	44.5	14.81	88.87	29.81
9	237	**14.26**	14.61	63.71	**13.01**	42.87	14.81	83.12	30.35
10	233	**14.94**	14.85	70.64	**13.07**	48.5	14.82	87.21	29.98
AVG	236.1	**14.24**	14.64	67.83	**13.08**	44.97	14.79	85.69	29.97

从表 22～表 27 中可以看出，在解的质量上，ACO1 算法对所有测试算例均获得了最好解，EPSO 算法其次，PSO 算法最差；在运行时间方面，PSO 算法所需时间最少，GA 算法所需时间最多。综合来看，相比 PSO 算法，EPSO 算法和 GA 算法，ACO1 算法具有更好的性能。

附录 3　英汉排序与调度词汇

（2019 年 5 月版）

《排序与调度丛书》编委会汇编

1. activity	活动
2. agent	代理
3. agreeability	一致性
4. agreeable	一致的
5. algorithm	算法
6. approximate algorithm	近似算法
7. approximation algorithm	逼近算法
8. arrival time	就绪时间，到达时间
9. assembly scheduling	装配排序
10. asymmetric linear cost function	非对称线性损失
11. asymptotic	渐近的
12. asymptotic optimality	渐近最优性
13. availability constraint	(机器)可用性约束
14. basic (classical) model	基本(经典)模型
15. batching	分批，成批
16. batching machine	批加工机器，批处理机
17. batching scheduling	分批排序，批调度，批量排序
18. bi-agent	双代理
19. bi-criteria	双目标
20. block	阻塞，块
21. classical scheduling	经典排序
22. common due date	共同交付期，相同交付期
23. competitive ratio	竞争比
24. completion time	完工时间
25. complexity	复杂性
26. continuous sublot	连续子批
27. controllable scheduling	可控排序

28. cooperation	合作,协作
29. cross-docking	过栈,中转库,越库,交叉理货
30. deadline	截止期(时间)
31. dedicated machine	专用机,特定的机器
32. delivery time	送达时间
33. deteriorating job	恶化工件,退化工件
34. deterioration effect	恶化效应,退化效应
35. deterministic scheduling	确定性排序
36. discounted rewards	折扣报酬
37. disruption	干扰
38. disruption event	干扰事件
39. disruption management	干扰管理
40. distribution center	配送中心
41. dominance	优势,占优
42. dominance rule	优势规则,占优规则,支配规则
43. dominant	优势的,占优的,控制的
44. dominant set	优势集,占优集
45. doubly constrained resource	双重受限资源,使用量和消耗量都受限制的资源
46. due date	交付期,应交付期限
47. due date assignment	交付期指派,与交付期有关的指派(问题)
48. due date scheduling	交付期排序,与交付期有关的排序(问题)
49. due window	交付时间窗,窗时交付期,宽容交付期
50. due window scheduling	窗时交付期排序,宽容交付期排序
51. dummy activity	虚活动
52. dynamic policy	动态策略
53. dynamic scheduling	动态排序,动态调度
54. earliness	提前
55. early job	非误工工件,提前工件
56. efficient algorithm	有效算法
57. feasible	可行的
58. family	族
59. flow shop	流水作业,流水(生产)车间
60. flow time	流程时间
61. forgetting effect	遗忘效应
62. game	博弈
63. greedy algorithm	贪婪算法
64. group	组,成组
65. group technology	成组技术

66. heuristic algorithm	启发式算法
67. identical machine	同型机，同型号机，等同机，同速机
68. idle time	空闲时间
69. immediate predecessor	紧前工件，紧前工序
70. immediate successor	紧后工件，紧后工序
71. in-bound logistics	内向物流，进站物流，入场物流，入厂物流
72. integrated scheduling	集成排序
73. intree (in-tree)	内向树，内收树，内放树，入树
74. inverse scheduling problem	排序逆问题，排序反问题
75. item	项目
76. JIT scheduling	准时排序
77. job	工件，任务
78. job shop	异序作业，单件(生产)车间，作业车间
79. late job	误期工件
80. late work	误工损失
81. lateness	延迟，迟后，滞后
82. list policy	列表排序策略
83. list scheduling	列表排序
84. logistics scheduling	物流排序，物流调度
85. lot-size	批量
86. lot-sizing	批量化
87. lot-streaming	批量平滑化
88. machine	机器
89. machine scheduling	机器排序
90. maintenance	维护，维修
91. major setup	主要设置，主安装，主要准备，主准备，大准备
92. makespan	最大完工时间，工期
93. max-npv (NPV) project scheduling	净现值最大项目排序，最大净现值的项目排序
94. maximum	最大，最大的
95. milk run	循环联运，循环取料，循环送货
96. minimum	最小，最小的
97. minor setup	次要设置，次要安装，次要准备，次准备，小准备
98. multi-criteria	多目标
99. multi-machine	多台同时加工的机器
100. multi-machine job	多机器加工工件，多台机器同时加工的工件
101. multi-mode project scheduling	多模式项目排序
102. multi-operation machine	多工序(处理)机器
103. multiprocessor	多台同时加工的机器

104. multiprocessor job 多机器加工工件,多台机器同时加工的工件
105. multipurpose machine 多功能机器,多用途机器
106. net present value 净现值
107. nonpreemptive 不可中断的
108. nonrecoverable resource 不可恢复(的)资源,消耗性资源
109. nonrenewable resource 不可恢复(的)资源,消耗性资源
110. nonresumable (工件加工)不可继续的,(工件加工)不可恢复的
111. nonsimultaneous machine 不同时开工的机器
112. nonstorable resource 不可储存(的)资源
113. nowait (前后两个工序)加工不允许等待
114. NP-complete NP-完备,NP-完全
115. NP-hard NP-难
116. NP-hard in the ordinary sense 普通 NP-难(的)
117. NP-hard in the strong sense 强 NP-难(的)
118. offline scheduling 离线排序
119. online scheduling 在线排序
120. open problem 未解问题,(复杂性)悬而未决的问题,尚未解决的问题,开放问题,公开问题
121. open shop 自由作业,开放(作业)车间
122. operation 工序,作业
123. optimal 最优的
124. optimality criterion 优化目标,最优化的目标
125. ordinarily NP-hard 普通 NP-难的,一般 NP-难的
126. ordinary NP-hard 普通 NP-难,一般 NP-难
127. out-bound logistics 外向物流
128. outsourcing 外包
129. outtree(out-tree) 外向树,外放树,出树
130. parallel batch 平行批,并行批
131. parallel machine 平行机,并联机,并行机,通用机
132. parallel scheduling 并行排序,并行调度
133. partial rescheduling 部分重排序,部分重调度
134. partition 划分
135. peer scheduling 对等排序
136. performance 性能
137. permutation flow shop 同顺序流水作业,同序作业,置换流水作业
138. PERT 计划评审技术
139. polynomially solvable 多项式时间可解的
140. precedence constraint 前后约束,先后约束,优先约束

141. predecessor　前工件,前工序
142. predictive reactive scheduling　预案反应式排序,预案反应式调度
143. preempt　中断
144. preempt-repeat　重复(性)中断,中断-重复
145. preempt-resume　可续(性)中断,中断-恢复
146. preemptive　中断的,可中断的
147. preemption　中断
148. preemption schedule　可以中断的排序,可以中断的时间表
149. proactive　前摄的
150. proactive reactive scheduling　前摄反应式排序,前摄反应式调度
151. processing time　加工时间,工时
152. processor　机器,处理机
153. production scheduling　生产排序,生产调度
154. project scheduling　项目排序
155. pseudopolynomially solvable　伪多项式时间可解的
156. public transit scheduling　公共交通调度
157. quasi-polynomially　拟多项式时间
158. randomized algorithm　随机化算法
159. re-entrance　重入
160. reactive scheduling　反应式排序,反应式调度
161. ready time　就绪时间,准备完毕时刻,准备终结时间
162. real-time　实时
163. recoverable resource　可恢复(的)资源
164. reduction　归约
165. regular criterion　正则目标
166. related machine　同类机,同类型机
167. release time　就绪时间,释放时间,放行时间,投料时间
168. renewable resource　可恢复(再生)资源
169. rescheduling　重新排序,重新调度,滚动排序
170. resource　资源
171. resource-constrained scheduling　资源受约束排序,资源受限调度
172. resumable　(工件加工)可继续的,(工件加工)可恢复的
173. robust　鲁棒的
174. schedule　时间表,调度表,进度表,作业计划
175. schedule length　时间表长度,作业计划期
176. scheduling　排序,调度,安排时间表,编排进度,编制作业计划
177. scheduling a batching machine　批处理机器排序
178. scheduling game　排序博弈,博弈排序

179. scheduling multiprocessor jobs	多台机器同时对工件进行加工的排序
180. scheduling with an availability constraint	机器可用受限排序问题
181. scheduling with batching	批处理排序
182. scheduling with batching and lot-sizing	成组批量排序,成组分批排序
183. scheduling with deterioration effects	退化效应排序
184. scheduling with learning effects	学习效应排序
185. scheduling with lot-sizing	批量排序,分批排序
186. scheduling with multipurpose machine	多用途机器排序
187. scheduling with non-negative time-lags	(前后工件结束加工和开始加工之间)带非负时间滞差的排序
188. scheduling with nonsimultaneous machine available time	机器不同时开工排序
189. scheduling with outsourcing	可外包排序
190. scheduling with rejection	可拒绝排序
191. scheduling with time windows	窗时交付期排序
192. scheduling with transportation delays	考虑运输延误的排序
193. selfish	自利的,理性的,自私的
194. semi-online scheduling	半在线排序
195. semi-resumable	(工件加工)半可继续的,(工件加工)半可恢复的
196. sequence	次序,序列,顺序
197. sequence dependent	与次序有关
198. sequence independent	与次序无关
199. sequencing	安排次序
200. sequencing games	排序博弈,博弈排序
201. serial batch	串行批,继列批
202. setup cost	设置费用,安装费用,调整费用,准备费用
203. setup time	设置时间,安装时间,调整时间,准备时间
204. shop machine	串联机、多工序机器
205. shop scheduling	车间调度,多工序排序,串行排序,多工序调度,串行调度
206. single machine	单台机器,单机
207. sorting	数据排序,整序
208. splitting	拆分的
209. static policy	静态排法
210. stochastic scheduling	随机排序,随机调度

211. storable resource	可储存(的)资源
212. strong NP-hard	强 NP-难
213. strongly NP-hard	强 NP-难的
214. sublot	子批
215. successor	后继工件,后工件,后工序
216. tardiness	延误,拖期
217. tardiness problem i. e. scheduling to minimize total tardiness	总延误排序问题,总延误最小排序问题,总延迟时间最小化问题
218. tardy job	延误工件
219. task	工件,任务
220. the number of early jobs	不误工工件数
221. the number of tardy jobs	误工工件数,误工数,误工件数,拖后工件数
222. time window	时间窗
223. time varying scheduling	时变排序
224. time/cost trade-off	时间/费用权衡
225. timetable	时间表,时刻表
226. timetabling	编制时刻表,安排时间表
227. total rescheduling	完全重排序,完全重调度
228. tri-agent	三代理
229. [two-agent]	双代理
230. unit penalty	单位罚金
231. uniform machine	同类机,同类别机,恒速机
232. unrelated machine	非同类型机,非同类机,无关机,变速机
233. waiting time	等待时间
234. weight	权,权值,权重
235. worst-case analysis	最坏情况分析
236. worst-case (performance) ratio	最坏(情况的)(性能)比

注：20 世纪 60 年代越民义就注意到排序(scheduling)问题的重要性和在理论上的难度。1960 年他编写国内第一本排序理论讲义,20 世纪 70 年代初他和韩继业研究同顺序流水作业排序问题,开创中国研究排序论的先河(越民义,韩继业. n 个零件在 m 台机床上的加工顺序问题[J]. 中国科学,1975(5): 462-470)。在他们两位的倡导和带动下,国内排序的理论研究和应用研究有较大的发展。国内最早把 scheduling 译为调度是在 1983 年(周荣生. 汉英综合科学技术词汇[M]. 北京: 科学出版社,1983)。正如排序与调度领域国际著名专家 Potts 等所说:“排序论的进展是巨大的。这些进展得益于研究人员从不同的学科(例如,数学、运筹学、管理科学、计算机科学、工程学和经济学)所做出的贡

献。排序论已经成熟,有许多理论和方法可以处理问题；排序论也是丰富的(例如,有确定性或者随机性的模型、精确的或者近似的解法、面向应用的或者基于理论的)。尽管排序论取得了进展,但是在这个令人兴奋并且值得研究的领域,许多挑战仍然存在。"经过 50 多年的发展,国内排序与调度的术语正在逐步走向统一。这是学科正在成熟的标志,也是学术交流的需要。

我们提倡术语要统一。我们把"排序""调度""scheduling"这三者视为含义完全相同,完全可以相互替代的 3 个中英文词汇,只不过是这三者使用的场合和学科(英语、运筹学、自动化)不同而已。这次提出的"英汉排序与调度词汇(2019 年 5 月版)"收入 236 条词汇,就考虑到不同学科的不同用法。如同以前的版本不断地在修改和补充,这次 2019 年 5 月版也需要进一步修改和补充,还需要补充医疗调度、低碳调度等新词汇。我们欢迎不同学科提出不同的术语,经过讨论和比较,使用比较适合本学科的术语。

索　　引